工业和信息产业职业教育教学指导委员会“十二五”规划教材
全国高等职业教育工业生产自动化技术系列规划教材

智能仪器基础

（第2版）

朱一纶　主　编
吴　彪　副主编

電子工業出版社
Publishing House of Electronics Industry
北京 • BEIJING

内容简介

本书按照智能仪器的构成进行介绍，内容包括概述、智能仪器中的微机系统、信号的输入与处理、信号的输出与处理、智能仪器的人机界面、智能测控技术、智能仪器中的通信技术及智能仪器的设计与实例。教材设计了填空题、选择题和简答题，帮助学生复习和掌握主要的内容，并给出了大部分参考答案供广大师生参考。

本书可作为高职高专院校、成人学校及本科院校开办的二级职业技术学院自动化、仪器仪表、应用电子技术、机电一体化和计算机控制技术等相关专业的教材，也可供在企业生产一线从事技术、管理、运行等工作的相关技术人员参考使用。

图书在版编目（CIP）数据

智能仪器基础 / 朱一纶主编. —2 版. —北京：电子工业出版社，2012.6
工业和信息产业职业教育教学指导委员会“十二五”规划教材
全国高等职业教育工业生产自动化技术系列规划教材
ISBN 978-7-121-17196-3

Ⅰ. ①智…　Ⅱ. ①朱…　Ⅲ. ①智能仪器—高等职业教育—教材　Ⅳ. ①TP216

中国版本图书馆 CIP 数据核字（2012）第 111362 号

策划编辑：王昭松
责任编辑：王昭松
印　　刷：北京京华虎彩印刷有限公司
装　　订：北京京华虎彩印刷有限公司
出版发行：电子工业出版社
　　　　　北京市海淀区万寿路 173 信箱　邮编　100036
开　　本：787×1 092　1/16　印张：15.5　字数：396.8 千字
版　　次：2007 年 5 月第 1 版
　　　　　2012 年 6 月第 2 版
印　　次：2018 年 2 月第 3 次印刷
定　　价：30.00 元

凡所购买电子工业出版社图书有缺损问题，请向购买书店调换。若书店售缺，请与本社发行部联系，联系及邮购电话：（010）88254888，88258888。

质量投诉请发邮件至 zlts@phei.com.cn，盗版侵权举报请发邮件至 dbqq@phei.com.cn。

本书咨询联系方式：（010）88254015　wangzs@phei.com.cn　QQ：83169290。

出 版 说 明

党的十六大提出，走我国新型工业化发展的道路，必须坚持“以信息化带动工业化、以工业化促进信息化”，而且要“积极探索科技含量高、经济效益好、资源消耗低、环境污染少、人力资源优势得到充分发挥的新型工业化路子”，这表明我国要基本实现工业化，不仅要采用机械化和电气化，而且要充分利用自动化和信息化新技术。因此，以自动化技术为代表的先进生产技术，将在我国产业结构调整、推动传统产业现代化、实现经济及社会持续协调发展的过程中，发挥极其重要的作用。

目前，作为我国高等教育一翼的高等职业教育，已经在招生规模方面取得了巨大的突破，但在教学改革方面与西方发达的职业教育相比，还相对落后。高等职业教育的培养目标是培养企业真正需要的具有实践动手能力的技术工人，这是当前高等职业教育改革的重点，也是一线教师所真正关心的话题。而工业生产自动化技术是高等职业教育中的一个重要领域，承担着为工业生产领域培养一线技术工人的重要作用，而且，无论是社会用人需求还是就业前景，这一领域目前都被广泛看好。

与此相适应，电子工业出版社在进行广泛调查研究的基础上，组织全国数十所高等职业院校的一线教师和企业技术专家，召开了“全国高等职业教育工业生产自动化技术规划教材研讨会”，就相关的课程教学和高等职业教育的培养目标进行了深入探讨，确定了自动化技术主干教材 18 种。与会代表多是所在学校的领导和业务骨干，具有丰富的教学经验、实践经验和编写教材的经验。

本套教材体现了高等职业教育改革的方向，以培养岗位技术人员的综合能力为中心，淡化理论，强化应用，将传统课程重新组合，缩短教学课时，力求突出应用性、针对性、岗位性和专业性等特点。

本套教材在内容编排上以能力为单位模块，强调实用原则；书中实例完整，注重原理和方法的应用，以提高对高等职业院校学生操作技能的培养。本套教材将学历课程与资格应试相结合，满足目前大多数高等职业院校学生毕业时对毕业证与资格证或上岗证的要求。本套教材力求内容的新颖性，紧跟国内外工业生产自动化技术的最新进展，同时兼顾国内高职院校相关专业的最新教学内容与方法。本套教材均配有电子教学参考资料，为高等职业院校师生的教与学提供方便和帮助。

本套教材的出版对于高等职业教育的改革和高等职业技能人才的培养将起到积极的推动作用。对于教材中所存在的一些不足之处，将通过今后的教学实践不断修订、完善和充实，以便我们更好地服务于高等职业教育。

电子工业出版社
职业教育分社
2012 年 1 月

前　言

随着电子技术和计算机技术的不断发展，智能仪器在各行各业中的应用越来越普及。本教材自2006年出版以来，受到很多读者的欢迎，同时也给编者提出了很多好的意见和建议，因此在第1版的基础上做了修订，重点放在提高教材的实用性上。

本教材的主要特点是强调培养学生的实际应用能力，力求从基本概念上加强学生对智能仪器的工作原理、基本构成、使用及维护方法的理解，并结合实际的智能仪器，简要介绍了智能仪器的初步设计方法，并对智能仪器的各个部分都给出了设计实例，便于学生练习，加深理解。为了帮助学生理解，本教材尽可能地采用图文并茂的方法编写。

本教材的建议课时为48～64学时，包括8～24学时的实验与实践。考虑到目前MCS-51系列单片机在我国的应用比较广，且目前很多高校所开设的单片机课程都选用MCS-51系列单片机作为微处理器，本教材在应用举例中选用了基于MCS-51系列单片机开发的智能仪器。为了拓宽学生的思路，还对各种新器件、新技术做了简单的介绍。

本教材按照智能仪器的构成进行介绍，内容包括概述、智能仪器中的微机系统、信号的输入与处理、信号的输出与处理、智能仪器的人机界面、智能测控技术、智能仪器中的通信技术及智能仪器的设计与实例。本教材设计了填空题、选择题和简答题，帮助学生复习和掌握主要的内容，并给出了大部分参考答案供广大师生参考。

本教材的主要特点是：

（1）难度较低，尽可能地用通俗易懂的方法去说明各种概念，让学生对智能仪器有一个全面的了解。

（2）知识面较广，对各种新器件、新技术做了简单的介绍，为学生掌握智能仪器的原理及设计方法打开一道门。

（3）第2版中新增了较多的应用实例，便于学生练习，加深理解，且所有的例子均经过调试、仿真并给出完整的硬件构成和软件程序。

本教材由南京金陵科技学院的朱一纶教授担任主编，南京金陵科技学院的吴彪担任副主编，吴岱曦参加了资料整理、文字录入和电子教案的制作工作，最后由朱一纶统稿。另外，在本书的编写、实验过程中，曾受到南京金陵科技学院校科研基金项目《基于虚拟技术的远程多路温度测控系统的研究与设计》的资助，还在网上查阅了很多器件的相关资料，得到过很多人的帮助，在此一并表示感谢。

限于编者的学识水平与实践经验，书中不足之外在所难免，恳请读者和同行们批评指正。

编者的电子邮箱：zhuyilun2002@yahoo.com.cn

编　者

2012年5月

目　录

第1章

概　述

随着电子技术、半导体技术和计算机技术的不断发展和成熟，尤其是嵌入式处理器（单片机）的应用，使测试过程中的每一个环节都可能用到各种现代的新技术，使仪器科学与技术领域出现了完全突破传统概念的新一代仪器——智能仪器，从而开创了仪器、仪表的一个崭新的时代。

1.1　传统仪器、仪表与智能仪器

在工业系统中经常可以听到仪表、仪器、传感器、智能仪表、智能仪器、智能传感器这些名称。这些名称有所区别，但也有互相包含的部分，因此比较容易混淆，在这里先做简单的讨论。

1.1.1　传统仪器、仪表

1．仪表

仪表（meter）名称使用比较久，其设计目的为测量时间、距离、速度、强度等实现显示、记录或控制数量和流量，如控制气体流量或电流等。仪表的功能一般比较单一，通常是测量某一个信号并将它显示出来或传送给其他设备，或经过变换传送给执行器。在化工、热工及自动化生产过程中经常用到各种仪表，在日常生活中也有如水表、电表及汽车上的速度表等。

最简单的仪表是直接把测量信号转换成所需要的指示值，这类指针式仪表的原理及结构最简单，价格便宜，因此应用比较广泛。

如图 1.1 所示为各种常见仪表的外形。

如图 1.1（a）所示为电磁流量计，是测量封闭管道中导电液体和浆液体积流量的仪表，适用于化工、电力、矿冶、给排水、造纸、医药、食品等行业，有直通法兰式及直通夹持式两种类型。

如图 1.1（b）所示为双金属温度计，是测量中、低温的现场检测仪表，可以用来直接测量气体和液体的温度。它与玻璃水银温度计相比，具有无汞害、可以读数、牢固耐用等优点。

当仪表需要输出控制量来控制其他设备时，通常被称为控制仪表，在自动控制系统中广泛使用的控制仪表有调节器、变送器、运算器和执行器等。

如图 1.1（c）所示是 1151 型压力变送器，选用美国扩散硅力敏元件。它可以测量气体、液体或蒸气压力。它把压力信号转换成 4～20mA 的标准电流信号，可实现生产过程自动化控制。

如图 1.1（d）所示为 UL 型阻移式物位计，它能对开口料仓与密闭料仓中的粉状、颗粒状、块状物料进行检测、报警及自动控制。它可以在钢铁、耐火、水泥、橡胶、化纤、电力等工业领域长期运行，效果比较理想。

(a)　(b)　(c)　(d)

图 1.1　常见仪表的外形

根据控制能源不同，工业上把自动化控制仪表分为气动、液动和电动 3 种类型。气动和液动的仪表应用比较早，其特点是结构比较简单、性能稳定、可靠性高，且在本质上是安全与防爆的，在化工等行业中特别适用。电动控制仪表的出现比较晚，但由于其信号传输、放大、变换处理比气动、液动仪表容易，又便于实现远距离的监视与操作，所以应用越来越广泛。

2．传感器

我国国家标准 GB 7665—2005 对传感器的定义为："能感受被测量并按照一定的规律转换成可用输出信号的器件或装置，通常由敏感元件和转换元件组成。"其中，敏感元件指传感器可能直接感受或响应被测量的部分，转换元件指传感器中能将敏感元件感受或响应的被测量转换成适于测量的电信号部分。当输出为规定的标准信号时，则称为变送器。

传感器是一种检测装置，能感受到被测量的信息，并能将检测感受到的信息按一定规律变换成为电信号或其他所需形式的信息输出，以满足信息的传输、处理、存储、显示、记录和控制等要求。传感器也可称为变送器、探测器或检测器等。与仪表相比较，传感器的种类更广泛一些，它基于各种物理的、化学的和生物的效应，并受相应的定律和法则所支配，进行能量和信息的转换。

目前对传感器尚无一个统一的分类方法，但比较常用的有如下 3 种。

（1）按传感器的测量对象分类，可分为物理量传感器，如位移、力、速度、温度、流量传感器；化学量传感器，如气体成分、湿度传感器等；生物量传感器等。

（2）按传感器的工作原理分类，可分为电阻、电容、电感、电压、霍尔、光电、光栅、热电偶等传感器。

（3）按传感器输出信号的性质分类，可分为：输出为开关量（"1"和"0"，或"开"和

"关"）的开关型传感器；输出为模拟量（通常带变送器的传感器输出标准化信号即三线制，输出信号为 0～10mA、4～20mA 或 0～5V）的模拟式传感器；输出为脉冲或代码的数字式传感器。

如图 1.2 所示为常见传感器的外形。图 1.2（a）为位移变送器，其输出信号为 4～20mA、0～5V 或 0～10V、0～±5V 的标准电信号。图 1.2（b）为轮辐式称重传感器，适用于平台秤、汽车衡、轨道衡及料仓物位测量与控制，其输出信号为一体化标准信号即三线制，0～10mA 或 0～5V 输出。图 1.2（c）为扩散硅无腔压力传感器/变送器，测量对象为黏稠性液体，适用于测量发动机喷油系统的油压、缸压、液压及药品制造和食品加工等方面，其变送器输出为 4～20mA 或 0～5V，二线或三线制。

（a）　　　　（b）　　　　（c）

图 1.2　常见传感器的外形

3．仪器

仪器（instrument）通常是指用于记录、测量、显示或控制的独立装置（设备）。与仪表相比较，仪器的结构比较复杂，测量功能比较多。在实验室中可以看到各种仪器，如示波器、低频信号发生器、直流稳压电源等。

如图 1.3 所示为常见仪器的外形，其中图 1.3（a）为双踪示波器，图 1.3（b）为高频信号源（300MHz 标准信号源）。

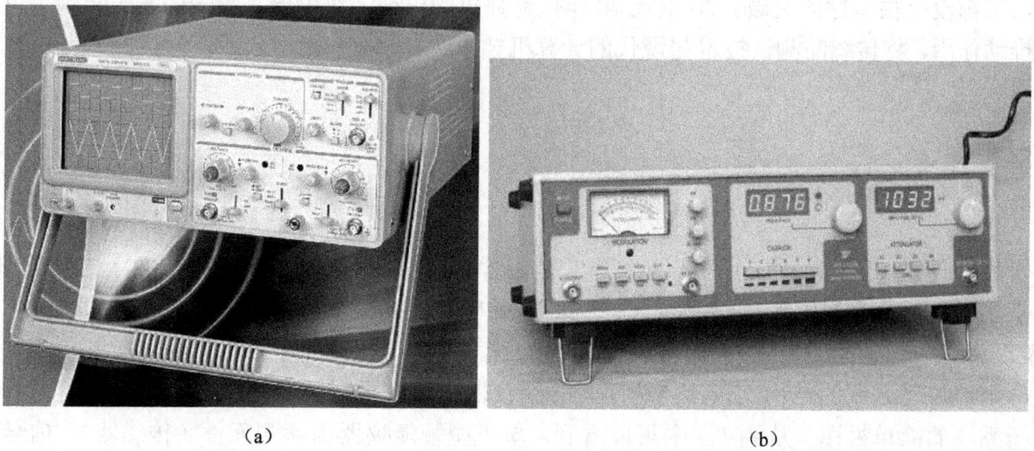

（a）　　　　（b）

图 1.3　常见仪器的外形

从上述讨论中可知，仪表、传感器、仪器均是用于测量输入信号的装置。只是传感器一般仅用于把输入信号转换成标准的输出电信号，供给其他设备进行处理。仪表的输出信号并不仅是电信号，且仪表、仪器通常还有指示输出。仪表与仪器相比，仪表的功能比较单一，体积也相对比较小，而仪器的测试功能比较强，且往往有多种功能可以选择。

如图 1.4 所示为传统仪器、仪表系统的一般功能方框图。控制对象送出的是被控量，如压力、流量、温度等变量，检测元件把它们转换成易于传递或测量的信号，变送器则把它们转换成规定的标准电信号（或其他信号），该信号被送到调节器中，与给定值（零点、控制要求值等）进行比较，输出调节量（或显示值），控制执行器的动作。有些仪表可能只有部分功能，如显示仪表可能由检测元件、变送器和显示器构成；传感器一般仅由检测元件与变送器组成；较为复杂的系统自动化控制过程中变送器、调节器、执行器均为独立仪表，而仪器则可能包含了整个系统。

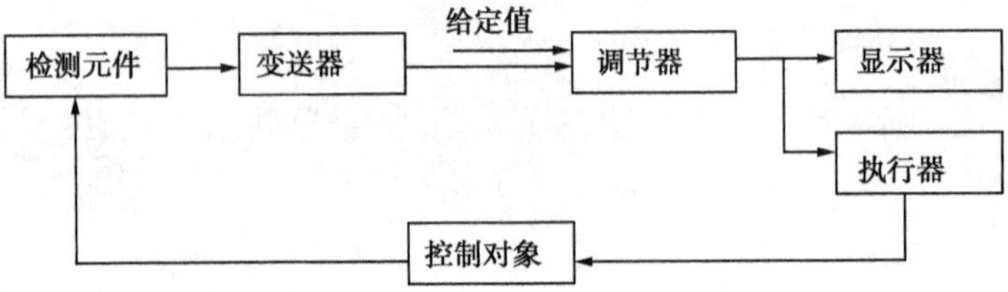

图 1.4　传统仪器、仪表系统的一般功能方框图

从结构上来看，这种传统的仪表、仪器系统的各部分均由硬件组成。从测量原理上来看，传统的仪表、仪器测量输入信号的准确与否完全取决于仪表、仪器内部各功能部件的精密性和稳定性水平。传统的仪器、仪表及其测试手段只适用于测量静态或慢速变化的各种物理量和化学量。随着科学技术的迅速发展，需要测量的信号种类不断增加，要求测量处理的速度不断提高，传统仪表面临很多新的挑战。

长期以来，人们为了提高传统仪表的准确度、可靠性和稳定性，在硬件方面做了不少的努力，如利用新材料研制检测元件，采用外部电路补偿方法来改善测量的线性度和零点漂移等，但都没有根本性的突破。20 世纪 70 年代计算机的出现，对仪器、仪表的发展起到了巨大的推动作用，将传统的测试技术与现代的计算机技术结合起来，则形成了新一代仪器——智能仪器。

1.1.2　智能仪器

智能仪器（Intelligent Instrument）通常是指含有微型计算机或微处理器的测量控制仪器。由于它拥有对信号数据的存储、运算、逻辑判断及自动化操作等功能，具有一定的智能作用（表现为智能的延伸或加强），故被称为智能仪器。

智能仪器系统的结构比较多，为了与传统仪器、仪表做对照，图 1.5 给出了单机型智能仪器系统的简单框图。从图 1.5 中可以看到，单机型智能仪器由检测元件（传感器）、信号输入接口电路、微机系统、人机界面接口、信号输出接口电路 5 个模块组成。

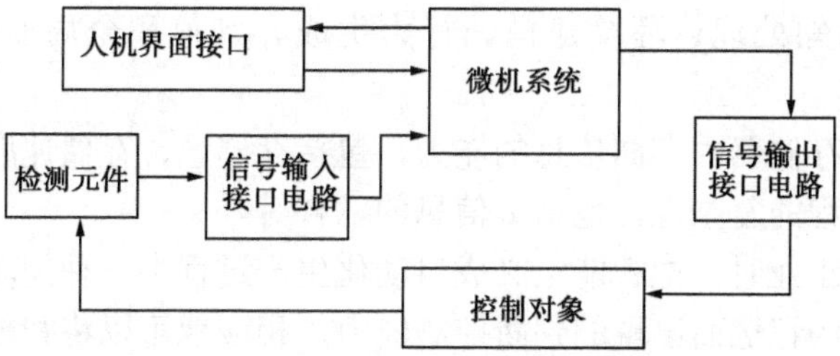

图 1.5　单机型智能仪器系统的简单框图

通常微机系统只能处理数字（电）信号，当检测的是非电量信号时，一般都要通过信号处理电路将检测元件检测到的信号转换成微机能处理的数字（电）信号。检测元件往往由传感器（包含了检测及变送功能）组成，它输出标准的（模拟）电信号，通过信号处理接口电路进行处理后送给微机系统，微机系统对数据进行处理，可以按要求存储、校正、调节、显示或输出控制信号，通过输出接口电路控制被控设备，而人机界面接口则使操作员可以输入、修正控制要求，查看测控结果等。

由于智能仪器中加入了微处理器系统，因此在测量过程中能自动处理测量结果的数据，并可实现多路信号测量。到了 20 世纪 90 年代，高准确度、高性能、多功能的测量仪器中一般都采用微型计算机技术，即便在日常生活中，电视机、空调、电冰箱、洗衣机、手机等也都含有微处理器，具有一定的智能控制功能。可以说智能仪器已经是无处不在了。

1.2　智能仪器的分类与特点

如前所述，智能仪器一般可看成是由传感器、输入信号处理接口、人机界面接口、微机系统、输出接口电路构成的，其中微机系统是智能仪器的核心。随着集成电路技术的飞速发展，具有各种处理功能的集成电路体积越来越小，功能越来越强，包含了微机系统的智能仪器、仪表的体积也可以做得很小。智能仪表，甚至智能传感器也可以有很强的数据处理功能。在此不再加以区分，统一称为智能仪器、仪表，或简称为智能仪器。

1.2.1　智能仪器的分类

智能仪器分类的方法有多种，可以按微处理器（智能）进行分类，也可以按其结构进行分类，还可以按其主要用途、测量精度等级进行分类等。这里简单讨论一下按智能程度分类和按结构分类。

1．智能仪器按智能程度分类

因为微处理器的种类很多，其处理信息的能力差别很大，因此智能仪器存在智能程度或级别，它主要由智能仪器系统的以下特征所决定。

（1）系统大脑（微处理器）的计算能力。从早期的只能同时处理 8 位数据的嵌入式微处理器，到新近能同时处理 64 位数据的嵌入式微处理器，其计算能力差别巨大。

（2）系统用于感知处理、环境建模、行为生成、判值和全局通信的算法（软件）复杂性。

（3）系统在内部存储器内存储信息的能力，包括存储量、存储速度等。

（4）系统作用过程的复杂性，包括多信息的融合等。

涉及自动化生产工业时，把智能定义成自动化生产过程中一种闭环控制的仪器所具有的结合输入信号及存储的记忆而出现的判断控制能力，相应地可以将智能仪器做如下分类。

① 聪明类——电子、传感、测量。

② 初级智能——计算机，信号与处理。

③ 模型化——系统辨识，模式识别。

④ 高级智能——人工智能。

2. 智能仪器按结构分类

智能仪器按结构主要可分成三大类。

（1）单机型智能仪器。单机型智能仪器系统的简单框图如图 1.5 所示。这类智能仪器通常为某种测量目的而设计，硬件与软件都是根据待测量、测控要求、性能指标来设计，针对性比较强，其人机界面比较简单，输入按键比较少，输出采用数码管显示器或液晶显示器，体积小，测试精度高，可靠性高，一般还有符合某些协议的通信接口，应用十分广泛。智能仪器狭义上通常就是指这种单机型智能仪器，这也是本教材要着重分析的智能仪器。

（2）个人计算机仪器。广义上，任何一台个人计算机附加上测量控制的外部设备都可以看成是一台智能仪器，可称为微机卡式仪器 PCI（Personal Computer Instrument，也称个人计算机仪器）。外部设备与个人计算机的连接也有多种方法，如插卡式，将所配用的模拟量输入通道以印制电路板的插板方式直接插入 PC 箱内的空槽中；插件箱式，将各种功能插件集中在一个专用的机箱中，机箱备有专用的电源；外接式，通过串、并行口或 USB 接口与外部设备相连接。

这类智能仪器的结构如图 1.6 所示，虚线框中为标准的个人计算机结构。如果把打印机与扫描仪也视做个人计算机的标准配置，则个人计算机仪器只是比个人计算机多了测量控制设备。

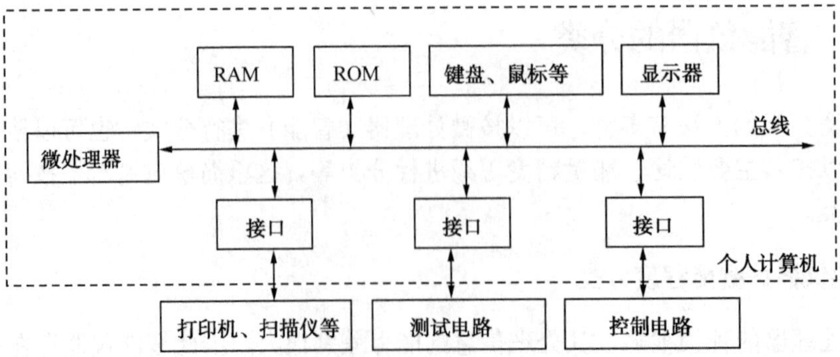

图 1.6 个人计算机仪器结构框图

这类智能仪器通常采用现成的操作系统，可以在一些通用平台上进行二次设计开发，因此具有较强的软件功能和较好的人机界面。且个人计算机仪器充分利用 PC 的软件和硬件资源，相对于传统仪器，大幅度地降低了系统成本，缩短了研制周期。个人计算机仪器的测量精度等主要由外接的测试电路决定，但可以利用软件及数据处理技术进行修正和补偿。缺点是普通的微机可能对工作环境有一定的要求，此外，PC 总线也不是专为仪器系统设计的，不能实现仪器间的直接通信及触发、同步、模拟信号传输等功能。因此，这种个人计算机仪器的性能不是很高。

（3）智能仪器测控系统（又称为网络仪表）。在自动化工业过程中，往往对整个生产过程都要进行监控。在对机电产品测试中，也往往要对多种变量进行测试，综合分析测试结果。因此，用大量智能仪器、仪表（传感器）构成智能仪器系统也已经在很多场合得到了应用。

这种智能仪器系统可以利用已有的单机型智能仪器、个人计算机仪器组成，也可以根据工业自动化过程或自动化测试的具体要求进行特殊设计，目前应用比较广泛的有集散控制系统（DCS）和现场总线控制系统（FCS）。这种智能仪表控制系统总体功能强，是未来智能仪器的发展方向。对这种智能仪器系统而言，单机型智能仪器可以看成是其中的一个部分，或者说一个单元，很多这样的测控单元通过现场总线通信系统组合而成。关于这种智能仪器测控系统，本书将在后面进行介绍。

1.2.2　智能仪器的特点

微机系统的引入，使智能仪器具有很多明显的特点（优点），主要包括以下几个方面。

（1）微处理器的引入使许多原来用硬件电路难以解决或根本无法解决的问题，由于利用软件而获得较好的解决。例如，传统的数字万用表（DMM）只能测量交/直流电流、电压及电阻等，但采用微处理器的智能数字万用表还能测量百分率偏移、比例、极值、平均值、方差、均方差、均方根值等，甚至在加上传感器后还能测量温度、压力等非电量。

（2）智能仪器可以通过数据处理进行自动校正非线性补偿、数字滤波等，修正和克服由各种传感器、变换器、放大器等引进的误差和干扰，从而提高仪器的精度和其他性能。

（3）智能仪器一般都具有很高的自动化水平。微处理器能控制仪器的整个测量过程，如键盘扫描，量程选择，数据采集、传输、处理及显示记录输出等，实现了测量过程的自动化。例如，加了微机系统构成的智能数字万用表，除可测量传统的直流电压、直流电流及电阻外，还可测量任意波形的交流电压及交流电流的有效值。测频率时，范围可扩展到 10Hz～1MHz。测温度时，范围可扩展到－60～200℃。可进行电平（分贝值）测量和实现自动量程切换，有极性显示及输入过载保护等自动化功能，可对测量结果做简单的误差计算。有的智能数字万用表还可在数字显示器下面外接光条显示器，以提高对被测信号波动变化倾向的判断能力，甚至有的智能数字万用表可以显示波形曲线及相关性能，具有示波器的功能。

（4）微机系统都具有通信的功能。通过相关的协议，使智能仪器很容易与其他计算机系统通信，也可以用很多智能仪器构成自动测控系统。

（5）智能仪器采用微处理器，从而可以用软件代替许多硬件电路的工作。这样，仪器可以简化结构、减小体积、降低成本和提高可靠性。

（6）智能仪器通常都具有自测试和自诊断功能。它能自行测试功能是否正常，自行诊断是否存在故障及报告故障的部位，提高了仪器的可靠性，简化和加快了仪器的维修工作。

1.3 智能仪器的发展概况

智能仪器是计算机技术与测试技术相结合的产物，因此智能仪器的发展也是由计算机技术、测试技术的发展速度决定的。

1. 信号测试与处理方面

从测试技术的角度来看，随着半导体技术、集成电路技术及传感器技术的发展，各种新颖的传感器不断诞生，从原来只是把外部信息转换为模拟电信号的聋哑传感器（Dumb Sensor）到集成了部分数据处理功能、能自我检测校正的智能传感器（Smart Sensor），以及在智能传感器的基础上集成了网络通信功能，以便实现与计算机网络通信的网络传感器（Networked Sensor）。

从测量信号的处理能力上看，这些年的发展主要有以下几个方向：智能仪器中所采用的嵌入式微处理器从早先的 8 位机（如 Intel 公司的 MCS-51 系列）到 16 位、32 位的微处理器，处理信息数据的能力及速度迅速提高，从而推动了智能仪器总体性能的提高；针对大量信息数据的实时处理，高速专用的单片集成数字信号处理芯片（Digital Signal Processor，DSP）的出现大大简化了具有此类数字信号处理功能的智能仪器的结构并提高了其相应的性能，进而推动了数字信号处理技术在智能仪器中的广泛应用，极大地增强了智能仪器的信号处理能力。

从软件技术的发展上来看，近年来，智能仪器已从较为成熟的数据处理向知识处理发展。它体现为模糊判断、故障诊断、容错技术、传感器信息融合、机件寿命预测等，使智能仪器的功能向更高的层次发展。

智能仪器很早就受到国内外的关注。我国电磁测量信息处理仪器学会于 1984 年正式成立“自动测试与智能仪器专业学科”。1989 年，在我国武汉召开了第 1 届测试技术与智能仪器国际学术讨论会并成立了国际测控技术与智能仪器学会，到 2011 年已召开了 11 次国际学术年会。在国内外的其他学术会议上，以智能仪器为内容的研讨也常常是很重要的主题。

2. 组成自动测试系统方面

智能仪器在自动测试系统的构成方面经历了以下过程。

早期的智能仪器设计主要把目标定位在用于工作量大的重复测试、用于高可靠性的测试、用于由于种种原因测试人员难以进入的环境及实时进行的一些简单自动测控。由于在这类智能仪器的研制过程中，接口设计、仪器/设备选择等方面的工作都是由研制者各自单独进行的，因此并没有充分考虑所选仪器/设备的通用性及互换性。智能仪器的设计者自行解决系统中仪器与仪器、仪器与计算机之间的通信。这种智能仪器的主要缺点在接口及标准化方面，不利于组成自动测控系统。可把这种智能仪器归类为专用型智能仪器。

第二代的智能仪器在设计过程中考虑了与其他仪器的配合，一般都配有符合接口标准的接口电路。组成自动测试系统时，用标准的接口总线把系统中的各台仪器连在一起构成系统。

这种系统组建方便，一般不需要用户自己设计接口电路，系统中的通用仪器（如数字万用表、信号发生器等）既可以作为自动测试系统中的设备来用，也可以作为独立的仪器使用。通常用的接口总线为通用接口总线（General Purpose Interface Bus，GPIB）或称为 IEEE488。采用 GPIB 总线组建的自动测控系统特别适用于科学研究或各种试验测试。这种系统在工业、交通、通信、航空航天等领域都有广泛的应用。

基于 GPIB 总线的自动测试系统的主要缺点是总线的传输速率不够高（最大传输速率为 1MBps），且由于采用分立仪器组建，整个自动测试系统的体积大，有很多部件（如机箱、面板、开关、电源等）都是重复设置。

目前正在应用开发的集成自动测试系统则是基于 VXI、PXI 等仪表总线，主要是由模块化的仪器/设备组成的自动测试系统。VXI 总线具有高达 40Mbps 的数据传输速率，PXI 总线是 PCI 总线向仪器/测量领域的扩展，其数据传输速率约为 132～264Mbps。以这两种总线为基础，可组建高速、数据吞吐量大的自动测试系统。在 VXI（或 PXI）总线机箱中，仪器的显示面板及操作，统一用计算机显示屏实现，从而避免了系统中各仪器、设备在机箱、电源、面板、开关等方面的重复配置，大大减小了整个系统的体积、质量，并能在一定程度上节约成本。

3．工业生产自动化方面

仪器、仪表及智能仪器在工业生产自动化过程中发挥着极其重要的作用。工业控制仪器、仪表体系的发展经历了这样的过程：基地式气动仪表控制系统，电动单元组合式模拟仪表控制系统，集中式数字仪器、仪表控制系统，集散控制系统（DCS），现场总线控制系统（FCS）。

智能仪器除了在传统仪器的改进方面取得了巨大的成就外，还开辟了许多新的应用领域，出现了许多新型的测控仪器。自 20 世纪 80 年代以来，工业制造业（汽车制造、VLSI 制造），各种电子设备如电子计算机、电视机的制造等行业的高速发展，使 CAM（Computer Aided Manufacturing，计算机辅助制造）达到很高水平，它对人类生产力的提高起着巨大的推动作用。为了对 CAM 进行实时监控，要求对整个加工工艺过程进行实时检测及信号处理，因此在生产线上或检验室内大量应用各种 CAT（Computer Aided Test，计算机辅助测试）技术的智能仪器。

4．智能仪器的展望

近年来，智能仪器与自动测控技术的发展十分迅速，尤其是现代光学、电子学、生物学、物理学、微机械等领域的一些最新研究成果，已被迅速地应用于仪器、仪表与自动测控系统中，使现代测控技术与智能仪器的发展出现了一些新的特点，主要包括以下几个方面。

（1）高速度。一方面，仪器总线和通信总线的传输速率在不断提高，作为自动测控系统控制器的现代 PC 的主频已经达到数千兆赫兹，在未来可能以太网被用于控制器与外围设备的连接，视频采集和传输也更加普及。另一方面，虚拟仪器技术的发展极大地加速了智能仪器与自动测试的产品化进程，一种新的检测方法从被人们认识到形成实用仪器化产品的过程越来越短。

（2）智能化。传统“智能仪器”概念的内涵已经被大大拓展了，柔性化设计、人工智能、人工生命等一些新方法、新技术被越来越多地用于智能仪器和自动测控系统的实现。数据处理过程中的诊断也将进一步发展成为基于知识的专家系统。

（3）集成化。专用集成芯片技术将被普遍应用于智能仪器与自动测控系统中，以硅微细加工为主的微机电系统（Micro Electronic Mechanical System，MEMS）技术的发展，有可能实现将仪器、仪表的传感器及其处理、控制和后续电路等都集成于芯片上。

（4）小型化和微型化。为了适应野外测试、现场监测、机载、车载、星载分析检测等的需求，测试与仪器系统小型化已成为发展的潮流，纳米技术、微传感器和微制造技术的发展也使仪器与自动测控系统的微型化成为可能。

小　　结

本章介绍了与智能仪器相关的基本概念，首先对仪表、传感器、仪器及智能仪器进行了简单的介绍，给出了一般概念上的定义。在实际中，这些名称具有一定的相关性和相互包容性，所以有时候人们在运用时会不加区分。

仪表是为测量时间、距离、速度、强度等实现显示、记录或控制数量和流量而设计的功能比较单一的装置（设备）。

传感器是一种检测装置，能感受到被测量的信息，并能将检测感受到的信息按一定规律变换成为电信号或其他所需形式的信息输出。

仪器通常是指用于记录、测量、显示或控制的装置，通常包含多项功能且具有独立的机箱。

通过学习，要了解智能仪器的分类及特点。智能仪器通常是指含有微型计算机或微处理器的测量控制仪器。智能仪器按结构可以分成单机型智能仪器、个人计算机仪器和智能仪器测控系统，习惯上（或狭义上）是指单机型（含有嵌入式微处理器）的智能仪器。

智能仪器含有微处理机，其特点是一般具有数据处理功能、非线性补偿、自动（定时）循环测量、数据储存与通信、自检功能等。

本章对智能仪器的发展情况做了简单的介绍。通过本章的学习，要了解智能仪器在信号测试与处理方面、组成自动测试系统方面、工业生产自动化方面的发展概况和未来的发展方向。

习　题　1

一、填空题

1．我国国家标准 GB 7665—2005 对传感器的定义为（　　　　　　　　　　　　　　　　　　）。

2．与传统仪器、仪表相比，智能仪器通常是指含有（　　　　　　　　　　　　　　　）的测量控制仪器。

3．仪器通常是指用于（　　　　　　　　　　　　　　　　　　）的装置（设备）。

4．单机型智能仪器通常由（　　）、（　　）、（　　）、（　　）、（　　）五个模块组成。

5．智能仪器按结构可以分成（ ）、（ ）、（ ）三大类。

6．聋哑传感器是指（ ）的传感器。

7．DSP 芯片是指（ ）。

8．基于 GPIB 总线的自动测试系统的主要缺点是（ ）。

9．工业控制仪器、仪表体系的发展经历了五个过程：（ ）、（ ）、（ ）、（ ）、（ ）。

10．智能仪器发展中出现的新特点主要有（ ）、（ ）、（ ）、（ ）。

二、选择题

1．智能仪器按结构分类，不包括（ ）。

A．单机型智能仪器　　B．人工智能仪器

C．个人计算机仪器　　D．智能仪器测控系统

2．以下信号不是工业仪表标准输出信号的是（ ）。

A．0～10mA　　B．4～20mA

C．0～5 mV　　D．0～5V

3．微机系统的引入，使智能仪器相比一般仪器具有很多明显的优点，其中不包括（ ）。

A．可以通过软件解决很多硬件无法解决的难题

B．可以通过仪表显示需要测量的量

C．具有自动修正误差，进行非线性补偿

D．通过软件代替硬件可以有效地减小设备体积

4．到目前为止，智能仪器通常不具有的功能是（ ）。

A．自动校正

B．测量非线性补偿

C．故障自诊断

D．用软件取代全部硬件

5．近年来，智能仪器与自动测控技术的发展十分迅速，使现代测控技术与智能仪器的发展出现了一些新的特点，主要有（ ）。

A．高速度、智能化、集成化、微型化

B．高速度、智能化、集成化、大型化

C．高速度、智能化、分散化、微型化

D．高速度、智能化、分散化、大型化

三、简答题

1．简述智能仪器的特点。

2．简述智能仪器的构成。

3．简述智能仪器在自动测试系统的构成方面的发展过程。

第2章

智能仪器中的微机系统

在第 1 章中已提到，智能仪器的主要特征就是仪器与微机系统的结合。这种结合主要采取的方式有两大类：一类是利用 PC 加上专用的外围测控设备；另一类则是采用嵌入式的单片机构成专用的智能仪器。这里主要讨论第二类嵌入到智能仪器中的微机系统即单片机。

单片机的种类至少有上千种，8 位、16 位和 32 位的单片机是目前的主流机型。实际上单片机有过一个别名，叫 CSIC（用户定义的集成电路），当某种需求有了一定的数量，用户就可以要求单片机供应商针对这种需求设计一款单片机。因此单片机可实现的功能和单片机的种类也就越来越多。世界上有很多著名的单片机公司，每个公司都有几个、几十个单片机系列，每个单片机系列有几个、几十个不同的单片机品种。智能仪器中所选用的单片机往往对仪器的智能程度起到决定性的作用。

由于单片机的类型及各公司开发的单片机所使用的机器码指令都不相同，在学习和使用单片机时要掌握单片机的主要性能、引脚定义、接口要求和编程方法，以便在智能仪器中应用它。

2.1　MCS-51 系列单片机

国际市场上众多类型的单片机中 8 位单片机因其成本低、易开发、功能相对强大，可以符合一般智能仪器的控制要求而受到欢迎。到目前为止，Intel 公司的 MCS-51 系列在我国仍是应用最为广泛的单片机系列，且 MCS-51 系列单片机自身近年来也有了很大的发展，如 Intel 公司推出的 CMOS 增强型单片机 8XC51FA/FB、8XC452 等的集成度更高，在片内集成了更多的功能部件，如 A/D、PWM 等以及高速的 I/O 口等。其他如飞利浦公司、西门子公司等也都推出了以 80C51 为核心，与 80C51 兼容的 8 位单片机。因此，这里从智能测量控制仪器的角度来讨论 MCS-51 系列单片机的结构原理、指令系统等基本知识，并简单介绍 MCS-51 系列单片机的开发过程，为后面智能仪器的分析和设计打下基础。

2.1.1　MCS-51 系列单片机的结构与特点

MCS-51 系列单片机的基本型包括 8031、8051、8751、8951 等不同的芯片，它们的不同点只在于内部存储器构造不同，而其余组成部分全部相同。

(1)片内带掩模 ROM 型(8051)：在器件内部集成有一定容量的只读存储器(掩模 ROM)，

适合于定型大批量应用产品的生产。

(2) 片内带 EPROM 型（8751）：片内含有一定容量可供用户一次编程的 EPROM 存储器，适合小批量自制产品。

(3) 片内带 E^2PROM 型（8951）：片内含有一定容量可供用户多次擦写编程的 E^2PROM 存储器，适合于研制产品样机和学习开发。

(4) 外接 EPROM 型（8031）：片内无 ROM，必须外接程序存储器，适用于研制新产品及学习开发。

(5) 近年来，内部自带 Flash 程序存储空间的 MCS-51 系列单片机产品应用越来越广，因为其开发容易，功能也越来越多，可以根据需要选用。

8051 单片机的基本构成如图 2.1 所示。除 CPU 外，在片内集成了以下部件。

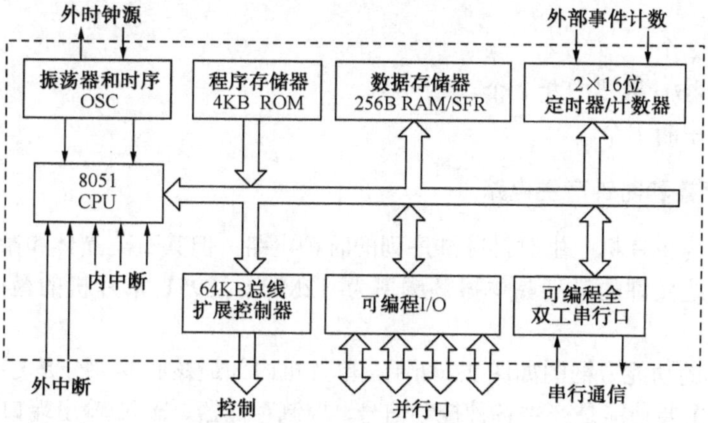

图 2.1　8051 单片机的基本构成

1. 片内数据存储器 RAM

MCS-51 的内部数据存储器共有 256 个（字节）单元，地址为 00H～FFH。其中地址为 00H～7FH 的前 128 个单元用于存放可读写的数据；而地址为 80H～FFH 的后 128 个单元被专用寄存器占用，不能供用户使用。

2. 片内程序存储器 ROM

8051 内部共有 4KB 的掩模 ROM，用于存放程序、原始数据或表格。

8751 内部共有 4KB 的 EPROM，用户可以将程序固化在 EPROM 之中。

8951 内部共有 4KB 的 E^2PROM，E^2PROM 是可以多次写入、擦除的芯片，用户可以通过开发机把程序固化在 E^2PROM 之中。

8958 单片机内部有高达 32KB 的 Flash 程序存储空间。

8031 内部没有 ROM，但外接一片 EPROM 就相当于 8051。

3. 定时器/计数器

8051 内部共有两个 16 位的定时器/计数器 T0、T1，每个定时器/计数器都可以设置成定时或计数方式，并以其定时或计数结果实现对计算机的控制。

4．并行 I/O 口

MCS-51 共有四个 8 位并行 I/O 口（P0、P1、P2、P3），用来实现数据的并行输入或输出，且每个口可以用做输入，也可以用做输出。

5．串行口

一个全双工 URAT（通用异步接收发送器）串行 I/O 口，可以实现单片机和其他设备之间的串行通信。

6．中断控制系统

MCS-51 单片机的中断功能较强，8051 共有 5 个中断源，每个中断分为高级和低级两个优先级。

- 片外中断 2 个。
- 片内定时器/计数器中断 2 个。
- 片内串行中断 1 个。

7．片内振荡器和时钟产生电路

8051 内部有为单片机产生时钟脉冲序列的时钟电路，但其石英晶体和微调电容需外接。基本的单片机系统允许的最高晶体振荡频率为 12MHz，8951 单片机的最高振荡频率可达 33MHz。

8051 单片机的功能方框图如图 2.2 所示，单片机内部最核心的部分是 CPU，它是单片机的心脏。CPU 的主要功能是产生各种控制信号，控制存储器、输入/输出端口的数据传送、数据的算术运算以及位操作处理等。

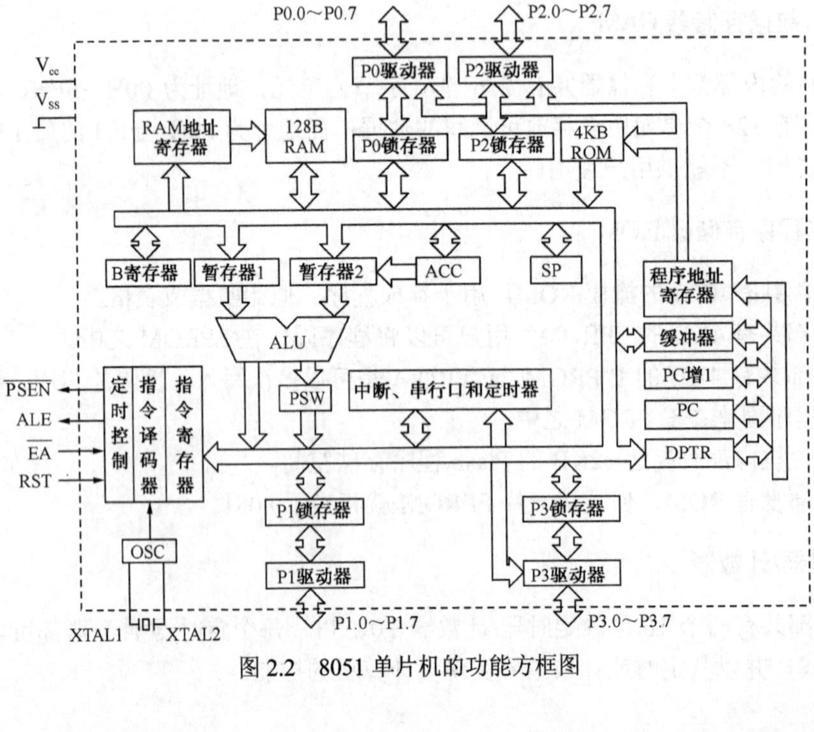

图 2.2　8051 单片机的功能方框图

2.1.2 MCS-51 系列单片机的引脚及功能

在单片机开发中，硬件的构成决定了整个单片机系统的存储器及外部输入/输出设备的地址，是软件编程的基础，而硬件电路构成时必须了解单片机的引脚定义及功能。MCS-51 系列单片机中各种芯片的引脚是相互兼容的，共有 40 条引脚，采用的是标准的双列直插式集成电路芯片。如图 2.3 所示，其中图 2.3（a）为其引脚图，图 2.3（b）为其逻辑符号图。

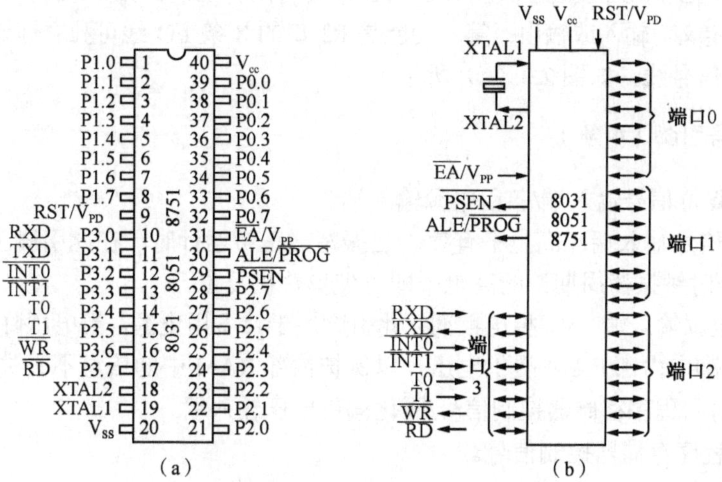

图 2.3　MCS-51 系列单片机的引脚及逻辑符号图

在 40 条引脚中，2 条用于电源引脚，2 条用于外接晶体引脚，4 条用于控制引脚，32 条为 I/O 引脚。各信号引脚及功能说明如下。

1．电源引脚 V_{CC} 和 V_{SS}（2 条）

V_{CC}：接工作电源端＋5V。

V_{SS}：接地端。

2．时钟电路引脚 XTAL1 和 XTAL2（2 条）

XTAL1、XTAL2 外接晶体引线端。

当使用芯片内部时钟时，此二引线端用于外接石英晶体和微调电容。

当使用芯片外部时钟时，此二引线端用于接外部时钟脉冲信号。

3．端口线（32 条）

P0.0～P0.7：P0 口 8 位双向 I/O 口线，P0 口是一个漏极开路的 8 位双向 I/O 端口，如图 2.3 所示。P0 口既可作为通用 I/O 端口（对于内部有 ROM 或 EPROM 的单片机 8051、8751）使用，又可作为地址/数据总线使用（外部扩展存储器时，一方面作为 8 位数据输入/输出口，另一方面用来输出外部存储器的低 8 位地址）。作为 I/O 输出口时，必须外接上拉电阻，才有高电平输出。

P1.0～P1.7：P1 口 8 位双向 I/O 口线，P1 口是一个带内部上拉电阻的 8 位准双向 I/O 口，通常作为通用输入/输出口使用。

P2.0～P2.7：P2 口 8 位双向 I/O 口线。当访问外部程序存储器或外部数据存储器时，P2 口用做输出地址的高 8 位，与 P0 口一起构成 16 位的地址总线，因此 MCS-51 系列单片机的最大程序存储量为 64KB，最大外接数据存储器的存储量也是 64KB。如果不需要输出高 8 位地址时，P2 口可作为通用 I/O 口，每一位可以独立地定义为输入或输出。

P3.0～P3.7：P3 口 8 位双向 I/O 口线。P3 口具有两种功能：第一功能与 P1 口一样，每一位可以独立地定义为输入或输出；第二功能是 P3 口的 8 条 I/O 线可独立地作为串行输入/输出口和其他控制信号线，如图 2.3（a）所示。

4. 控制信号引脚（4 条）

RST/V_{PD}：复位信号输入端/备用电源输入端。

RST：复位信号输入端，高电平有效。当振荡器正常运行时，在此引脚上保持至少两个机器周期（24 个时钟振荡周期）的高电平即可使单片机复位。

V_{PD}：备用电源输入端。V_{cc} 掉电期间，此引脚用于接备用电源，当电压降低到下限值时，备用电源经此引脚向内部 RAM 提供电压，以保护内部 RAM 中的信息不丢失。

$\overline{EA}$/V_{PP}：访问程序存储器控制信号/固化编程电压输入端。

$\overline{EA}$：访问程序存储器控制信号。

当 $\overline{EA}$ 引脚接低电平时，对 ROM 的读操作只访问外部程序存储器（对 8031 来说，因内部无 ROM，所以该引脚必须接地）。

当 $\overline{EA}$ 引脚接高电平时，对 ROM 的读操作从内部程序存储器 0000H 单元开始，当 PC 超过 0FFFH 时（对 8051、8751 来说），自动转向外部程序存储器，最大寻址范围为 0FFFFH，即 64KB。

V_{PP}：固化编程电压输入端。对于 EPROM 型单片机，在 EPROM 编程写入（固化程序）期间，此引脚用于输入（一般 21V）编程电源。

ALE/$\overline{PROG}$：地址锁存允许信号/EPROM 编程脉冲输入端。

ALE：地址锁存允许信号。当 CPU 访问外部存储器时，ALE 信号（高电平有效）用于控制把 P0 口输出的低 8 位地址锁存到锁存器中，以实现低位地址和数据的隔离（因为 P0 口是地址/数据分时复用口）。即使不访问外部存储器，ALE 端仍以固定的频率（振荡器频率的 1/6）输出正脉冲，作为外部时钟或外部定时脉冲使用。

如果想知道 8051/8031 芯片的好坏，可用示波器查看 ALE 端是否有脉冲信号输出，如有，则表明芯片基本上是好的。

$\overline{PROG}$：EPROM 编程脉冲输入端。对于 EPROM 型单片机，在 EPROM 编程写入（固化程序）期间，此引脚用于输入编程脉冲（PROG）。

$\overline{PSEN}$：外部程序存储器读选通信号。

在读外部 ROM 期间，每个机器周期 $\overline{PSEN}$ 二次有效（低电平），而访问外部 RAM 时，是由 $\overline{RD}$、$\overline{WR}$ 信号控制的，因此可以看出 MCS-51 系列单片机的程序和数据是可以存放在不同的外部存储器中的，可以分别寻址。

如果想查看一个 8051/8031 小系统上电后 CPU 能否正常，到 EPROM/ROM 中读取指令码，也可用示波器查看 $\overline{\text{PSEN}}$ 端有无脉冲输出，如有，则说明基本上工作正常。

2.1.3　CHMOS 增强型单片机 8XC51FA 的主要特点

8XC51FA 又称为 8XC252，是以 8051 为核心的一种 CHMOS 增强型单片机，它与 8051 芯片的指令系统和引脚兼容，其主要特点是增加了一个可编程的计数器阵列 PCA（Programable Counter Array）。PCA 由一个 16 位的定时器/计数器和 5 个 16 位的比较/捕捉模块所组成，逻辑结构如图 2.4 所示，16 位定时器/计数器作为比较/捕捉模块的定时标准，因此主要作为定时器使用。每个比较/捕捉模块都可用做捕捉外部引脚 CEX*n* 上输入电平发生跳变的时间、软件定时器、高速输出、脉冲宽度调制 PWM 输出，而模块 4 还可用做系统的监视定时器 WDT（Watch Dog Timer，又称为看门狗）。与基本型芯片不同的是，8XC51FA 的 P1 口为双功能口，其中 P1.3～P1.7 的第二功能为 PCA 的输入/输出线 CEX0～CEX4。

PCA 定时器/计数器由特殊功能寄存器 CH、CL 组成，CPU 在任何时候都可以对它们进行读/写。PCA 定时器/计数器的计数脉冲可以编程为下列 4 个信号中的任意一个。

① 振荡器的 12 分频信号。

② 振荡器的 4 分频信号。

③ 定时器 T0 溢出信号。

④ 外部引脚 ECI（P1.2）上输入信号。

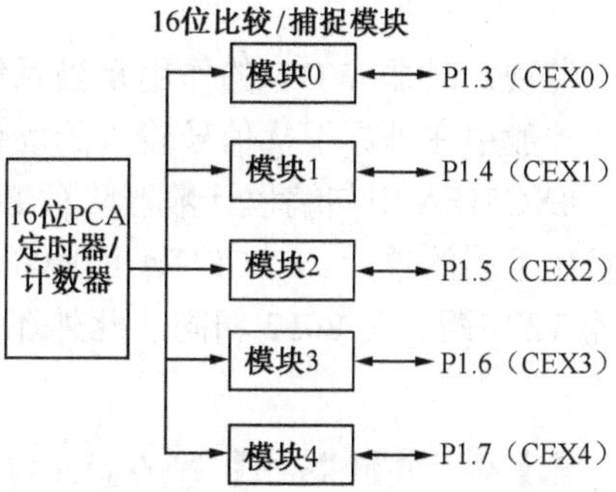

图 2.4　PCA 的逻辑结构图

PCA 的定时器/计数器是个加 1 计数器，计数器溢出时置“1”中断请求标志 CF，8XC51FA 处于空闲方式时，可以允许或停止 PCA 定时器/计数器的计数，与它有关的特殊功能寄存器还有方式寄存器 CMOD 和控制寄存器 CCON。

控制寄存器 CCON 用来启动和停止 PCA 的定时器/计数器，地址为 0D8H；方式寄存器 CMOD 用来设置 PCA 定时器/计数器的运行方式，地址为 09DH（注意到在基本型 8051 单片机中，这两个单元是不用的）。

PCA 中有 5 个比较/捕捉模块，每一个模块都有一个自己的方式寄存器 CCAPM0～4，它们都是特殊的功能寄存器，其地址分别为 0DAH～0DEH，这些寄存器分别控制对应模块的工作方式，其格式完全相同，如表 2.1 所示。

表 2.1　PCA 寄存器定义表

D7	D6	D5	D4	D3	D2	D1	D0
\	ECOM	CAPP	CAPN	MAT	TOG	PWM	ECCF

通过这 5 个捕捉模块使单片机具有一些特殊的功能。

1. 16 位捕捉方式

PCA 中的比较/捕捉模块采样外部引脚（CEX0～CEX4）上的输入电平，当检测到一个有效跳变时，由硬件将 PCA 定时器的计数值装入模块捕捉寄存器，捕捉寄存器中的数值反映了外部引脚输入发生跳变时 PCA 定时器的计数值，也就是记录了发生跳变的时间。利用 PCA 模块的捕捉方式可以测量多达 5 个不同输入脉冲的周期、宽度、占空比和相位差。

2. 软件定时器和高速输出方式

5 个模块都可以工作于高速输出方式，这种高速输出方式比一般中断方式的软件定时输出在时间上更为精确，因为中断等时间不影响高速输出的操作。

3. 脉冲宽度调制器 PWM 方式

这种方式可用做 D/A 转换器，PWM 输出脉冲的频率取决于 PCA 定时器的计数脉冲，若振荡器的频率为 16MHz，则输出波形的最高频率为 15.6kHz。

4. 监视定时器 WDT（Watch Dog Timer）

监视定时器 WDT 的作用是当系统工作不正常时会自动产生一个复位信号，迫使系统恢复，一般用在外界干扰信号较大的场合，只有模块 4 才可以编程为 WDT 方式。

8XC51FA 中与编程计数器阵列 PCA 有关的特殊功能寄存器一共有 19 个，均为基本型单片机中不用的单元。8XC51FA 的中断源有 7 个，其中 5 个是基本型中所具有的，还有一个定时器 T2 中断，与 8052 相同，此外还有它所独有的 PAC 中断。

2.1.4 MCS-51 系列单片机的指令系统

指令系统是一套控制单片机执行操作的编码，是单片机能直接识别的命令，要开发任何一种单片机，都必须详细了解这种单片机的指令功能，才能编写出高效的软件程序。

MCS-51 指令系统具有功能强、寻址方式多、执行速度快等特点，特别适合于控制。

MCS-51 系列单片机的指令是机器码指令，即用二进制代码（或十六进制数）表示的指令，也称目标代码指令。只有机器码指令才能够被计算机硬件直接识别和执行，但要记住这些机器码指令显然是很麻烦的。为此，人们想了很多办法，汇编语言就是其中之一。

汇编语言指令是用助记符来表示的指令。助记符一般为英语单词的缩写，如用“ADD”表示加法，用“MOV”表示传送等。下面是两条分别用代码和助记符形式书写的指令：

代码指令	助记符	功能
74　0A	MOV　A，#0AH	将十六进制数 0AH 送到累加器 A 中
24　14	ADD　A，#14H	累加器 A 中的数与十六进制数 14H 相加，结果存入累加器 A

汇编语言指令不能被计算机硬件直接识别和执行，必须通过汇编把它变成机器码指令才能被机器执行。汇编语言指令容易记忆，便于程序的编写和阅读，是单片机中常用的指令形式。汇编语言的每一条指令都可以通过查表找到与其相对应的机器码，这个过程称为汇编，

现在有专门的编译程序把汇编语言编写的程序转换成机器码指令程序，所以只要掌握汇编语言指令及其编写程序的方法，就可以编写程序控制单片机执行相应的工作。

另外，还有可以通过 C 语言编写 MCS-51 系列单片机的程序，通过编译程序转换成相应的机器码指令程序，限于篇幅，这里不再讨论。

计算机指令大多是通过对数据的操作来完成的。这些被操作的数据，叫做操作数。所谓寻址方式，就是寻找操作数所在地址的方式。这里的地址一般是某个存储单元或寄存器。

MCS-51 指令系统的寻址方式有 7 种，分别是立即寻址、寄存器寻址、间接寻址、直接寻址、变址寻址、相对寻址和位寻址。

MCS-51 系列单片机的指令系统由 111 条指令构成，按字节数可分为：单字节指令 49 条，双字节指令 45 条，三字节指令 17 条。按指令执行周期分为：单机器周期指令 64 条，双机器周期指令 45 条，两条四机器周期指令分别为乘法和除法指令。当主频为 12MHz 时，一个机器周期为 1μs。MCS-51 系列单片机的指令系统按指令功能可分为算术运算指令、逻辑操作指令、数据传送指令、控制转移指令及位操作指令共 5 大类，主要功能介绍如下。

1. 数据传送指令

数据传送操作是一种最基本、最主要的操作。MCS-51 的数据传送操作可以在累加器 A、工作寄存器 R0～R7、内部数据存储器、外部数据存储器和程序存储器之间进行，其中对 A、R0～R7 的操作最多。数据传送指令一般是把源操作数传送到目标操作数，指令执行后，源操作数不变，目标操作数为源操作数。传送指令不影响标志位（写 PSWP 除外）。

数据传送指令可分为以下几类。

① 内部 RAM 数据传送指令。

② 外部 RAM 数据传送指令。

③ 查表指令。

2. 算术运算指令

MCS-51 的算术操作类指令可分为加法、带进位加、带借位减、加 1、减 1 以及其他运算指令共 6 组。每组有 4 条指令，除最后一组外，4 条指令的源操作数分别采用寄存器寻址、直接寻址、寄存器间接寻址及立即寻址，而目的操作数都是累加器 A（若有两个操作数的话）。

3. 逻辑操作指令

逻辑操作类指令包括逻辑与、逻辑或、逻辑异或运算及累加器 A 清零、求反和移位。

逻辑运算是按位进行的，不产生进位。逻辑与运算中，与“1”相与结果不变，与“0”相与结果为 0；逻辑或运算中，与“1”相或结果为 1，与“0”相或结果不变；逻辑异或运算中，与“1”相异或结果取反，与“0”相异或结果不变。

4. 控制转移指令

转移指令是通过改变程序计数器 PC 的值，使 PC 有条件或无条件地或通过其他方式，从当前的位置转移到一个指定的地址单元去，从而改变程序的执行方向。

转移指令分为 4 大类：无条件转移指令、条件转移指令、调用指令及返回指令。

5．位操作指令

位操作指令是以位（bit）作为单位来进行运算和操作的。MCS-51 系统在硬件方面有一个位处理器，它实际上是一个一位微处理器。它以进位位 CY（程序状态字 PSW.7）作为累加器 C，以内部 RAM 和 SFR 内的位寻址区的单位作为操作数。与此相应，有一个专门处理位变量（又称为布尔变量）的指令子集，以完成对布尔变量的传送、运算、转移、控制等操作。由于 MCS-51 系统中有了这个颇具特色的位变量处理子系统，使得程序设计变得更加方便和灵活。例如，在许多情况下可以避免不必要的大范围的数据传送、屏蔽字节、测试和转移，在外围控制的“位–检测”应用中，提供了最佳的代码和速度。利用位逻辑运算指令，可以实现对各种组合逻辑电路的模拟，即用软件方法来获得组合电路的逻辑功能。所有这些都是 MCS-51 单片机的一个很重要的特点。

位操作指令包括位传送、条件传送、位运算等。所有的位访问均为直接寻址。

MCS-51 中的位地址有以下几种方式：直接使用位地址 00H～FFH、位寄存器定义名，如 20H、C、OV 等；用字节寄存器名后加位数，如 PSW.4、P1.5 等；用字节地址和位数表示，如 20H 单元位 0 到位 7，可写成 20.0～20.7。

从 MCS-51 系列单片机的指令系统中可以看到，这种 8 位的单片机适用于控制系统，但遇到复杂的数据处理和程序设计就需要选用其他类型的单片机了。

为了便于查询，附录 A 给出了 MCS-51 系列单片机的全部指令。

2.2　MCS-51 单片机系统及应用举例

MCS-51 单片机在一片芯片上集成了计算机的基本功能部件，功能较强，在实际应用中，可以根据需要加上输入、输出接口电路组成智能仪器，根据智能仪器功能的不同及选用的 CPU 芯片的不同，会有相应不同的系统构成。

2.2.1　8051/8751/8951 的最小系统

所谓最小系统，是指能满足要求的最小配置系统。由于 MCS-51 系列单片机内部没有集成时钟电路所需的晶体振荡器，也没有复位电路，因此最小系统必须外接这些部件。这几种芯片都有片内 4KB 程序存储器，区别仅在于 8951 内部为 E^2PROM，8051 内部为 ROM，8751 内部为 EPROM，如果系统要处理的工作不太复杂，程序加数据不超过 4KB，那么这些芯片只要外接晶体振荡器和复位电路就可以构成最小系统，如图 2.5 所示，其主要特征包括以下几点。

（1）有 4KB 内部程序存储器（地址是 0000H～0FFFH），$\overline{EA}$ 引脚要接高电平。

（2）有 128B 内部数据存储器（地址是 00H～7FH）。

（3）因为没有用到外部程序存储器和数据存储器，所以 P0～P3 口可以全部作为 I/O 接口。

图 2.5 中电源引脚和接地引脚也要接上，一般在电路原理图中因为电源引脚 V_{cc} 总是接＋5V，接地引脚总要接地，所以不画出来，接线时要注意。最小系统的构成非常简单，可以利用它进行实验和开发小产品。

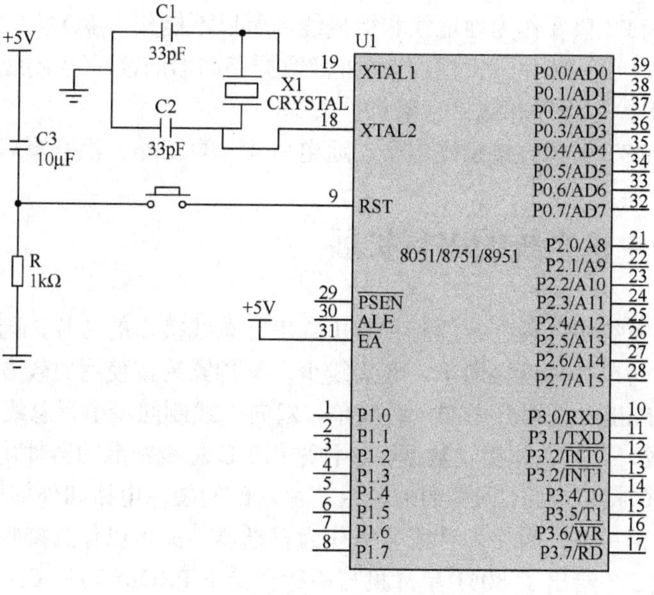

图 2.5 8051/8751/8951 的最小系统

2.2.2 单片机系统的并行扩展

当 CPU 选用 8031，或者系统的程序比较长，需要存储的数据比较多，上面的最小系统不能满足要求时，就需要外接程序存储器和数据存储器，通常称为单片机系统的扩展。

MCS-51 系列单片机一般用 74LS373 配合其扩展，以 8051 为例，只接一片 27128（16KB）外部程序存储器和一片 62256（32KB）外部数据存储器，扩展后的单片机系统电路接法如图 2.6 所示。其主要特征如下。

（1）有 16KB 外部程序存储器（地址是 0000H～3FFFH），$\overline{\text{EA}}$ 引脚要接地，内部没有程序存储器。

（2）有 32KB 外部数据存储器（地址是 0000H～7FFFH），内部仍有 128B 的数据存储器可用。

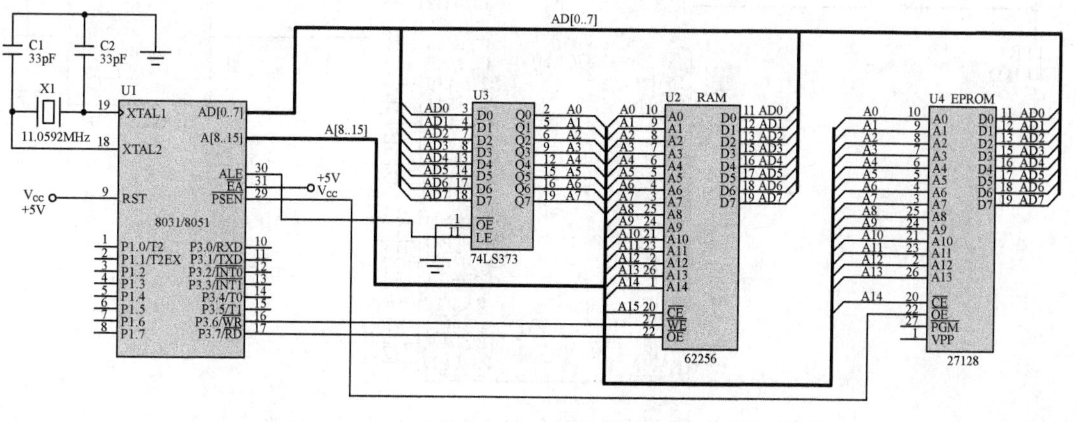

图 2.6 扩展后的单片机系统

（3）因为 P0 和 P2 口要作为地址线和数据线，所以不能作为 I/O 接口，只有 P1 和 P3 口可以作为 I/O 接口，且 P3.6 和 P3.7 要作为外部数据存储器的读/写控制线，也不能用，可见 I/O 端口减少了很多，但程序和数据存储量扩大了。

（4）图 2.6 中 RST 引脚直接接高电平，通电后就一直工作。没有重启按钮。

2.2.3 单片机系统的串行扩展

在单片机应用系统中，现在常用到带有 I^2C 串行总线接口的芯片，因为采用这种 I^2C 串行总线接口的芯片与单片机连接简单，连接线少，结构紧凑，使用比较方便。

I^2C 总线是由 Philips 公司开发的一种简单、双向二线制同步串行总线，它由数据线 SDA 和时钟线 SCL 构成，可发送和接收数据。各种采用 I^2C 总线标准的器件均并联在总线上，每个器件内部都有 I^2C 接口电路，器件的地址由芯片内部的硬件电路和外部地址引脚共同决定，并建立了简单的主从关系，每个器件既可以作为发送器，又可以作为接收器。

作为例子，图 2.7 给出了 8051 单片机与串行存储 E^2PROM 芯片 CAT24WC04 的接口电路，8051 单片机的 P1.0，P1.1 作为 I^2C 总线与 CAT24WC04 的 SDA 和 SCL 相连，连接时注意 I^2C 总线须通过上拉电阻接电源，P1.2 与 WP 相连，CAT24WC04 的地址线 A2、A1、A0 直接接地，片选地址为 000，因此 CAT24WC04 的器件地址码的高 7 位为 1010000。存储容量为 4KB。

从图 2.7 中可以看到，这种用 I^2C 总线串行扩展的单片机系统既增加了单片机的程序存储器，又保留了很多 I/O 接口，且接线也简单。图中所用到的 CAT24WCXX 系列是美国 CATALYST 公司出品的串行（CMOS）E^2PROM 芯片，有 1～256KB 不同容量的芯片，如 CAT24WC04 就是 64KB 存储容量的芯片。

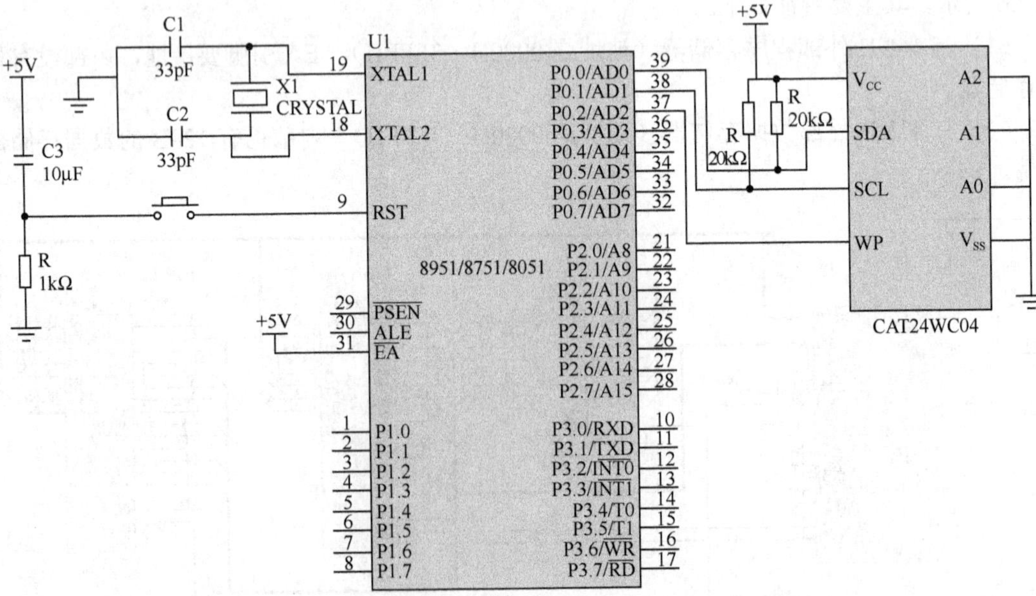

图 2.7 8051 单片机与串行存储 E^2PROM 的接口电路

2.2.4 应用举例

1. MCS-51 系列单片机在调速系统中的应用

在单片机控制的小功率直流电机调速系统中，利用单片机的内部定时器产生占空比不同的矩形波，可以改变电机定子电压接通和断开的时间，从而控制电机转速。

【例 2.1】 若要求单片机输出频率为 10kHz 的矩形波，占空比为 2∶1（高电平时间长），单片机频率为 12MHz，写出有关程序。

分析：输出频率为 10kHz 的矩形波，即周期为 100μs。高电平持续时间为 66.7μs，低电平持续时间为 33.3μs。由于定时时间短，定时器采用模式 2 即 8 位定时器/计数器模式（并具有自动重装载功能）。

定时 33.3μs，初值＝$2^8-33.3$＝DFH

定时 66.7μs，初值＝$2^8-66.7$＝BDH

方法：利用定时器的模式 2 自动重装载功能，只要每次计数溢出，就自动重新装入 TH0 中的值（时间常数），使定时器能交替实现 66.7μs 和 33.3μs 定时。

程序清单：

```
        MOV     TMOD,#02H       ；TMOD 为 8051 的内部寄存器，设置 T0 为模式 2
        MOV     TL0,#0BDH       ；送初值，高电平持续时间
        MOV     TH0,#0DFH       ；低电平持续时间
        MOV     A,#0BDH         ；高电平持续时间送到 A 寄存器
        SETB    TR0             ；启动 T0
        SETB    P1.0            ；P1.0 引脚输出高电平
L0:     JNB     TF0,L0          ；循环等待，定时时间是否到？这里也可以用中断
        CLR     TF0             ；清定时器 0 溢出标志
        CPL     P1.0            ；P1.0 引脚输出取反
        XCH     A,TH0           ；交换时间常数，为下次定时做准备
        SJMP    L0
        END
```

2. 利用单片机的内部定时器测量外部脉冲宽度

【例 2.2】 用定时器测量 $\overline{\mathrm{INT1}}$ 引脚上正脉冲的宽度（机器周期数）。

分析：T0、T1 定时器/计数器中有一个门控信号 GATE，当该信号被设置为“1”时，只有 TR1＝1，并且 $\overline{\mathrm{INT1}}$ 为 1 时才能启动定时器。利用此信号可以检测外部某一个脉冲的宽度。

测量过程为：初始设置 T1 工作在方式 1，定时状态，时间常数初值为 0，GATE＝1。当外部待测脉冲由 $\overline{\mathrm{INT1}}$（P3.3）输入时，启动 T1。当 $\overline{\mathrm{INT1}}$ 上再次出现高电平时，开始计数，直到 $\overline{\mathrm{INT1}}$ 出现低电平为止。此时读出的时间常数就是对机器周期的计数次数，此数乘以机器周期即为正电平宽度。其过程如图 2.8 所示。

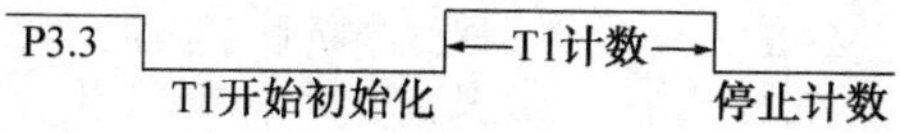

图 2.8　测量过程示意图

程序清单：

```
        MOV     TMOD,#90H       ; 设置 T1 为模式 1，且 GATE=1
        MOV     TL0,#00H        ; 定时初值为 0
        MOV     TH0,#00H
WAIT1:  JB      P3.3,WAIT1      ; 等待 INT1 变低电平，开始启动 TR1
        SETB    TR1             ; 启动定时器
WAIT2:  JNB     P3.3,WAIT2      ; 等待 INT1 =1，开始计数
WAIT3:  JB      P3.3,WAIT3      ; 等待 P3.3 变低电平
        CLR     T               ; 结束计数
        MOV     A,TL1
        MOV     B,TH1           ; 存放计数值
        END
```

若 f=12MHz，则 A、B 中的数值是以微秒为单位的正电平的宽度。也可以把该数通过显示器显示出来。

3. 利用中断实现故障报警

【例 2.3】 用一个中断源显示故障的发生。如图 2.9 所示的电路，当系统正常工作时，四个故障源的输出均为高电平，显示灯全不亮。当其中任意一个故障源出现故障时，其相应的输出为低电平，相应的二极管显示灯亮。

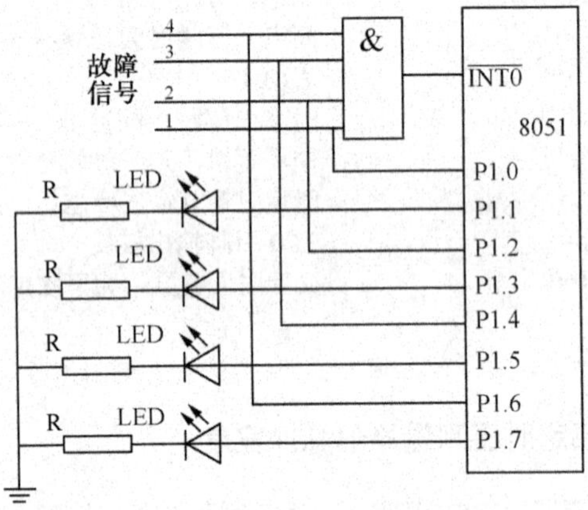

图 2.9 用中断实现故障报警

分析： 当某一故障信号输入线由高电平变为低电平时，与门输出为 0，并通过 $\overline{INT0}$ 申请中断（边沿触发）。在中断服务程序中，通过查询与故障信号相连接的 P1.0、P1.2、P1.4、P1.6 的值，确定故障的位置，并使相应的发光二极管亮。

程序清单：

```
        ORG     0000H
        AJMP    MAIN            ; 跳过中断服务程序
        ORG     0003H           ; 外部中断 0 中断矢量
        AJMP    zd
```

主程序：

```
MAIN:   ANL     P1,#55H         ；P1.0、P1.2、P1.4、P1.6 输入，P1.1、P1.3、P1.5、P1.7 输出
        SETB    EX0             ；允许外部输入
        SETB    IT0             ；边沿触发
        SETB    EA              ；CPU 开中断
        SJMP    $               ；循环等待，需要时这里也可以执行别的程序
```

中断服务子程序：当 $\overline{\text{INT0}}$ 引脚出现低电平时，CPU 自动执行这段程序。

```
zd:     JB      P1.0,L1         ；若 P1.0=1，转 L1
        SETB    P1.1            ；故障 1，P1.1 脚输出高电平，则相应的二极管亮
L1:     JB      P1.2,L2         ；若 P1.2=1，转 L2
        SETB    P1.3            ；故障 2，P1.3 脚输出高电平，则相应的二极管亮
L2:     JB      P1.4,L3         ；若 P1.4=1，转 L3
        SETB    P1.5            ；故障 3，P1.5 脚输出高电平，则相应的二极管亮
L3:     JB      P1.6,L4         ；若 P1.6=1，转 L4
        SETB    P1.7            ；故障 4，P1.7 脚输出高电平，则相应的二极管亮
L4:     RETI                    ；中断返回
        END
```

4．利用中断进行定时控制外部操作

【例 2.4】 用中断进行定时控制。即要求每间隔一定时间，对现场数据实施一次采集、传送、取数等操作，而间隔时间未到，CPU 可进行数据处理、数据显示等主程序的工作。

要求每隔 150ms，从外部 P1 口读一次数据，并把数据存入到内部 RAM 30H（首地址）开始的存储器中，供主程序进行处理，如果数据多的话，也可以存放在外部 RAM 1000H 单元（首地址）开始的数据存储区，单片机的晶振频率 f=6MHz。

分析：实现 150ms 定时，采用定时器 T0 定时 50ms、软件计数器计数 3 次的方式实现。定时初值为：$X=2^{16}-50\times10^{-3}\times3\times10^{6}/6=40536=9E58H$

程序清单：

```
        ORG     0000H
        AJMP    MAIN            ；跳过中断服务程序
        ORG     000BH           ；定时器 0 中断矢量
        AJMP    TCT0
```

主程序：

```
        ORG     0100H
MAIN:   MOV     TMOD,#01H       ；定时器 T0，方式 1
        MOV     TH0,#9EH
        MOV     TL0,#58H
        MOV     DPTR,#1000H     ；外部 RAM 首地址
        MOV     R0,#30H         ；内部 RAM 首地址
```

```
        MOV     R3,#03H          ; 软件计数次数
        SETB    ET0              ; 允许 T0 中断
        SETB    EA               ; CPU 开中断
        SETB    TR0
        SJMP    $                ; 等待中断
                                 ; 如果需要，可在此放置显示传送次数等程序
```

中断服务程序：

```
        ORG     0150H
TCT0:   MOV     TH0,#9EH         ; 重装初值
        MOV     TL0,#58H
        DJNZ    R3,NEXT1         ; 定时不到 150ms，返回
        MOV     A,P1
        MOVX    @DPTR, A         ; 从外部 RAM 向内部 RAM 传送数据
        MOV     @R0,A
        INC     DPTR
        INC     R0
NEXT1:  RETI                     ; 开中断返回
        END
```

2.3 单片机的仿真与应用

随着计算机应用的普及，电子电路的设计、单片机系统的开发也已经有了许多计算机辅助设计软件，这些软件对智能仪器的设计和分析有很大的帮助。

Proteus ISIS 是英国 Labcenter 公司开发的电路分析与实物仿真软件，后面简称 Proteus 软件。它运行于 Windows 操作系统上，可以仿真、分析（SPICE）各种模拟器件和集成电路，该软件具有模拟电路仿真、数字电路仿真、单片机及其外围电路组成的系统的仿真的功能，目前支持的单片机类型有：MCS-51 系列、DSP 系列、Arm 系列等，本书简要介绍 Proteus 软件在智能仪器设计中的使用方法。这里仍以 MCS-51 系列单片机为例，说明如何利用这个软件建立原理图和进行仿真。

2.3.1 8951 单片机最小系统的建立

这里选用 8951 建立一个单片机的最小系统，在前面已经讨论过，因为 8951 自带 4KB 可擦写编程 E^2PROM，所以只要接上电源和晶振，一片芯片就可以构成一个最小系统。

安装了 Proteus 软件后，用 Proteus 软件建立 8951 单片机最小系统的基本步骤如下所述。

1. 打开 Proteus ISIS 的工作界面

在“开始”→“程序”中选择“Proteus ISIS”，打开 Proteus ISIS 的工作界面，如图 2.10 所示。可以看到，这是一种标准的 Windows 界面，因此使用起来比较方便。

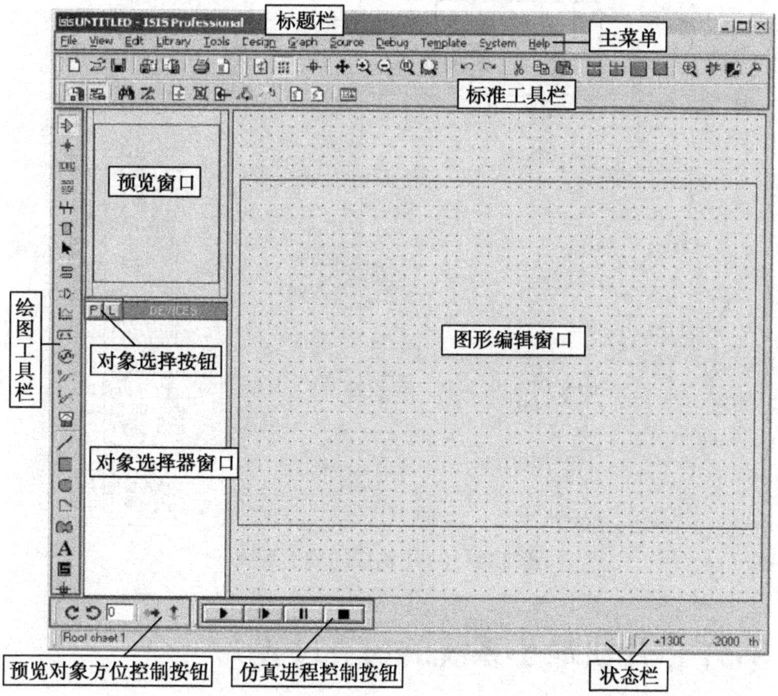

图 2.10　Proteus ISIS 的工作界面

2．选择所需要的元件

通过对象选择按钮，从元件库中选择对象，并置入对象选择器窗口，供今后绘图时使用。显示对象的类型包括：设备，终端，引脚，图形符号，标注和图形。例如，在关键字窗口中直接输入“89C51”就可以找到所需的芯片。

注意，电源和接地不是元件，要从终端中选择，图形符号为 。

3．放置元件并连线

选择好全部的元件并放置好后，用鼠标指向对象并单击右键可以选中该对象，使其高亮显示，然后可以进行编辑，如设定电阻的阻值，电容的容量等。

然后连线，Proteus 的智能化可以在你想要画线的时候进行自动检测。当鼠标的指针靠近一个对象的连接点时，跟着鼠标的指针就会出现一个“×”号，鼠标左键单击元器件的连接点，然后单击一个或几个非连接点的位置，ISIS 将认为你在手工定线的路径，将会让你单击线的路径的每个角。路径是通过左击另一个连接点来完成的。如果在交叉点有电路节点，则认为两条导线在电气上是相连的，否则就认为它们在电气上是不相连的。

最后，得到 8951 单片机的最小系统，如图 2.11 所示。这个最小的单片机系统除了 9 脚接了重启（RST）按键外，只有 P1.0 有外接 LED 输出。

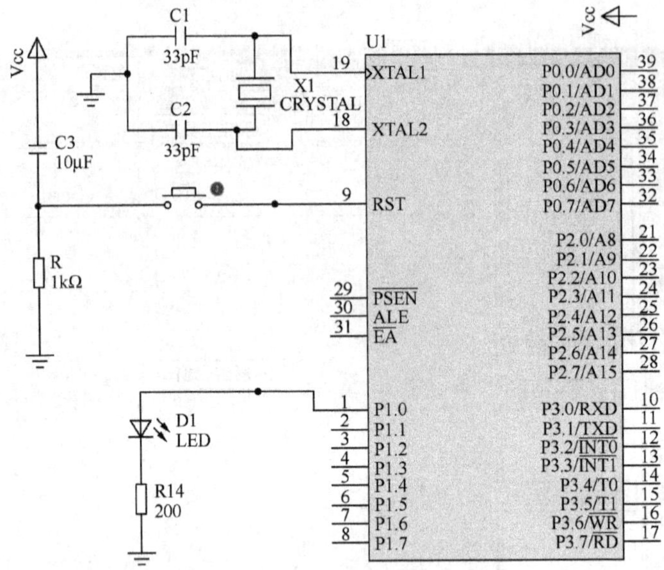

图 2.11　8951 构成的最小系统

2.3.2　8951 单片机最小系统的仿真过程

Proteus 软件提供了多种单片机的仿真功能，这里我们对图 2.11 所示的 8951 最小单片机系统进行仿真，以 2.2.4 节的【例 2.1】为例说明仿真的过程，即通电后单片机输出频率为 10kHz 的矩形波。

1．建立源程序

【例 2.1】中已知单片机的频率为 12MHz，要求单片机输出频率为 10kHz 的矩形波，占空比为 2∶1（高电平时间长），并选 P1.0 引脚作为输出脚。通过分析编写了相应的程序。

可以用记事本（不能用 Word 之类带格式的文本编辑器）建立源代码，并另存为后缀名为.ASM 的 8051 的源代码文件。这里起名为：ex1.ASM。

2．载入源程序并编译

在主菜单中选择“源代码（source）”→“添加/移除源代码”，打开如图 2.12 所示的对话框。

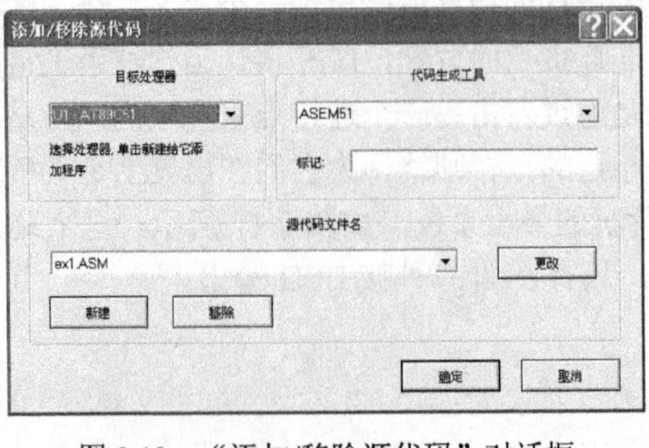

图 2.12　“添加/移除源代码”对话框

其中，目标处理器要选所用的单片机，这里是 AT89C51，代码生成工具选 ASEM51，然后单击“新建”，找到建立的源代码文件，按“确定”后退出。

仍在主菜单中选择“源代码”→“全部编译”，如果源代码有错则修改，如果没错就编译完成了。

3．仿真

单击“仿真运行开始”按钮或在主菜单中选择“调试”→“执行”就可以仿真了，通电或按过重启（RESET）键后单片机会自动从 0000H 处开始执行程序。如果程序比较复杂还可以“启动调试”，对程序进行单步调试，可见这个软件非常直观，容易掌握。

在仿真时，可以看到图 2.11 中 LED 显示器引脚的电平变化，红色代表高电平，蓝色代表低电平，（如果是灰色，代表未接入信号或者为三态）。如果【例 2.1】的输出太快，还可以修改程序，如使它按照亮 2s、暗 1s 的规律变化，则更加直观。

2.3.3　利用中断实现故障报警的仿真

【例 2.3】给出了利用中断实现故障报警电路的分析，这里用四个按钮输入来表示四个故障源的工作情况，当按下按钮时，表示该故障源工作不正常，出现故障了，这时相应的二极管灯亮。其仿真电路如图 2.13 所示。

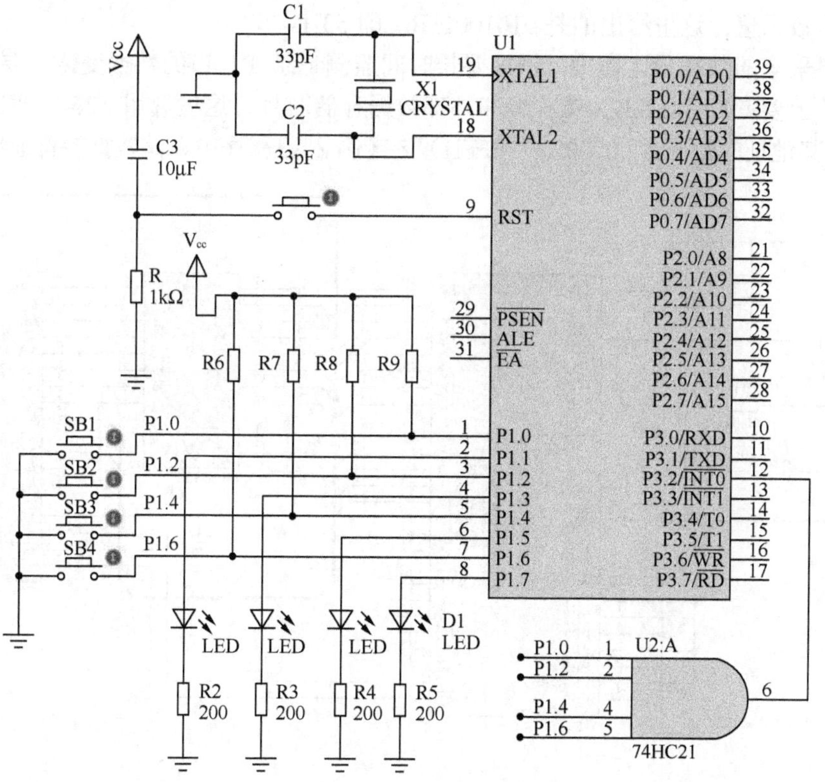

图 2.13　故障报警电路仿真图

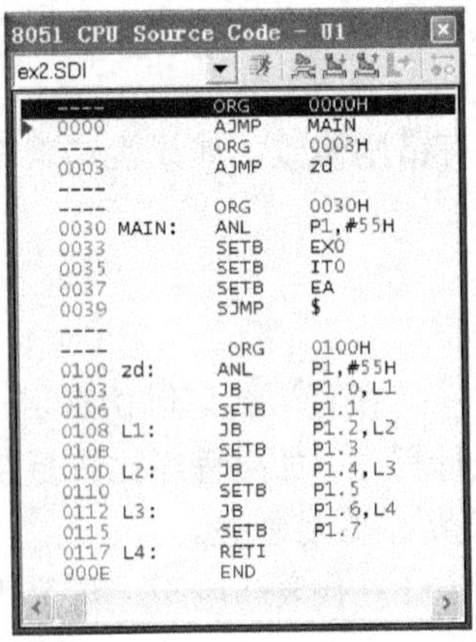

图 2.14　调试窗口

输入源程序并编译成功后，Proteus 软件还提供了程序调试功能，在主菜单中选择“调试”→“开始/重新启动调试”，就弹出了调试窗口，如图 2.14 所示。在窗口中可以看到当前所执行的语句，可以进行单步调试、设置断点调试等。

从图 2.13 中还可以看到，当两条线路需要连接时，除了直接相连以外，还可以用同一标号（LBL）表示，这样电路可以显得很整洁，如图 2.13 中的与门的四个输入端，通过标号表示它们分别与按鍵开关的输入相连接，当电路比较复杂时，用这种方法使电路非常清晰。

结合图 2.14 的调试窗口，可以使得单片机的硬件与软件结合仿真，可以看到，这对智能仪器的开发提供了很大的方便。

2.3.4　利用中断实现定时采集数据的仿真

【例 2.4】中给出了用中断进行定时控制。每间隔一定时间，进行中断程序，对现场数据（P1 口）实施一次采集、传送、取数，并把数据存放在内部 RAM 或外部 RAM 存储区等操作，而间隔时间未到，CPU 可进行数据处理、数据显示等主程序的工作。

在 Proteus 中建立电路原理图，如图 2.15 所示，为了方便，这里 P1 口通过接高、低电平假设监测的数据值，这里给出的是 01010011B，即 53H。

如果要采集的数据量比较大，例如要长时间监测记录 P1 口的数据变化，要采用外部存储区，硬件上要增加 74LS373 锁存器和外部数据存储芯片，这里选用 6264（8KB）RAM。如图所示，其地址的范围为（0000H～1FFFH），在【例 2.4】程序中存储数据的首地址为 1000H。

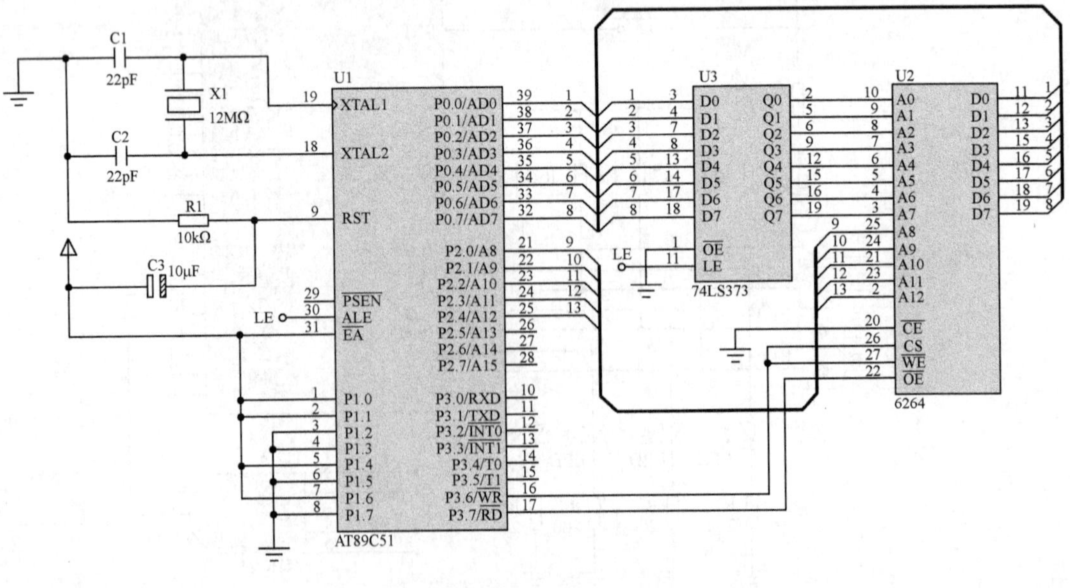

图 2.15　定时采集数据并存储电路

加载源代码并编译通过后，就可以结合电路和软件进行仿真了。在仿真过程中，还可以通过单步调试和设置断点调试等方法来观察电路和程序的工作情况。可以先在主菜单中选择“调试”→“8051CPU”→“内部存储器”，打开内部存储器窗，如图 2.16（a）所示，再在主菜单中选择“调试”→“存储芯片 U2”，打开外部存储器窗，如图 2.16（b）所示，最后在主菜单中选择“调试”→“开始/重新启动调试”，便可以观察到数据移动的过程。从 P1 口采集的数据先后被送到内部存储区（30H 为首地址）和先外存储区（1000H 为首地址）进行存储，如图 2.16（a）、（b）所示。

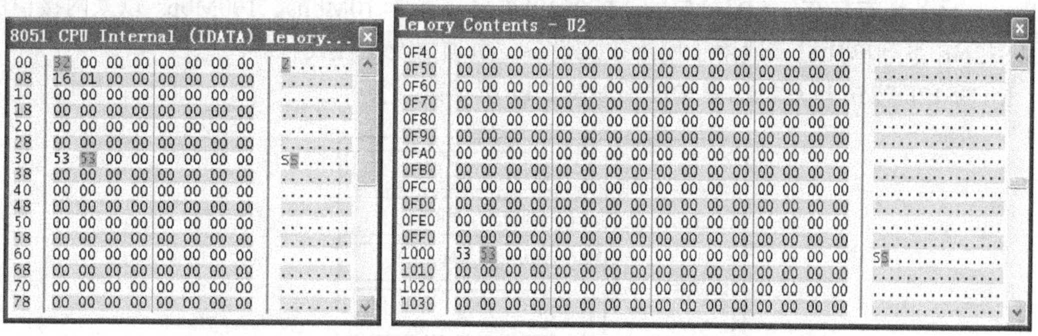

（a）内部 RAM　　（b）外部 RAM

图 2.16　仿真调试过程中的观察窗

通过仿真，可以看到程序的执行过程。这种定时去测量某一端口的数据的方法在智能仪器中经常用到，主程序中还可以加入对测量数据的处理等其他工作。

2.4　其他嵌入式单片机简介

除了 MCS-51 系列的 8 位单片机外，还有其他公司生产的各类单片机也各有特点，这里做一下简单的介绍，在设计智能仪器时可以根据需要进行选择。

2.4.1　MC9S12 系列单片机

MC9S12 系列单片机是 Motorola 公司的高速 16 位单片机系列，简称 S12 系列。一般来说，16 位单片机的 CPU 寄存器组中的寄存器都是 16 位的，数据总线（无论片内数据总线还是扩展片外存储器用的外部数据总线）都应该是 16 位的，CPU 每次对存储器的读/写操作都是 16 位宽度的，即 2B 或 1W。16 位宽度的二进制数可以代表的无符号整数范围是 0～65535，有符号的整数范围是－32768～32767。二进制 16 位数还可以表示分数，精度为 1/65536，或±1/32768。这些范围内数值的加、减、乘、除等运算都可以用单条指令实现。

16 位单片机片内一般没有浮点协处理器，进行浮点数运算要用软件实现，运算量大，比较耗时，故用 16 位单片机做控制用时要尽量避免使用浮点运算。目前单片机的片内 RAM 已可做到几十 KB，片内闪存（Flash）也可以做到几百 KB，使用 16 位单片机很容易实现应用系统单片化。

S12 系列单片机的中央处理器 CPU12 由以下三个部分组成：算术逻辑单元 ALU、控制单元和寄存器组。CPU 的内部运算速度可达 25MHz，寻址方式多达 16 种，内部寄存器组中的寄存器、堆栈指针和变址寄存器均为 16 位。它具有很强的高级语言支持功能。

其典型的总线速度为 25MHz，主要的 S12 系列单片机有 A、B、C、D、E、F、G、H、L 等系列，其中 A、B 系列为基本型；D 系列带 CAN 总线，特别适合用在汽车上，具有丰富的 I/O 模块和工业控制专用的通信模块；H、L 系列带液晶驱动，其中 MC9S12L 系列的存储空间可扩展到 10MB，适用于制作手掌机、商务通之类的产品；E 系列为低供电电压的 16 位单片机；另外还有带有 USB 接口的 MC9S12UF32；有带 10Mbps、100Mbps 以太网接口的 MC9S12NE 系列单片机，适用于网络接入设备、机顶盒及工控设备等。

MC9S12DP256 单片机的结构框图如图 2.17 所示。

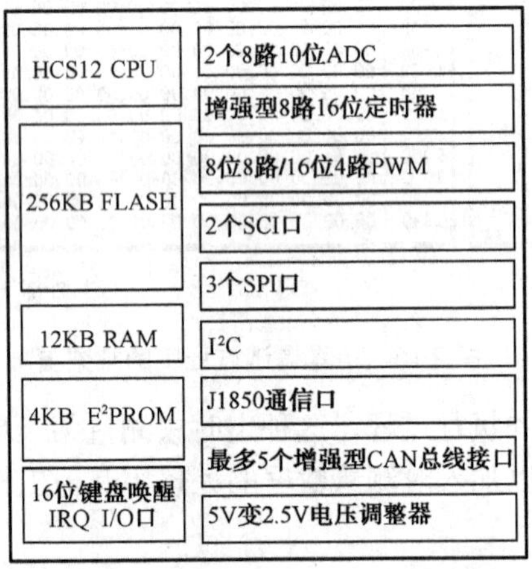

图 2.17　MC9S12DP256 单片机的结构框图

MC9S12DP256 的中央处理器 CPU12 包含以下五个部分。

（1）8 位的累加器 A、B 或组成 16 位的累加器 D。

（2）16 位变址寄存器 X、Y 是用来处理操作数的地址，可分别用于源地址、目的地址的指针型变量运算。

（3）堆栈指针 SP 是 16 位寄存器。

（4）程序计数器 PC 是 16 位寄存器，它表示下一条指令或下一个操作数的地址。

（5）条件码寄存器 CCR。

MC9S12DP256 的存储器有以下三种。

（1）256KB 的 Flash 存储器。

（2）12KB 的 RAM。

（3）4KB 的 E^2PROM。

MC9S12DP256 有可复用的地址数据总线，它可以工作在单片方式，也可以通过总线扩展存储空间和增加 I/O 接口的电路芯片工作在扩展方式，地址总线 20 位，数据总线 16 位或 8 位，地址和数据总线占用 3 个 8 位并行 I/O 口，在单片方式下这 24 位可做普通 I/O 接口用。

MC9S12DP256 有两个 8 路 10 位精度 A/D 转换器。

MC9S12DP256 内部有 5 个控制局域网（CAN）模块，每个 CAN 具有 2 个接收缓冲区和

3 个发送缓冲区，有自检功能、低通滤波和唤醒功能。

MC9S12DP256 拥有的增加型捕捉定时器如下所述。

（1）16 位主计数器，7 位分频系数。

（2）8 个输入捕捉通道或输出比较通道，其中 4 个输入捕捉通道带有缓存。

（3）4 个 8 位或 2 个 16 位脉宽计数器。

（4）每个信号滤波器有 4 个用户可选择的延迟计数器。

MC9S12DP256 的脉宽调制模块（PWM）可设置成 8 路 8 位或 4 路 16 位。

MC9S12DP256 的串行接口有以下三种。

（1）两个异步串行通信接口模块 SCI。

（2）一个 I^2C 总线接口。

（3）一个同步串行外设接口 SPI。

MC9S12DP256 有 2 个具有位输入信号能产生中断、唤醒 CPU 功能的 8 位并行口，即 16 位输入中断通道，这 16 位也可以设为输出。

MC9S12D 系列单片机一般有两种封装形式：112 脚的表面贴片封装和 80 脚的贴片封装。80 脚封装的单片机没有引出用于扩展的地址/数据并行口，且只引出一个 8 路的 A/D 口。

2.4.2 数字信号处理器

数字信号处理器（Digital Signal Processor，DSP）是专门处理数字信号数据的微处理器，常简称为 DSP 处理器。为了加快数字信号处理器的运算速度，数字信号处理器被设计成许多的特殊架构，并且加强它的平行化处理。例如，一般的数字信号处理器都有一个乘法器与一个加法器，数字信号处理器允许在同一时间内处理一个乘法运算及一个加法运算，也有些数字信号处理器可以平行处理快速傅里叶变换。数字信号处理器拥有一种特殊的 Bus 结构，它包含不同的指令与运算数据，使得数字信号处理器可以同时从内存中读取指令和运算数据，从而加快运算速度。

美国德州仪器公司开发的 TMS320 系列 DSP 微处理器是比较典型的产品，在我国也有较多的应用。TMS320 系列的 DSP 微处理器基本上可分为三大类：第一类是进行整数运算的数据处理，如 C1X、C2X、C5X 等，是在 1983 年开发出来的；第二类是进行浮点数运算的资料处理，如 C3X、C4X 等；第三类则是多 DSP 微处理器核心整合而成的 DSP 微处理器芯片，如 C8X，它最多可以同时拥有 5 个 DSP 核心，其中包含了一个做浮点运算的 DSP 核心和四个做整数运算的 DSP 核心。这些 DSP 核心可以在平行架构下，在各个不同的 DSP 微处理器核心中进行数据的处理。

美国德州仪器公司的 DSP 微处理器的应用范围很广泛，目前在移动电话上它占有很大的市场，其最主要的特点是处理数字信息效率高，功耗低。例如，TMS320C5X DSP 微处理器采用一个修正过的哈佛结构，它可以将数据在数据内存与程序内存之间移动及储存，而且可以通过程序去设置数据内存的初始化动作，具有很高的数据处理效率。

C5X DSP 微处理器的核心部分由乘法器、逻辑算术单元、平行逻辑单元、移位器及 28 个寄存器组成。其中，乘法器被设计成只要一个机器周期就可以完成一个乘法运算，乘法器会将寄存器、数据总线或程序总线中的数据直接读取，产生32位的运算结果，再将结果输出到乘法寄存器中，因此，C5X DSP微处理器在乘法运算上有很高的效率。

C5X DSP微处理器的逻辑算术单元在一个中央逻辑算术单元中，逻辑算术单元一个周期内可以执行16位或32位的运算。此外，中央逻辑算术单元包含有四个独立的位移器，ACC和ACCB可以在数据运算上提供协助，并有一个65位的位移空间供数据位移使用。

在C5X DSP微处理器中可以允许数据平行处理，可以同时间在逻辑算术单元中处理数据，并从程序内存中取得指令，完成指令指定的工作。

再如，TMS320C6701 DSP芯片是美国德州仪器公司针对浮点数运算功能设计的，其最高工作频率可以达到167MHz，在平行运算的情况下，它可以同时执行8条指令，因此工作效率可以达到1336MIPS（每秒执行指令数）。C6X DSP微处理器核心拥有32个寄存器，并且拥有两个乘法器，而且都提供了32位的算术运算，另外还额外支持40位的算术运算。

C6X DSP微处理器内部还有64KB的RAM可提供数据储存，64KB的RAM用于程序储存，并含有多个DMA通道、两个串行输入/输出接口，用以高速通信传输之用，速度可以达到50 Mbps，此外，还有两个32位的定时器/计数器。

C6X DSP微处理器的运算单元有四种，分别是逻辑运算单元、位移单元、乘法单元、数据寻址单元。这四个单元上有16个32位的寄存器，作为数据传输的通道。

C6X DSP微处理器还具有一个EMIF扩充接口，可以不需要加外围电路就直接与SRAM、ROM或其他的记忆装置等相连接。

2.4.3 ARM嵌入式系统微处理器

ARM公司是一家提供RISC架构嵌入式系统微处理器的公司，成立于1990年，主要开发和设计16位、32位的嵌入式系统微处理器，并将它所开发的技术授权给其他的半导体制造公司进行ARM微处理器的制造。

ARM公司所提供的ARM RISC（Reduced Instruction Set Computer，简约指令）微处理器有着低功耗、高运算效率及高度整合性等特点，使得很多芯片设计公司与芯片制造公司竞相采用它作为自已公司开发的微处理器芯片中的运算核心。

例如，ARM7 Thumb嵌入式系统系列微处理器具有以下特点。

（1）32位的寄存器。

（2）32位的RISC架构的逻辑运算单元。

（3）32位的移位器。

（4）32位的寻址模式。

（5）16位的Thumb指令集。

ARM7 Thumb嵌入式系统系列微处理器是针对初、中级市场应用而设计的，价格与传统的8位或16位单片机不会相差很多，但却拥有32位的微处理器执行效率。它具有很高的工作效率以及很低的功率消耗，目前很受市场的欢迎。

ARM7 Thumb 嵌入式系统系列微处理器可以按所需要处理的工作选择要外加内存或者使用内部内存，可以按内存的成本、执行效率以及芯片体积将它与其他的 ASIC（Application Specific Integrated Circuit，专用集成电路）及外围内存装置结合成一个符合工作需求的嵌入式系统。

ARM9 Thumb 嵌入式系统系列微处理器是 ARM 公司继 ARM7 RISC 架构微处理器之后，又开发出来的一种 32 位 RISC 架构嵌入式系统微处理器，它可以同时采用 ARM 32 位 RISC 指令集以及 16 位的 Thumb 指令集作为程序代码的控制指令。ARM9 Thumb 嵌入式系统系列微处理器有两个主要成员。

（1）ARM940T 微处理器具有两个 4KB 的快取内存，主要用于简单程序控制下的嵌入式系统，不需要处理很多额外的应用程序，适合简单的嵌入式操作系统作为系统控制之用，其工作频率可以达到 180MHz。

（2）ARM920T 微处理器内部含有两个 16KB 的快取内存，可以让许多嵌入式操作系统，如 Linux、Windows CE 等在上面执行，最高工作频率可达 200MHz。目前，许多的嵌入式系统开发厂商采用 ARM9 Thumb 嵌入式系统微处理器作为嵌入式系统的控制器，如移动电话、数字板、智能型网络卡、调制解调器和数字机顶盒等，应用十分广泛。

在实际应用中，可以结合 DSP 微处理器和控制微处理器进行设计。如图 2.18 所示为某个数字移动电话的内部结构框图，其中的主要操作系统控制核心是由 ARM RISC 微处理器控制，由 ARM RISC 微处理器的输入/输出接口外接键盘及液晶显示器等的外围装置。而 TSM320C5401 DSP 微处理器则处理射频（RF）电路的连接，接收数字的音频信号，进行信号处理的工作。此外，通过 TSM320C5401 DSP 微处理器的数据处理程序，还可以消除回音和降低噪声，提高通话质量。

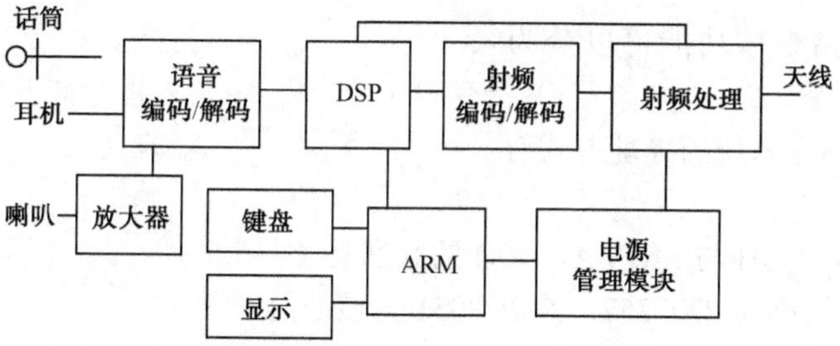

图 2.18　某数字移动电话的内部结构框图

前面提到，DSP、ARM 等嵌入式单片机也可以用 Proteus 软件建立原理图、PCB 图和仿真，当需要采用浮点数运算处理时，一般选用 DSP 芯片，当要处理的工作比较多且比较复杂时，可以考虑选用 ARM 芯片。

小　　结

本章从 MCS-51 系列单片机的基本型入手，主要介绍了微处理器在智能仪器中的使用方法。通过复习 MCS-51 系列单片机的基本结构及指令，掌握如何对微处理器的硬件进行设置，并结合系统的实际需要进行编程，从而实现微处理器对输入/输出信号的控制及处理功能。另外，还介绍了一种Intel公司的MCS-51系列增强型单片机，使学生了解单片机的新品种层出不穷，要随时掌握并适当运用。

本章介绍了单片机构成的最小系统和单片机在测控方面的一些应用实例，对于学过MCS-51系列单片机的学生，可以通过实验来复习和加强单片机的应用能力。

为了培养学生的动手能力，简要介绍了仿真软件Proteus对MCS-51系列单片机的仿真方法，通过边学边用，真正掌握单片机的开发和应用方法，从而达到举一反三的目的，并为灵活应用各种单片机进行智能仪器的设计和开发打下基础。

最后，从拓宽思维的角度出发，介绍了Motorola公司的MC9S12系列的16位单片机，数字信号处理器DSP和32位的ARM系列单片机，主要目的是让学生了解单片机的种类很多，可以根据需要去选择，为在今后的工作、学习中进一步学习和开发产品做准备。

习　题　2

一、填空题

1．智能仪器中（　　　　　）往往对仪器的智能程度起到决定性的作用。

2．根据单片机的数据处理规模，目前单片机的主流机型有（　　　　）、（　　　）和（　　　）。

3．MCS-51系列基本型单片机的内部数据存储器共有（　　　　）字节单元，地址为（　　　）。

4．MCS-51 指令按功能可以分为（　　　　　）指令、（　　　　　）指令、（　　　　　）指令、（　　　　）指令和（　　　　　）指令共五大类。

5．MCS-51 指令系统的寻址方式有（　　　）、（　　　）、（　　　）、（　　　）（任举四种即可）。

6．MOV　A，#40H与MOV A，40H的区别是（　　　　　　　　　　）。

7．8XC51FA又称为8XC252，是以8051为核心的一种（　　　　　），它与8051芯片的指令系统和引脚兼容，其主要特点是增加了一个（　　　　　　　　）。

8．MCS-51系列单片机的转移指令分为四大类：（　　　　）指令、（　　　　）指令、（　　　）指令及（　　　）指令。

9．MC9S12系列单片机是Motorola公司的（　　　）位单片机系列，简称S12系列。

10．美国德州仪器公司的DSP微处理器最主要的特点是（　　　），近年开发的DSP芯片可以进行浮点数运算的资料处理。

二、选择题

1．逻辑运算中 $0\wedge1$（0‘与’1），$0\vee1$（0‘或’1），$0\oplus1$（0‘异或’1）的结果分别是（　　）。

A．0，1，1　　　　　　　　B．1，0，1

C．1，1，0　　　　　　　　　D．0，0，0

2．MCS-51 系列单片机中的（　　）芯片内部带 E^2PROM 程序存储器。

A．8031　　　B．8051　　　C．8751　　　D.8951

3．MCS-51 系列单片机（基本型）内集成的部件不包括（　　）。

A．片内数据存储器　　　　　　B．定时器/计数器

C．中断控制系统　　　　　　　D．PID 控制器

4．关于 MCS-51 系列单片机，以下说法不正确的是（　　）。

A．它的指令系统由 111 条指令构成

B．数据与程序合用同一存储器

C．最大程序存储量为 64KB

D．外部数据最大存储量为 64KB

5．8XC51FA 是以 8051 为核心的一种 CHMOS 增强型单片机，以下不是它所具有的特殊功能的是（　　）。

A．16 位捕捉方式　　　　　　B．脉冲宽度调制器 PWN 方式

C．A/D 转换器　　　　　　　D．监视定时器 WDT

6．MCS-51 系列单片机的通信方式不包括（　　）。

A．两台单片机之间相互通信　　B．与 PC 通过串行口通信

C．与 PC 通过并行口通信　　　D．采用主从机的方式实现多机通信

7．S12 系列单片机的中央处理器 CPU12 的组成部分不包括（　　）。

A．输入/输出设备　　　　　　B．算术逻辑单元 ALU

C．控制单元　　　　　　　　D．寄存器组

8．Motorola 公司的 MC9S12DP256 单片机的特点不包括（　　）。

A．CPU 每次对存储器的读/写操作都是 16 位宽度的

B．内部有浮点协处理器

C．有两个 8 路 10 位精度 A/D 转换器

D．内部最多有 5 个控制器局域网（CAN）模块

9．关于 Proteus 软件，以下说法中不正确的是（　　）。

A．它可以运行于 Windows 操作系统上

B．可以进行模拟电路仿真

C．便于程序编写和调试

D．只可以对 MCS-51 系列单片机进行仿真

10．C5X DSP 微处理器的核心部分不包括（　　）。

A．乘法器　　　　　　　　　B．逻辑算术单元

C．平行逻辑单元　　　　　　D．网络处理单元

三、简答题

1．MCS-51 单片机由哪几部分组成？

2．MCS-51 单片机有几个中断？其入口地址分别是多少？

3．简述监视定时器 WDT 的作用。

四、编程题

1．要求单片机输出频率为5kHz的矩形波，占空比为3∶1（高电平时间长），单片机频率为12MHz，写出有关程序。

2．用定时器测量$\overline{INT1}$引脚上正脉冲的宽度。

3．用一个中断源显示故障的发生。设计一个电路，三个故障源输入，四个指示灯输出，如果三个故障源输入皆为低电平，则指示灯全灭；若一个或多个故障源输出高电平，则4号指示灯亮起，且1～3号指示灯中故障源对应的灯也亮起。

4．用中断进行定时控制。即要求每间隔15s时间，让输出指示灯闪烁5s（亮0.7s、灭0.3s），而间隔时间未到，CPU可进行数据显示等主程序的工作（其中单片机频率为12MHz）。

5．编写一个程序让两个单片机进行通信，甲机接收3个0、1开关输入，乙机接3个二极管指示灯输出（对应输入端低电平则输出端灯灭，对应输入端高电平则输出端灯亮）。

第3章

信号的输入与处理

在智能仪器中，为了用微处理器处理输入信号，要对输入信号进行预处理，一般被测量的信号要经过多次具有一定目的的变换。传感器一般用于被测信号的第一次变换，它能够将非电量信号变换成电信号。这些电信号种类很多，按信号波形是否为时间的连续函数可以把它分为模拟信号与数字信号，对它们有不同的处理方法。本章对一些典型的输入进行分析和讨论，并介绍各种放大电路及集成放大电路芯片，可供需要选用，同时拓宽思路，为今后更好地设计实用信号放大电路打下基础。

为了能用微机系统对模拟信号进行处理，必须把测量得到的模拟信号转换成数字信号，因此本章将介绍模/数转换的基本概念、主要性能指标和与微机的接口方式，并对构成多路数据采集系统的几种方法进行讨论。

3.1 数字信号的输入与处理

3.1.1 开关量的预处理电路

开关量信号是智能仪器常需处理的最基本的输入/输出信号，其基本功能就是接收外部装置或过程的状态信号。开关量信号可能是由电压、电流或开关触点的接通、断开给出。最简单的拨换开关电路中开关的闭合与断开的输入信号波形如图 3.1 所示，当开关合上时，U=0V（接地），当开关断开时，U=5V。

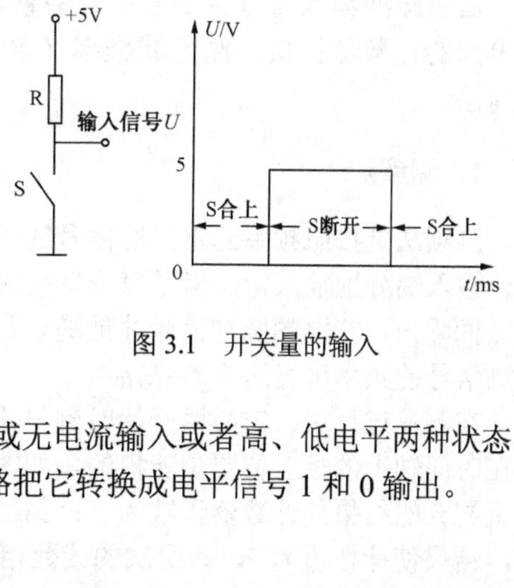

图 3.1 开关量的输入

这类信号包括：指示灯的亮和灭，断电器或接触器的吸合与释放，电动机的启动与停止，晶闸管的通和断，阀门的打开和关闭等。这类信号的最大特点是只需要判断开和关、有电流输入或无电流输入或者高、低电平两种状态。这类开关信号的输入均可以通过如图 3.1 所示的电路把它转换成电平信号 1 和 0 输出。

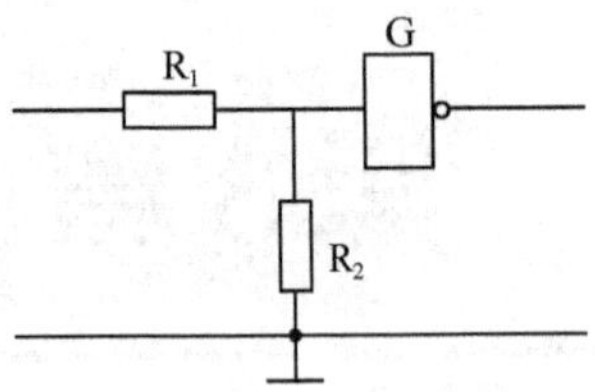

图 3.2　电信号转换电路

当输入的信号就是电压信号，且高、低电平都符合微处理器对输入信号的要求时，可以直接输入。当输入信号为电流、电阻的变化（如光敏电阻）或者虽是电压信号，但其高、低电平不符合微处理器的要求时，则可以采用如图 3.2 所示的转换电路。根据智能仪器对输入信号的要求适当选择电阻和与非门，其中先根据后续电路器件的输入要求选择门电路 G，然后确定两个电阻值。把输入信号转换成标准的高、低电平，用二进制数的 1 和 0 来表示。

这种接收外部装置或过程的状态信号，并把它转换成标准的高、低电平（用二进制数的 1 和 0 来表示）输出的电路通常称为开关量的预处理电路。

表 3.1 给出了在标准测试条件下 TTL 逻辑门电路及 CMOS 逻辑门电路输入/输出性能的主要指标，可以在选择时作为参考。在不同的工作条件下，这些输入/输出性能会有所变化，设计时要根据参考资料进行分析比较。同时，从表 3.1 中也可以看出，TTL 芯片与 CMOS 芯片是不兼容的，即不可以直接连接，否则可能会出错。

表 3.1　逻辑门电路的性能指标比较

逻辑门类型	输入高电平	输入电流	输出低电平	输出电流	输入低电平	输入电流	输出高电平	输出电流
TTL	>2V	<20μA	0.3V	<−0.4mA	<0.8V	<−0.38mA	3.4V	<8mA
CMOS	>3.15V	<1μA	0V	<−5.2mA	<1.35V	<−1μA	5V	<5.2mA

3.1.2　脉冲信号的输入与处理

另一类较常用的数字信号是脉冲信号。与开关量相比较，在一段时间内，输入的脉冲信号通常有周期的高、低电平变化，通常需要测量其频率。数字式传感器直接输出的频率信号、积累式仪表如电量计、流量计的变送器输出的频率信号都是常见的脉冲输入信号。普通传感器、测速发电机等模拟传感器输出的模拟信号经压频转换器变换后也成为脉冲信号。

这些脉冲输入信号主要采用计数器、定时器接口，如 Intel 8253、8254 等芯片或单片机内部的计数器接口，测量其频率（单位时间内的周期数），测量的主要方法有测频法和测周法。

1．测频法

测频法是按照频率的定义对信号的频率进行测量，其测量原理如图 3.3 所示。在与门的两个输入端分别输入待测信号以及持续时间为 t_0 的高电平信号（定时信号）。这样只有在时间 t_0 间隔内，待测的脉冲信号才能通过与门。如果在这段时间内，计数器的计数值为 N，则待测信号的频率可表达为 $f=N/t_0$。

在测量过程中，定时器开始时刻与输入信号计数脉冲之间的时间关系是不相关的，即它们在时间轴上的相对位置是随机的。如图 3.4 所示，第一次定时器开始时刻和被测计数脉冲随机配合的结果使计数器读数为 6；第二次定时器开始时刻和被测计数脉冲配合与第一次不同，结果使计数值为 5，即两次的读数相差一个脉冲。

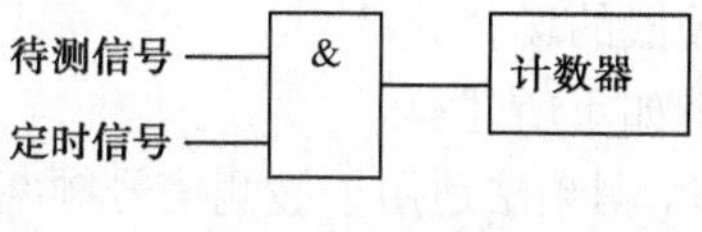

图 3.3　脉冲信号测量原理图

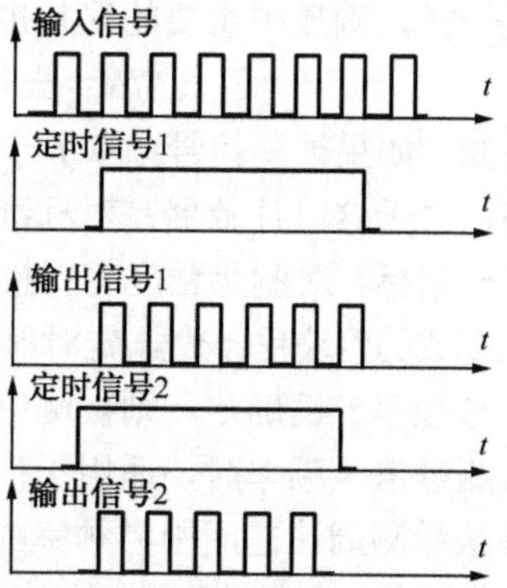

图 3.4　测频法两次测量计数值差 1

当与门开闭时间 t_0 与被测脉冲周期的整数倍相接近或相等时，测频法测量频率的最大可能误差为±1，此误差可称为“±1 个字误差”或“±1 误差”。±1 误差引起的测量相对误差为：

$$\Delta N/N=\pm 1/(t_0 f) \tag{3.1}$$

式中，t_0 为定时信号持续时间，f 为待测信号频率。

因此，如果被测信号的频率 f 一定，则增大测量时间，可减小由±1 误差引起的相对误差。测量时间基准一般由石英振荡器提供的标准频率经整形电路、分频电路后产生，其误差与石英晶体振荡器和整形电路、分频电路及与门的开关速度有关。随着微电子技术的发展，这种误差极小，相比之下，可以认为误差主要取决于±1 误差。那么在单位时间内，读到的计数值越多（即待测信号的频率越高），测量的相对误差就越小，所以这种方法适合测量高频信号，当 f 较低时，应该采用别的测量方法。

2. 测周法

测周法是用一个标准的高频信号 f_s 作为计数器的读数对象，测量输入信号的一个周期 T，然后根据 $f=1/T$ 而得到信号的频率。测量原理图仍如图 3.3 所示，与门输入端之一为输入信号，与门的另一输入端为标准频率源（定时器）产生的频率为 f_s 的脉冲信号，这样对与门输出端的脉冲计数，就可以得到被测信号的周期 $T=N/f_s$，换算成频率为 $f=f_s/N$。

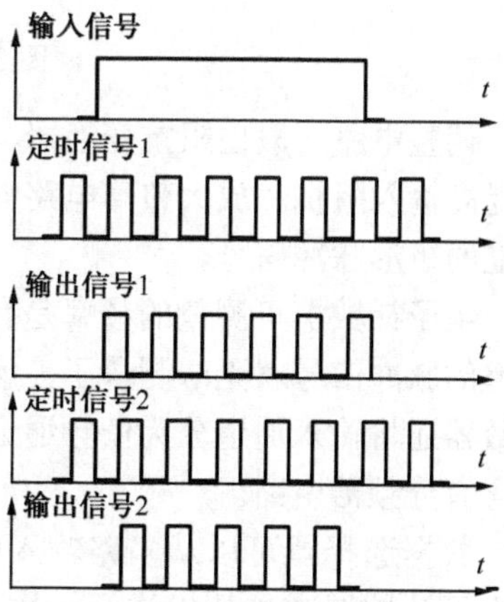

图 3.5　测周法两次测量读数值差 1

如图 3.5 所示为测周法的波形图，注意与图 3.4 比较，体会两者的不同。这里，定时器输出的是用以计数的高频信号。当输入信号为方波时，只要测量输入信号的高电平时间，则计数值 N 为读数值的 2 倍；如果输入信号为矩形波，则要分别对高电平阶段和低电平阶段（可借助与非门）用计数器读数，N 为两个读数值之和。

同测频法一样，测量中主要的误差也是±1 误差，而±1 误差对测量精度的影响为：

$$\Delta N/N = \pm 1/N = \pm 1/(f_s T) \quad (3.2)$$

由上式可知，如果被测信号频率 f 一定，则标准频率源（定时器）产生的信号频率越高，测量精度越高，由于这时计数器是对标准信号频率 f_s 计数，因此计数器的输入信号最高频率即计数频率这一指标，对测量精度有直接影响，选择定时器芯片时要注意。（例如，Intel 公司的 NMOS 工艺制成的可编程计数器/定时器 8254-2，计数频率最高可达 10MHz）。

若标准信号频率 f_s 已确定，则被测信号的频率 f 越低（即周期 T 越长），测量精度越高，因此，测周法测量信号频率时，适用于信号频率较低的场合。

关于测频法和测周法之间中界频率的确定分析如下所述。

由上述分析可知，测频法和测周法的原理相似。测频法适用于被测信号频率较高的场合，测周法适用于被测信号频率较低的场合。有些仪器可以通过选择（或自动选择）测频法或测周法来拓宽测量范围，使仪器具有较大的测量范围和较高的测量精度。把用测频法和测周法的测量相对误差（主要为±1 误差）相等时的频率作为两种方法的分界点，称为中界频率。若用 f_1 表示中界频率，则有：

$$f_1 = \sqrt{f_s / t_0} \quad (3.3)$$

式中，f_s 为测周法时的标准频率（一般与计数/定时器的最高输入频率有关），t_0 为测频法时的测量时间（一般与允许的最大测量时间有关）。一般情况下，当待测输入信号的频率大于 f_1 时，选用测频法；当待测输入信号的频率小于 f_1 时，选用测周法。

实际待测信号的形状、幅度往往是未知的，并可能还夹带着一定的噪声。如果输入信号不是标准的脉冲信号，则还需要进行预处理，通常称为输入通道处理，输入通道一般由调整电路、放大整形电路组成。如图 3.6 所示为脉冲信号输入通道的示意图。

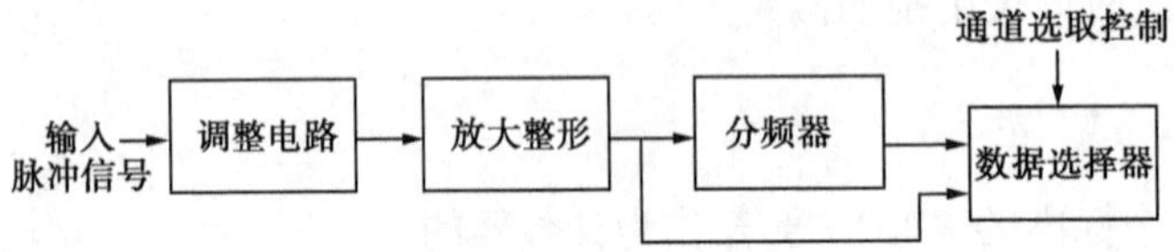

图 3.6　脉冲信号输入通道的示意图

调整电路一般由阻抗变换器、衰减器、保护电路构成，其作用是限制输入信号的幅度，并提高输入阻抗。放大整形电路一般采用施密特触发器，把输入信号转换成符合计数器输入标准的矩形脉冲信号。

电子计数器可测量的频率是有限的，如某电子计数器最高可测频率为 10MHz，超过这个频率的脉冲信号就无法测量了，解决的办法是把待测高频信号进行预分频，因此，有些电子计数器还将输入通道分为低频通道和高频通道，为了和低频通道共用一个计数器，高频通道中含有分频器电路。

数据选择器可以从多路输入的数字（脉冲）信号中根据控制信号选取其中一路，并输给电子计数器或单片机进行计数，通过用微机控制可以用一个电子计数器选择测量多路脉冲信号。

3.2　模拟信号的输入与处理

很多仪表（传感器）传送的电信号是模拟信号，反映了待测信号随时间连续变化的关系。为了将电信号输入到微机中进行实时处理，需要对输入信号进行分析处理，如图 3.7 所示为单通道测量数据采集系统的框图。

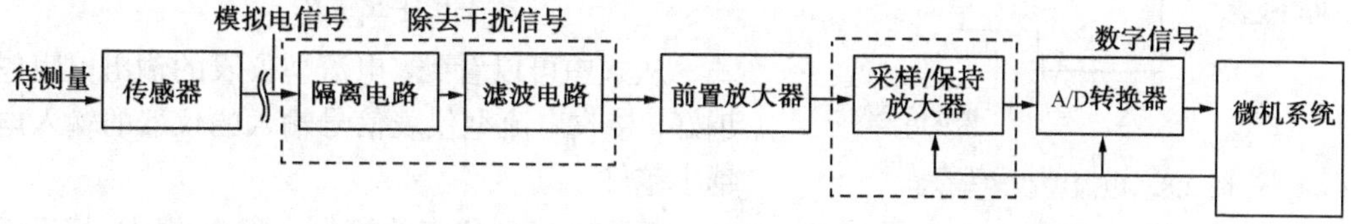

图 3.7　单通道测量数据采集系统框图

为了对某个待测量进行测量，首先选择适当的传感器将待测量（若为非电量）转换为电量，若信号中含有共模分量，则要考虑采用隔离电路；若信号中有干扰噪声，则要通过滤波器将信号中的不需要的频率分量滤除。隔离电路和滤波电路用虚框围住，表示这部分电路要根据需要选用，可以不用。接着，要用前置放大器放大模拟信号，若信号变化太快，则要用采样电路在指定时刻对输入信号进行采样，并由保持电路将采样电平保持下来，成为时间离散信号；同样，若信号变化十分缓慢，则采样/保持电路也可省略。A/D 转换器对离散信号的幅度进行量化，输出幅度和时间均为离散的数字信号，存储于计算机的存储器中。至此，系统已完成了从实际世界获得模拟量、对它们进行预处理、转换成数字量并存于存储器等一系列操作。这一全过程称为数据采集或数据获取（Data Acquisition）过程。下面分别讨论数据采集系统中的各个模块。

3.2.1　模拟信号的检测

对模拟信号的检测，分以下几种情况进行讨论。

1．被测量用标准工业仪表检测

模拟电信号有交流和直流两种。由于直流信号具有不受线路中电感、电容及负载性质的影响，不存在相移问题等优点，所以工业自动化行业较多地采用直流电流或直流电压作为统一联络信号。

不同的仪表系列，所取信号的上、下限值是不同的。例如，DDZ-Ⅱ型仪表采用 0～10mA 直流电流作为统一联络信号；DDZ-Ⅲ型仪表采用 4～20mA 直流电流信号和 1～5V 直流电压作为统一联络信号；有些仪表则采用 0～5V 或 0～10V 直流电压作为联络信号。

如果检测仪表输出电流信号，可以把它看成是一个电流源，如果有多台仪器需要接收这个信号，则这些仪器需要串联，如图 3.8 所示。图 3.8 中，R_s 为电流型仪表的输出电阻，R_x 为传输导线的等效电阻，R_1、R_2 为接收仪器的输入电阻。

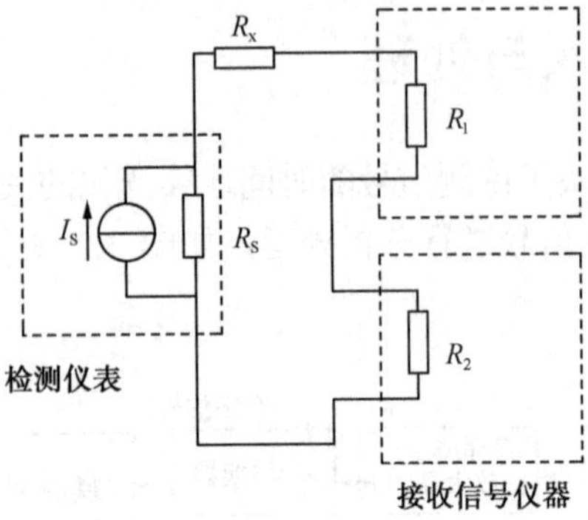

图 3.8　电流型仪表输入

接收信号仪器接收到的电流信号 I 的相对误差为：

$$\varepsilon=\frac{I_s-I}{I_s}\times 100\% \tag{3.4}$$

根据并联分流的关系，可以用电阻关系求出相对误差：

$$\varepsilon=\frac{R_x+R_1+R_2}{R_s+R_x+R_1+R_2}\times 100\% \tag{3.5}$$

从式中可以看到，电流型仪表的输出电阻越大越好，接收电流型仪表信号输入的仪器的输入电阻越小越好。

实际电流型仪表的输出电阻 R_s 很大，相当于一个恒流源，连接导线的长度在一定范围内变化时，对输出电流信号的影响可以忽略不计，所以电流信号适于远距离传输。

因为智能仪器测量的一般是电压信号，因此电流型仪表输出的电流信号要转换成电压信号。当然直接让电流流过一个电阻，利用欧姆定律，也可以把电流转换为电压，但当电流信号及其变化量很小时，仅用电阻来构成电流/电压转换是不切实际的。比较实用的方法是用集成运算放大器和高阻值的反馈电阻 R_F 构成。如图 3.9 所示为一简单的电流/电压转换放大电路，在电子技术中已经学过，这是一个反相比例放大器，在忽略集成运算放大器的静态偏置电流情况下，有：

$$U_0=-I_iR_F/R_1 \tag{3.6}$$

图 3.9 中的电阻 $R_2=R_F//R_1$，起到减小偏置电流的作用，为减小偏置电流的影响最好选用场效应晶体管作为输入级的集成运放，如 AD515 等。

如果检测仪表输出电压信号，可以把它看成是一个电压源，如果有多台仪器需要接收这个信号，则这些仪器需要并联，如图 3.10 所示。图中，R_0 为电压型仪表的输出电阻，R_x 为传输导线的等效电阻，R_1、R_2 为各接收仪器的输入电阻。

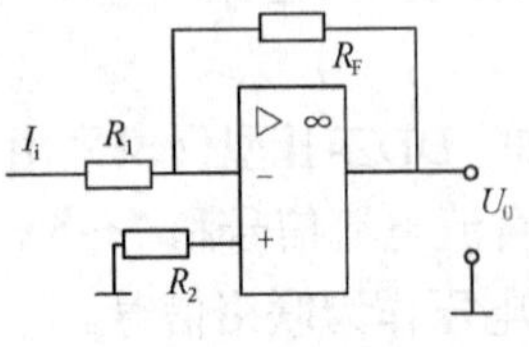

图 3.9　电流/电压转换放大电路

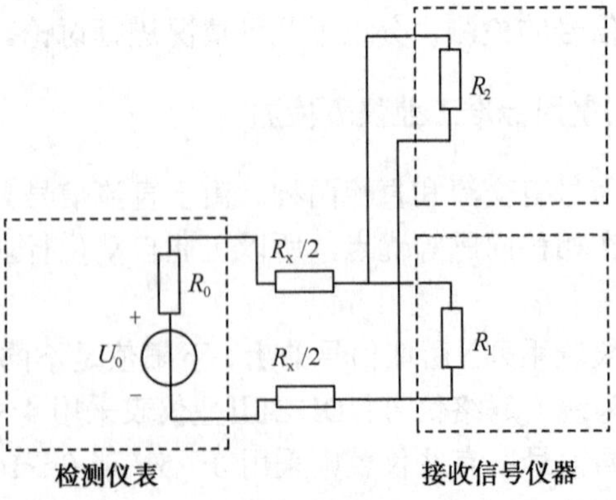

图 3.10　电压型仪表输入

在不计传输线上的电压降时，接收仪器接收到的电压信号的相对误差为：

$$\varepsilon=\frac{U_0-U}{U_0}\times 100\% \tag{3.7}$$

$$\varepsilon=\frac{R_0+R_x}{R_0+R_x+R_1//R_2}\times 100\% \tag{3.8}$$

其中，$R_1//R_2$ 表示两个接收仪表输入电阻的并联。从式中可以看到，电压型仪表的输出电阻越小越好，接收电压型仪表信号输入的仪器的输入电阻越大越好，且传输线过长时其电阻 R_x 对信号的影响就不可忽略了。

在这两种情况中，接收仪器均不宜过多，考虑到现在的智能仪器具有较强的通信功能，所以一般只要一台接收仪器就可以了，其他仪器可以通过通信获得需要的信号数据。

2．被测量用传感器检测

传感器是智能仪器最主要的输入信号源，传感器体积小，种类多，有些传感器输出一体化标准信号（1～5V 的电压信号或 0～20mA 的电流信号等），电路接法与上述标准仪表相同，也有些传感器输出比较弱的电信号，则需要进行放大。

各类传感器输出信号的形式各不相同，因此，需要的放大电路也有所不同。在各类传感器的输出中，采用最多的是以下 4 种。

（1）电阻输出型。这类传感器把待测量转化为电阻值的变化，常见的有 PN 结温度传感器、应变元件等，一般通过交直流电桥把阻值的变化转化为微小电压的变化。例如，如图 3.11 所示为直流电桥电路，可以把待测元件的阻值变化转换成直流电压信号输出。

（2）电压输出型。有些传感器内已集成了一部分处理电路，可以直接输出电压。这些处理电路有对称结构，也有非对称结构。对称结构中又以交直流电桥输出居多，如应变电桥、热敏元件、霍尔电桥等效电路等。这类传感器使用比较简单，如果输出电压太小的话只要求外接电压放大电路即可。

（3）电流输出型。如光电传感器产生微弱电流等，要求后接电流/电压转换电路，其电路如图 3.9 所示。

（4）电荷输出型。如压电式传感器等，要求后接电荷/电压转换电路，通常结合运算放大器，还具有一定的信号放大作用。

电荷/电压转换电路如图 3.12 所示，它将电荷转换成电压。

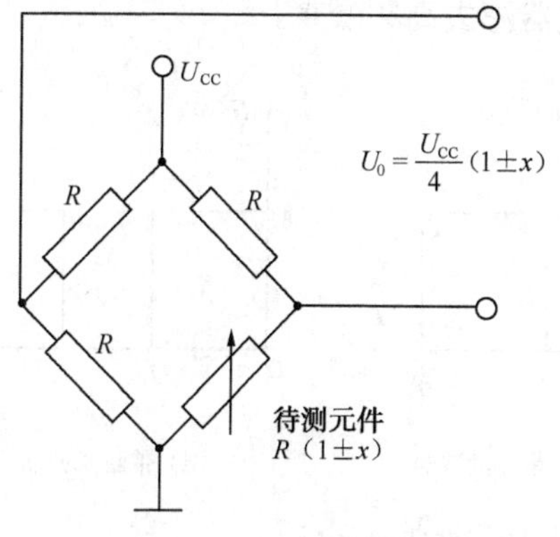

图 3.11　直流电桥转换电路

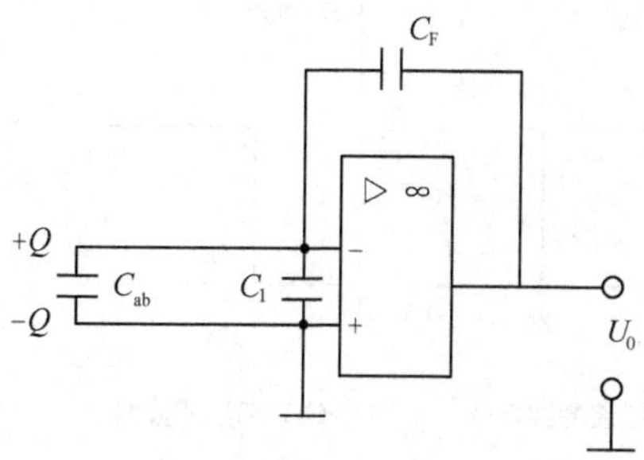

图 3.12　电荷/电压转换电路

图 3.12 中忽略了所有的漏电阻，C_{ab} 为压电晶体的固有电容，C_1 为传输电缆的等效电容，C_F 为反馈电容，则有：

$$U_0=-\frac{AQ}{C_{ab}+C_1+(1+A)C_F} \tag{3.9}$$

式中，A 为集成运放的开环增益（又称开环放大倍数），因为集成运放的 A 很大，输入电荷几乎只对 C_F 充电，近似有：

$$U_0=-\frac{Q}{C_F} \tag{3.10}$$

可见，在 A 很大的情况下，输出电压仅与 Q、C_F 有关，与电路的其他参数无关。若集成运放的开环放大倍数不够大，则需要计入压电晶体固有电容与传输电容的影响。

3.2.2 信号滤波及检测

在测控过程中，需要测量放大的电压、电流通常称为信号，而因为环境温度变化、电源波动等原因造成的电压、电流变化称为噪声，虽然信号和噪声在时域上混合在一起，即在波形图上很难区分开来，但大部分情况下，信号与噪声在频域上的分布是不同的。一般来说，信号是有一定范围的，如直流信号或经调制的交流信号（其载波频率已知）；而噪声是无规则可循的（若存在有规律的噪声则要根据其规律去设法抑制），其频率范围要宽得多，如白噪声，各种频率的干扰都可能存在。当信号中干扰信号的电压比较大时，用高增益（放大倍数）的放大器去放大信号时，会导致放大器饱和，不能正常工作。在这种情况下，就需要在前面接滤波电路，先过滤掉噪声。

滤波器的作用是让一定频率范围内的信号通过，抑制频率范围外的干扰信号（噪声）。在电子技术中学过，根据滤波的范围，滤波器可以分为 4 种，分别是低通滤波器、高通滤波器、带通滤波器和带阻滤波器，如图 3.13 所示为这 4 种滤波器的理想幅频特性曲线。根据实现滤波的方式不同，滤波器又可分为模拟滤波器和数字滤波器。模拟滤波器实现对模拟信号的滤波，一般用电路实现；数字滤波器实现对数字信号的滤波，可以用电路（硬件）实现，也可以用软件（数据处理）实现。

在模拟信号输入端所接的滤波器是模拟滤波器。因为在自动化工业中大部分信号是缓慢变化的，即为低频信号，所以一般都采用低通滤波器滤去高频噪声。

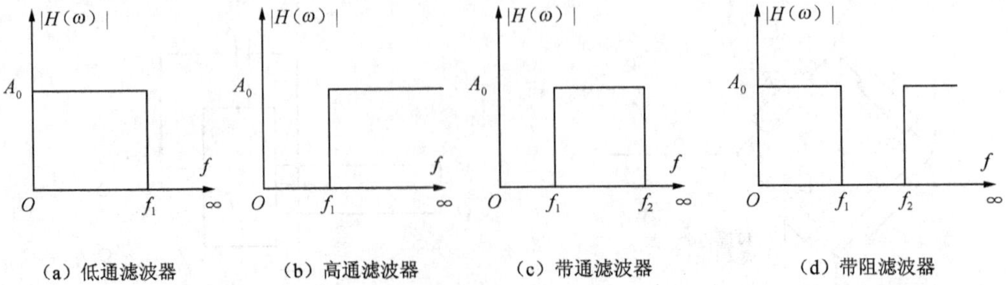

图 3.13 理想滤波器的幅频特性曲线

理想低通滤波器的输出幅频特性曲线如图 3.13（a）所示，即当输入信号（频率小于截止频率 f_1）通过滤波器时，信号电压没有衰减（结合具体设计，可能还获得一定的放大），但频率超过截止频率 f_1 的信号却被抑制了，理想情况下输出电压 $U_0=0$。在实际的低通滤波器设计中，希望寻找一个传递函数，使其幅频特性曲线尽可能逼近理想特性曲线。

如图 3.14 所示为用运算放大器构成的二阶低通有源滤波器。图 3.14 中用一个二阶 *RC* 低通无源网络接到运算放大器正向输入端，以获得比较高的输入阻抗。当输入信号的频率 $f=0$（即直流信号）时，其增益 A_0 最大，随着频率 f 的增加，电容 C 有分流作用，输出电压将减小，为使其频率特性更接近于理想的低通滤波器的频率特性，滤波电容 C 不接地，接到输出端。这个滤波电路的电压放大倍数为：

$$A_0=1+\frac{R_F}{R} \tag{3.11}$$

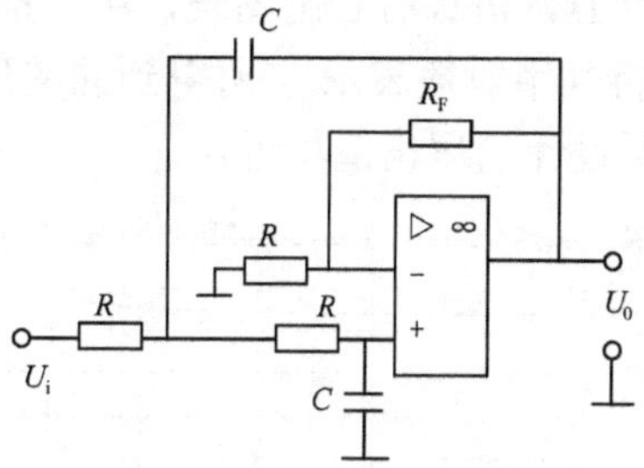

图 3.14　二阶低通有源滤波器

输入信号的截止频率为：

$$f_1=\frac{1}{2\pi RC} \tag{3.12}$$

多路采集或多通道系统中，如果每个通道都有不同频率和不同特性的噪声，也可以在每个通道前设置不同参数的低通滤波器，再由多路转换器进行切换后接入系统；也可以用一个滤波器，通过用程控开关控制滤波器参数，以获得截止频率可调的滤波器。

模拟信号的处理也可以用 Proteus 软件（或其他电路软件）进行仿真，以图 3.14 所示电路为例，取 R1＝R2＝100kΩ，C1＝C2＝220pF，则由式（3.12）得该低通滤波电路的截止频率为：

$$f_1=\frac{1}{2\pi\times100\times220}\times10^9=7.23(\text{kHz})$$

取 RF＝R3＝10kΩ，则由式（3.11）可知在通带范围内放大倍数约为 2。

如图 3.15 所示为低通滤波电路的仿真原理图，在 Proteus 中还可以用图表模式来显示所设计电路的一些波形特点，在信号的输入端加上激励源，这里选择正弦信号（幅值为 1V，频率为 1kHz），图中标为 INPUT（输入），然后在输出端加上电压测量探针，名称为 OUTPUT（输出），接着在工具栏中选择“图表模式→频率仪（Frequency）”，右击该图表，在下拉菜单中选择“添加图线”，选择加入“OUTPUT”探针。在“编辑频率图表”中选择以 INPUT 为参考源。

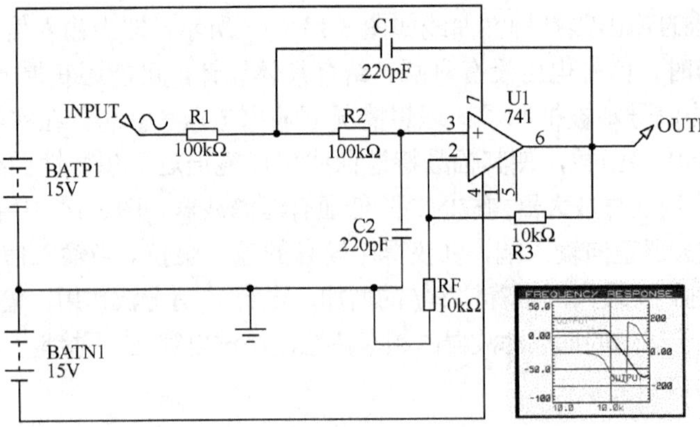

图 3.15　低通滤波电路的仿真原理图

开始仿真，默认仿真时间为 1s，仿真后右击图表，在下拉菜单中选择“可以得到所设计的低通滤波器的波特图”(幅频特性用对数表示)，所得到的图形还可以放大，如图 3.16 所示。从图中可以看到其截止频率与所设计的理论值相近。

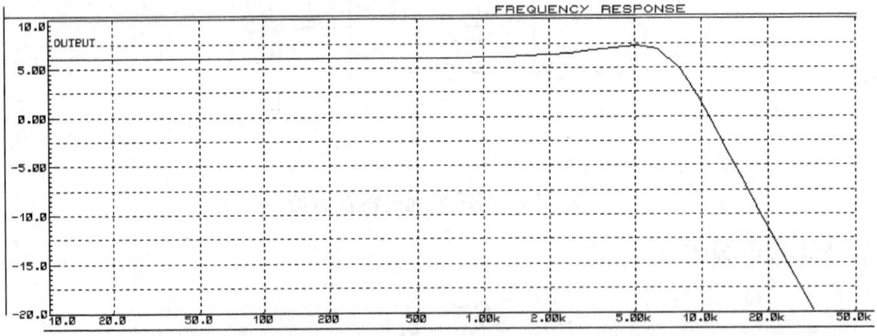

图 3.16　低通滤波电路的波特图

同样，还可以加入输入/输出波形图，如图 3.17 所示。从图中可以看到，对 1kHz 的波形，其放大倍数约为 2，输出波形与输入波形有一个很小的相位差。

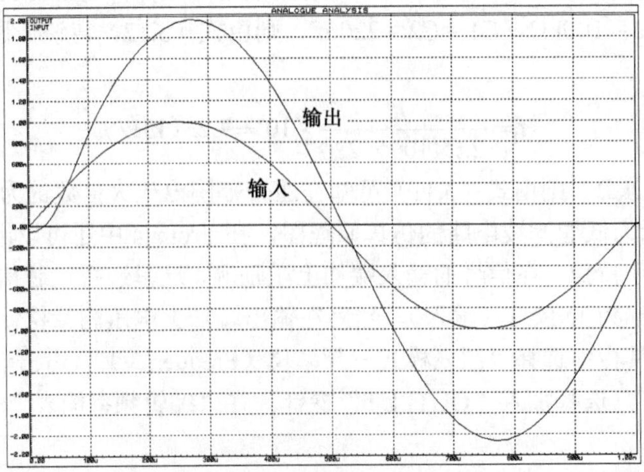

图 3.17　低通滤波电路的输入/输出波形

3.2.3　多路模拟开关

智能仪器往往具有多种测量功能，需要对工业控制现场的多种待测量进行监控，因此就有可能需要自动巡回测量或选择性测量，这种功能一般是通过多路模拟开关实现的。多路模拟开关又称多路模拟信号转换器（Multiplexer，简称 MUX），其内部结构如图 3.18 所示。它由若干个模拟开关并联而成，在正常工作时，由地址线控制选择其中一个模拟开关导通，其他开关全断开。其作用为用（程序控制）地址线在多路模拟输入信号中选择其中一路模拟信号输入。例如，AD7051 共有 8 个模拟信号输入端，用三根地址线控制选取其中哪一个模拟开关与 OUT 导通。另外，AD7051 还有一个芯片使能端 EN（Enable，使能），如果这 8 个开关都不需要接通时，令 EN＝0，则该 8 路模拟开关集成芯片没有被选中，所有的开关均不导通，芯片为高阻状态。

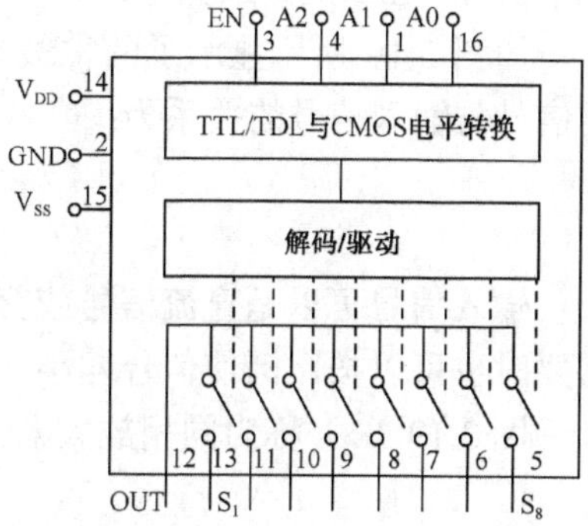

图 3.18　AD7501 型多路模拟开关内部结构框图

MUX 常用的芯片有两种：一种是普通型，一种是精密型。普通型产品为 CD4000 系列，如 CD4051、CD4052、CD4053 等；精密型的产品为 AD 系列，如 AD7051、AD7053 等。

另外，也有同时控制两路开关闭合的多路模拟开关，如 AD7052，共控制四路，每路有两个模拟开关受控同时接通或断开，这样可以适用于需要差分输入的连接。

在使用 MUX 芯片时，要注意多路模拟开关总会有一些接触电阻，从而引起几十到几百微伏之间的误差，这种误差对毫伏级的微弱信号切换产生的影响就必须考虑。

多路模拟开关的地址变化可以控制开关的切换，这种切换可以用软件来实现或用硬件来实现。软件切换便于实现灵活多样的测量控制，但软件切换要占用 CPU 的时间，且切换速度慢。在高速多路采集监控系统中，如果要求不断地顺序采集，也可以用硬件计数器来构成自动顺序切换地址，实现自动测量。

3.3　信号的放大

3.3.1　微弱信号的放大电路

当被测物理量经传感器转换后得到的电信号的幅度很小时，可能无法直接进行 A/D 转换或转换精度不高，这时，需要用放大电路（又称放大器）对这些模拟电信号进行放大处理。

为使电路简单并便于调试，放大器一般都采用集成运算放大器（简称集成运放）构成。集成运算放大器总体来说是一种高输入阻抗、低输出阻抗、高放大倍数且便于调试的优质放大器。当然集成运算放大器的种类很多，性能价格相差也很多，在构成放大电路时要适当选择。必要时也可以用三极管、场效应管及普通集成运算放大器组合构成特殊放大电路，这样可以起到价廉物美的作用。

1. 基本放大器（又称基本放大电路）

在电子技术中已学过用集成运算放大器构成的基本放大电路。

例如，用一个通用、价格很低的单运放芯片μ741（相当于国产的 F007），就可以构成一个小信号（mV 级）放大电路。

如图 3.19 所示显示了两种最基本的电路接法。其中图 3.19（a）称为反相放大器，其输出信号与输入信号的关系为：

$$U_0=-\frac{R_F}{R_1}U_i \tag{3.13}$$

输入信号可以是直流信号或交流信号，其特点是输出与输入反相，且不但可以放大信号，需要时也可以按比例使信号缩小（衰减），但输入电阻比较低，使用时要注意。

图 3.19（b）称为同相放大器，其输出信号与输入信号的关系为：

$$U_0=\left(1+\frac{R_F}{R}\right)U_i \tag{3.14}$$

这个电路最大的特点是输出电压与输入电压同相位，且输入阻抗很高，另外同相放大器的输出电压一定大于输入电压。

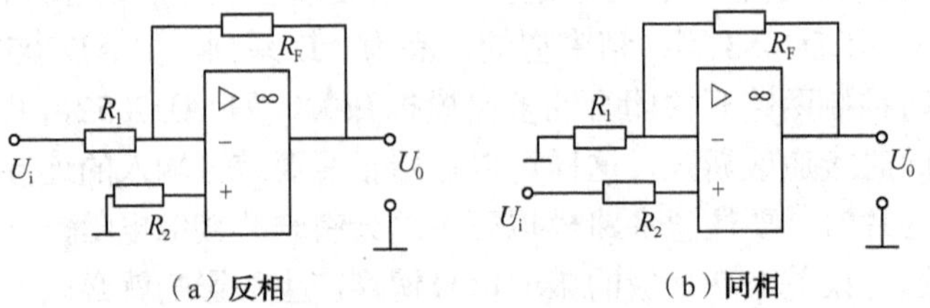

图 3.19　基本放大电路

如图 3.20 所示是用硅 PN 结测温的实际电路。它由电桥电路及同相放大器构成。图 3.20 中 PN 结为测温传感器，在电路中设置成正向偏置状态。在温度一定时，PN 结两端电压固定，当环境温度变化时（−30℃～＋150℃），PN 结上电压降会随温度上升而线性下降 ΔU，ΔU 的大小与流过 PN 结的正向电流有关。

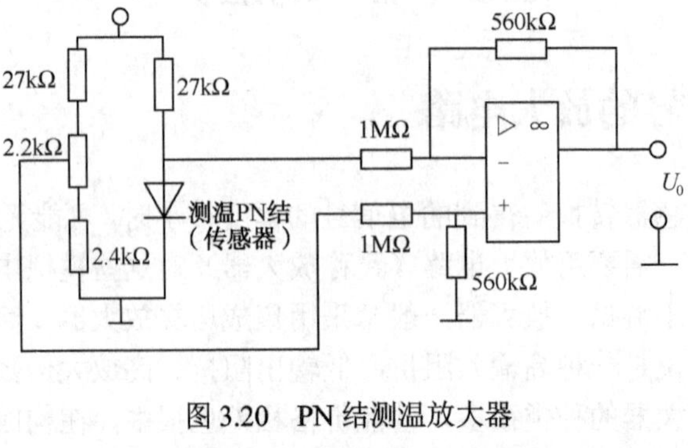

图 3.20　PN 结测温放大器

当 $I_{PN}=50\mu A$ 时，$\Delta U\approx-2mV/℃$，PN 结电压变化通过电桥输出给放大器，电桥输出为 mV 级信号，所以采用一般精度的集成运放构成同相放大器就可以完成放大任务。

2. 仪用放大器

有些传感器的输出信号非常小，且在信号中可能还含有工频、静电等共模干扰信号，这时可采用差动放大电路，其典型的电路结构如图 3.21 所示。它采用三个运放构成差动输入，被测信号直接从两个运放（A_1、A_2）的同相输入端输入，因此输入阻抗高，且保证了较强的抑制共模信号的能力，因为在测量仪表中常用，习惯上将具有这种特点的放大器称为测量放大器或仪用放大器。

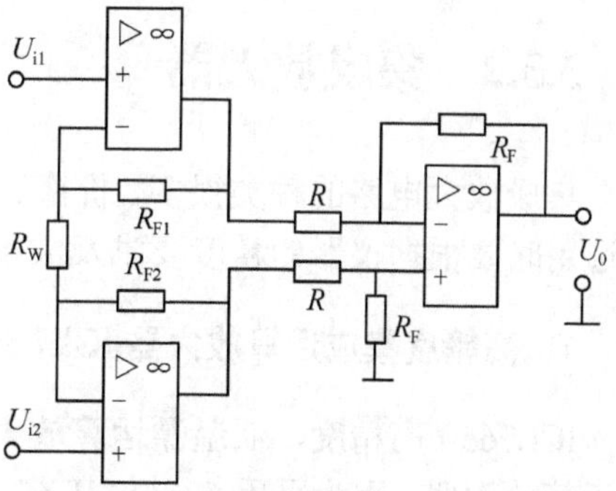

图 3.21　仪用放大器

这个仪用放大器的放大倍数由下式确定：

$$A_0=\frac{U_0}{U_{i2}-U_{i1}}=\frac{R_F}{R}\left[1+\frac{R_{F1}+R_{F2}}{R_W}\right] \tag{3.15}$$

电路中的 R_W 可用精密电位器构成增益调节电阻。这种电路，只要运放 A_1 与 A_2 性能对称（主要输入阻抗和电压增益对称），其漂移将大大减小，即使是用较低档的集成运放构成也可以具有高输入阻抗和高共模抑制比。仪用放大器对微小的差动电压很敏感，并适用于测量远距离传输过来的信号，因而十分适宜于与输出微小信号的传感器配合使用。

3. 程控增益放大器

在智能仪器中，如果测量的范围比较宽，为了保证必要的测量精度，需根据待测量的大小选择放大器的放大倍数（增益）。这种选择可以通过软件编程来控制，故称为程控增益放大器或可编程增益放大器 PGA（Programmable Gain Amplifier）。

程控增益放大器的基本原理如图 3.22 所示。它由运算放大器和用模拟开关控制的电阻网络组成，模拟开关用数字编码控制。当输入不同的数字编码时，就接通了不同的模拟开关，选择了不同的反馈电阻，由反相比例运算公式知，这时放大器有不同的放大倍数。

图 3.22 电路中用一个通用运算放大器、一片 8 路模拟开关（MUX）CD4051 和电阻网络组成。此电路既可以放大信号，又可以衰减信号。图 3.22 中，A、B、C 为 8 路开关的导通选择线，当 ABC＝000 时，Y_0 端与 COM 端接通，此时输出电压为：

$$U_0=-\frac{R_{F1}}{R}U_i \tag{3.16}$$

程控增益放大器的放大倍数为：

$$A=\frac{U_0}{U_i}=-\frac{R_{F1}}{R} \tag{3.17}$$

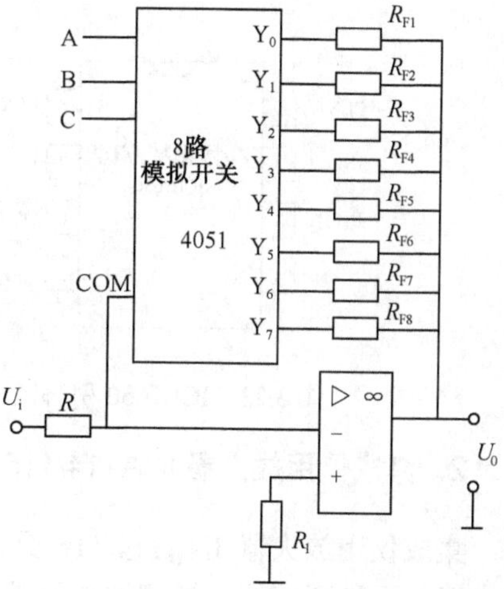

图 3.22　用模拟开关组成的程控增益放大器

使用时要注意模拟开关本身也有一定的电阻，约为 100Ω以上，如果对放大倍数精度要求比较高，R_{F1} 等可串联一个可调电阻来调整放大倍数。

3.3.2 集成放大器

集成放大电路的种类很多，价格、性能相差很多，且很多常用的放大电路都有集成芯片，在选用时要根据仪器的精度要求及成本进行选择。

1. 高精度集成运算放大器 ICL7650

ICL7650 高精度、低温漂运算放大器是美国公司 20 世纪 80 年代投放市场的高性能第四代运算放大器。因为采用 CMOS 工艺，具有自动检测放大器的失调电压和共模电压引起的漂移，并自动动态校零的功能，所以具有很高的性能指标。

它采用开关电容斩波方式使其前置放大的分辨率可以小于 10μV。它的输入失调电压极低，在整个工作温度范围内只有±1μV；失调电压温漂仅 0.01μV/℃；共模抑制比达 130dB；单位增益带宽达 2MHz。

ICL7650 有 8 脚及 14 脚两种封装，8 脚的引脚定义如图 3.23 所示。其中：

- CEXTA、CEXTB：外接电容补偿端，分别接一个 0.01μF 的电容到接地端 U_-。
- U_+：电源正端。
- U_-：接地端。
- -INPUT、+INPUT：信号的输入端。
- OUTPUT：信号输出端。
- CLAMP：输出端，起到保护作用。

最简单的电路接法如图 3.24 所示，可用于微弱信号的放大。

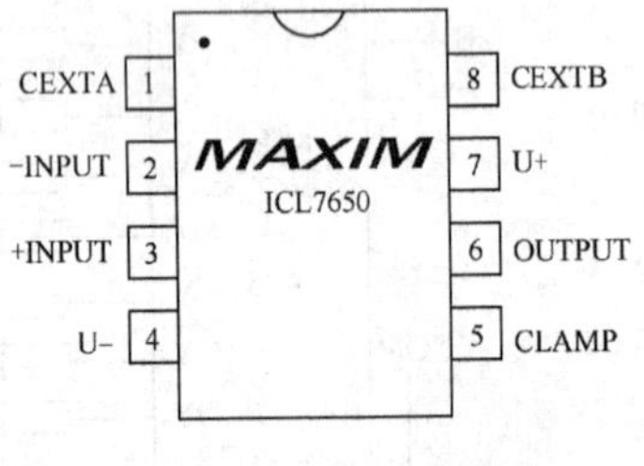

图 3.23 ICL7650 引脚图

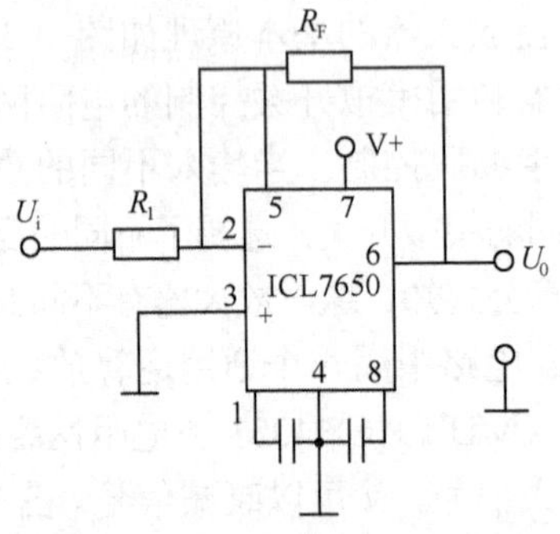

图 3.24 ICL7650 构成的反相放大器

2. 集成仪用放大器 INA114/115

集成仪用放大器 INA114/115 是一个低成本的、内部由 3 个运算放大器构成的普通仪用放大器，不需要外接失调调整电路就可获得很高的精度。它可在±2.25V 的电源下工作，适合电池供电及＋5V 单电源供电的系统使用。它的封装是 8 脚芯片。其基本接法如图 3.25 所示。只要通过调节外加电阻 R_G 就可以获得 1～10000 范围内的任意增益，其放大倍数为：

$$A = 1 + 50\text{k}\Omega / R_G \tag{3.18}$$

其信号输入端的内部有过压保护电路，其保护范围可达±40V，具有很高的共模抑制比（大于 115dB），输入失调电压小于 50μV，温度漂移小于 0.25μV/℃。INA114 可广泛应用于桥式放大电路、热电偶测量放大电路和数据采集放大电路等。

集成仪用放大器的种类很多，如微功耗仪用放大器 INA126，低价格、低功耗仪用放大器 AD620 等。

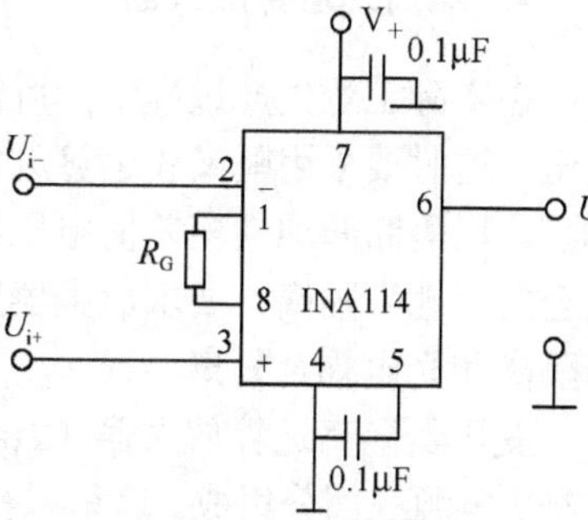

图 3.25 INA114 的基本接法

3. 程控仪用放大器 PGA202/203

PGA202/203 是增益可控的双端输入仪用放大器集成芯片。其内部由前端逻辑电路、基本差分放大器及高通滤波电路等组成，具有失调电压调整端、滤波输出端、反馈输出端和参考输出端，能够灵活组成各类放大电路。采用双列直插 14 脚封装，其引脚图如图 3.26（a）所示，通过在 A0、A1 端输入编码，可以对放大倍数进行控制。表 3.2 列出了在不同编码下程控仪用放大器的放大倍数。

图 3.26（b）为 PGA202 的基本接法，电路中电源端要与地之间接一个 1μF 的电容，电容要尽可能放在接近放大器的地方用来解耦。为了防止由外部器件（如导线电阻）引起的误差，引脚 4 和引脚 11 要接地，且连接线要尽可能短一些。

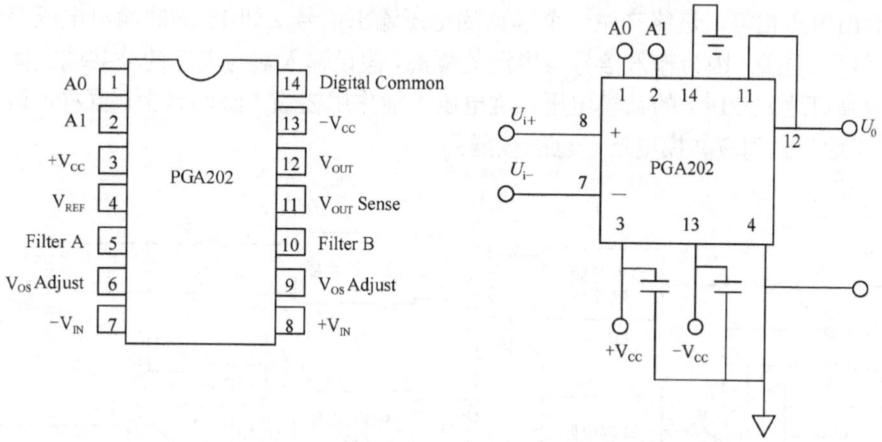

（a）引脚图　　（b）基本接法

图 3.26 程控仪用放大器 PGA202

表 3.2 程控仪用放大器 PGA202/203 的放大倍数（增益）

	输入地址编码 A1A0			
	00	01	10	11
PGA202 的增益	1	10	100	1000
PGA203 的增益	1	2	4	8

PGA202/203 都是场效应管输入（即输入阻抗极高），并包含跨导电路，在不同的增益时维持几乎相同的带宽。由于采用了激光修正技术，因此其增益失调无须用外接元件调整，使用方便。

4. 隔离式运算放大器

在实际工业生产过程中，可能存在严重的用电干扰，被测信号中可能叠加了极高的共模电压，这时要采用隔离式运算放大器。隔离式运算放大器要求做到被测信号与测量仪器不共"地"，以隔断两地共模差值电压的电流流通回路，从根本上消除共模电压的影响。为了做到完全的"地"隔离，要求放大器所用的电源也是与工业电源隔离的。常用的隔离方法有变压器隔离和光电耦合隔离。

变压器隔离运算放大器（Transformer Coupled Isolation Amplifier，TCIA）由输入级、输出级、电源三部分组成。这里以变压器隔离放大器集成电路3656为例，其原理框图如图3.27所示。3656隔离放大器采用专门的调制解调技术及微型变压器技术，可以提供信号和电源的完全隔离，以满足各种应用的需要。

如图3.27所示是用3656进行最简单隔离放大信号的电路，用一个内置的微型多绕组变压器实现信号的隔离和电源的隔离。脉冲产生电路产生约750kHz的脉冲信号为变压器提供两组电压波形：一组是电源电压，通过变压整流分别为输入级和输出级隔离供电；另一组为载波，通过放大后的输入信号调制。调制后的信号通过 W_6、W_7 耦合到两个匹配的解调器中，一个解调器在输入端（10脚），它与输入放大器 A_1 调制结合形成负反馈；另一个解调器在输出端（11脚），提供输出电压信号。10脚的电压（对3脚）和11脚的电压（对17脚）是相同的。输出端还提供了一个运算放大器 A_2，如果按图3.27所接，则 A_2 为15脚输出电压，与11脚输出电压相等，最终产生一个隔离的电压输出信号，即15脚的输出电压等于7脚的输入电压信号。注意：因为输入信号与电源的隔离，假设输入端与电源的公共端之间有3500V（测试时最高可达8000V）的共模电压，这电压不能作用在输入级回路上。同样，假设电源与输出级的"地"之间有共模电压，也能被隔离。

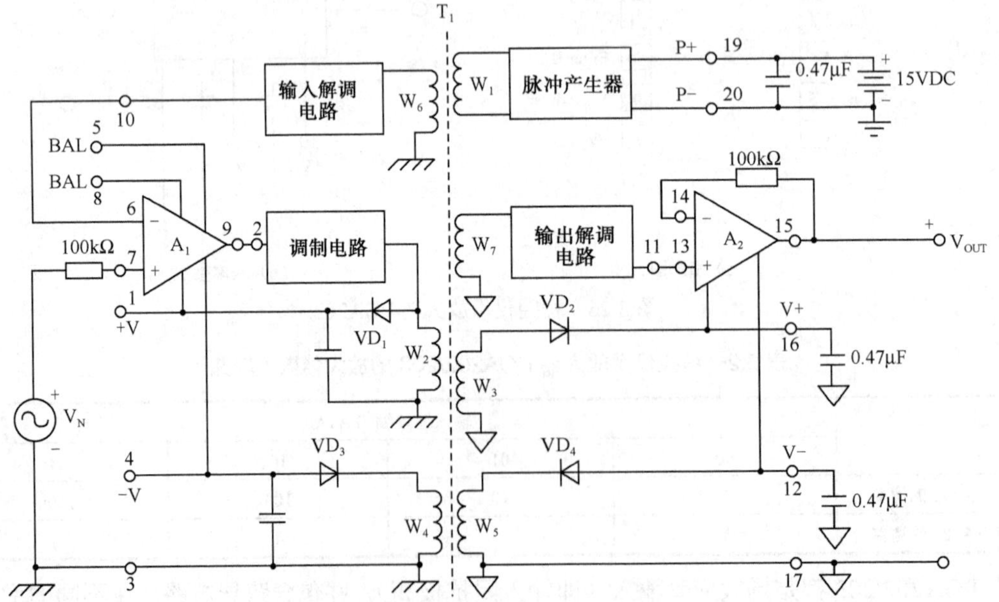

图3.27　变压器隔离放大器3656原理框图

从图 3.27 中还可以看到，这种集成电路的输入/输出运放端都有外接引脚，因此可以有多种放大器及电源的连接方法，实现各种放大倍数的隔离放大。

3.4　模/数转换器

模拟信号经过放大后，需要转换成数字信号计算机才能进行处理与存储，模/数转换器就是在规定的精度等指标条件下把模拟信号转换成数字信号的集成电路芯片。模/数转换器简写成 A/D 转换器或 ADC（Analog to Digital Converter）。

3.4.1　模/数转换器的性能指标

目前 A/D 转换集成芯片种类很多，从工作原理上看，较为常见的 A/D 转换集成芯片可以分为以下三类。

（1）双积分型 A/D 转换集成芯片，如 A/D574、A/D7135、13 位的 CMOS 产品 AD7550 等，以高精度、高分辨率和低转换速度、低价格为其特点。通常前面不再需要采样保持电路，有些芯片被设计成直接输出 BCD 码数据，可以直接供七段数码显示器显示，在数字式万用表中用得很多。此外，这类芯片在一些有强电干扰而信号变化极其缓慢的工业场合，应用较广泛。

（2）逐次比较型（或称逐次逼近型）A/D 转换集成芯片。这类芯片的主要特点是易于获得较高的转换速度和分辨率，有些高档的芯片其精度也相当高，有些则可以多路输入，适用于多路巡回检测，且与微机的接口也比较容易，一般这类芯片需前置采样保持电路。这类芯片目前应用极为广泛。

（3）V/F 变换型 A/D 转换集成芯片。其突出优点是精度高，分辨率可达 16 位以上，价格低，但转换速度不高。

在选择 A/D 转换器时，通常要注意以下几个性能指标。

1. 分辨率（Resolution）

模/数转换器的分辨率是指输出数字量对输入模拟量变化的分辨能力，即使输出数增加（或减少）一个最小单位时所需要的输入信号的最小变化量。它由 A/D 转换器的输出位数 n 决定，可以用输入满量程的百分数表示。例如，ADC0809 能够输出 8 位二进制数字量，其分辨率为：

$$\frac{\mathrm{FS}}{2^8-1}=\frac{\mathrm{FS}}{255}=0.39\%\mathrm{FS} \tag{3.19}$$

式中，FS 为满量程（Full Scale），8 位的分辨率是满量程的 0.39%。如果输入电压的最大值为 5V，则 8 位 A/D 转换器的输入电压最小可分辨的变化量，也就是该 8 位 A/D 转换器的最低读数位 LSB（Low Scale Bit）为：

$$1\ \mathrm{LSB}=\frac{5}{2^8-1}=0.195\mathrm{V} \tag{3.20}$$

可以看出，为了提高对测量信号的分辨率，要把传感器送来的信号放大到 A/D 转换器可以接受的范围内。

人们习惯上常常简单地用 A/D 转换器的位数来表示其分辨率，称 ADC0809 具有 8 位的分辨率。

2. 精度（Accuracy）

精度是指转换的结果相对于实际值的偏差，精度有两种表示方法。

（1）绝对精度。用最低位（LSB）的倍数来表示，如±（1/2）LSB 或±1LSB。绝对精度由增益误差、偏移误差、非线性误差及噪声等组成。

（2）相对精度。用绝对精度除以满量程值的百分数来表示，如±0.05%FS。

应当注意的是，同样分辨率的 A/D 转换器其精度可能不同，分辨率高但精度不一定高，精度高则分辨率必然也高。

3. 量程

量程是指输入模拟量的最大变化范围，如某 A/D 转换器为单极性输入 0～10V，双极性输入－5V～＋5V，则量程均为 10V。应当注意的是，满刻度值只是一个名义值，实际 A/D 转换器的最大输出值总是比其满刻度值小，例如一个 8 位的 A/D 转换器为单极性输入 0～10V，实际上它最大输出值不是 10V，而是：

$$10-10\times\frac{1}{2^8}=9.96\text{V}$$

4. A/D 转换时间

A/D 转换器把模拟信号转换成数字信号需要一定的时间，通常定义完成一次 A/D 转换所需的时间为 A/D 转换时间，这是 A/D 转换器的一个重要指标。例如，逐次逼近型 A/D 转换器的转换时间为几微秒到几十微秒，而双积分型低速 A/D 转换器的转换时间则为几毫秒到几百毫秒。采用同种电路技术的 A/D 转换器其转换时间与分辨率有关，一般分辨率越高，则转换时间越长。

5. 量化误差

量化误差是由 A/D 转换器的分辨率直接造成的。在一个量化单位内所有模拟电压值都对应着同一个输出数字量，因此存在着一个固有的变换误差。一个 3 位 A/D 转换器的变换特性（即输入电压与输出数字之间的关系曲线）如图 3.28（a）所示。从图 3.28（a）中可以看出，如果 A/D 转换器的最大输入电压为 4V，则其能够分辨的输入电压最小值为 1 LSB＝0.5V，0～0.5V 之间所有的输入电压值都对应输出 000 的数码，通过显示输出电路显示“0V”，显然其最大误差为 0.5V，即量化误差为 1 LSB。如果把变换特性偏移 LSB/2（在这里是 0.25V），如图 3.28（b）所示，这时有 0～0.25V 之间的输入电压值对应输出 000 的数码，0.25～0.75V 之间的输入电压值对应输出 001 的数码，通过显示输出电路显示“0.5V”，最大误差为±0.25V，即量化误差改变为±LSB/2，这样比较符合人们“四舍五入”的习惯。

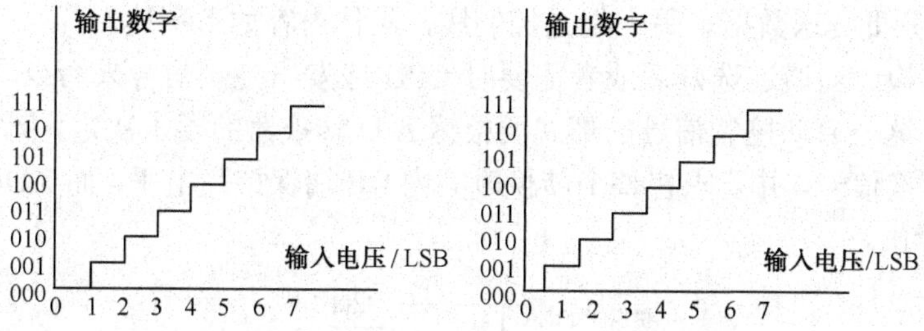

（a）零位不移　　（b）零位偏移 LSB/2

图 3.28　A/D 转换器的量化误差

在设计选择智能仪表时要让量化误差在允许范围内。

6. 其他误差

A/D 转换器还存在其他一些误差，如因电路器件本身属性引起的线性误差，温度变化引起的误差，零位误差等。如果这些误差在测量仪器的允许范围内，可以忽略不计；如果仪器的精度要求很高，要用硬件处理这些误差比较复杂，但在智能仪器中可以通过软件技术进行处理。

7. 其他性能指标

A/D 转换器的其他性能差异也比较大，如有单通道输入和多通道输入，设计或维护时要查阅相关的资料进行比较。表 3.3 给出了几种常用的 A/D 转换器的主要性能比较。

表 3.3　几种常用的 A/D 转换器的主要性能比较

	AD574A	TC7135	ADC0809
分辨率	12 位	$4\frac{1}{2}$ 位（BCD 码输出）	8 位
类型	逐次逼近型	双积分型	逐次逼近型
最大转换时间	25μs	33ms（时钟 1300kHz）	100μs
量程	0～10V 或 0～20V（单极性） ±5V 或±10V（双极性）	±1.9999V	0～5V
参考电压	自带	外接	外接
电源	±15V 或±12V	±5V	+5V
输入通道	单路	单路	8 路

3.4.2　模/数转换器与 CPU 的接口技术

任何型号的 A/D 转换器芯片都可以与 CPU 相连接，但要根据 A/D 转换器和 CPU 的功能特点设计选择接口方式。A/D 转换器的主要信号线如图 3.29 所示，输入的模拟信号转换成数据输出，主要需要连接两组线。一组是数据线，主要用途是将转换后的数据传送给 CPU，*n* 位 A/D 转换器一般有 *n* 根数据线，与 CPU 的数据总线可以直接相连，如果后接 CPU 的数据

线小于 n，则需分批传送数据。另一组是控制线，具体内容如下所述。

（1）启动转换。当通道选好后或者需要时 CPU 应发出控制信号来命令 A/D 转换器开始进行模/数转换。这个启动控制信号的形式要根据 A/D 转换器的要求决定，例如 AD574 用 CE 引脚作为启动转换信号，并要求在整个转换时间内 CE 端保持高电平，而 ADC0809 则通过写信号 $\overline{WR}$ 启动转换。

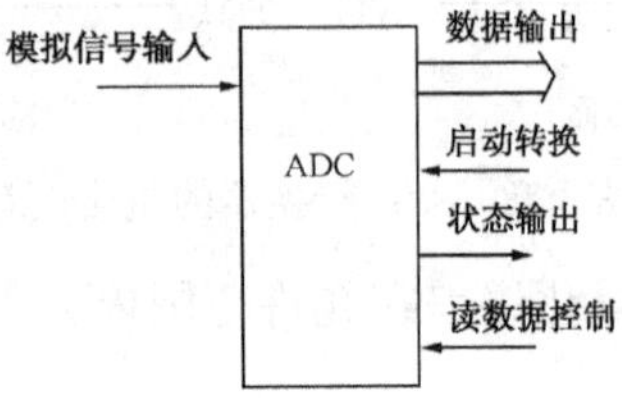

图 3.29　A/D 转换器的主要信号线

（2）状态输出。状态输出总需要一定的时间，所以通常有一状态输出信号指示目前 A/D 转换是正在进行，还是已经结束，CPU 利用这个信号来决定下一步的工作。

CPU 有以下四种方法来控制 A/D 转换。

① 查询：CPU 发出启动转换命令后，执行别的程序，同时每隔一段时间对状态输出线进行查询，如果 A/D 转换已结束，则调用子程序读入数据。

② 延时：如果 A/D 转换的时间预先可以大致确定，则在 CPU 发出启动转换命令后，调用定时器或定时程序，延时等待一段时间后去读取数据。

③ 中断控制：CPU 发出启动转换命令后，执行别的程序，把状态输出线接在 CPU 的外部中断上，A/D 转换结束后利用状态输出线的电平变化向 CPU 发出中断请求，CPU 执行中断子程序，读入转换的数据。这种方法，CPU 效率高，适用于其他工作比较多且 A/D 转换时间比较长的情况。

④ DMA（直接存取）：在要求高速测量转换时，前三种方式都不能满足要求，这时可在 A/D 转换器和 CPU 之间插入一个 DMA 接口（如 Intel 公司的 8237DMA 控制器），把转换的数据经过 DMA 接口直接传输到主存储器，因而不必受到程序的限制。

（3）读数据控制。A/D 转换器通常还有一些读数据控制线，如有些 A/D 转换器的数据输出是三态锁存的，芯片还有一个输出允许控制端；有些 A/D 转换器有多于一个的数据缓冲器，分别储存低位、高位数据，要控制数据线目前传送的数据。

根据各类 A/D 转换器的特殊情况可能还有其他一些控制线，可参照技术资料进行分析。

3.4.3　模/数转换器与 CPU 接口应用举例

关于 AD574A 与 MCS-51 系列单片机接口的介绍如下所述。

AD574A 是 12 位逐次逼近型 A/D 转换器，具有转换速度快、精度较高的优点。因芯片自带三态输出缓冲器（即可以储存转换后的数据），所以可以直接与各种典型的 8 位或 16 位的微处理器相连，且无须外加逻辑接口电路就可以与 CMOS 或 TTL 芯片直接相接。

AD574A 为 28 脚双列直插式封装，其引脚定义如图 3.30 所示。

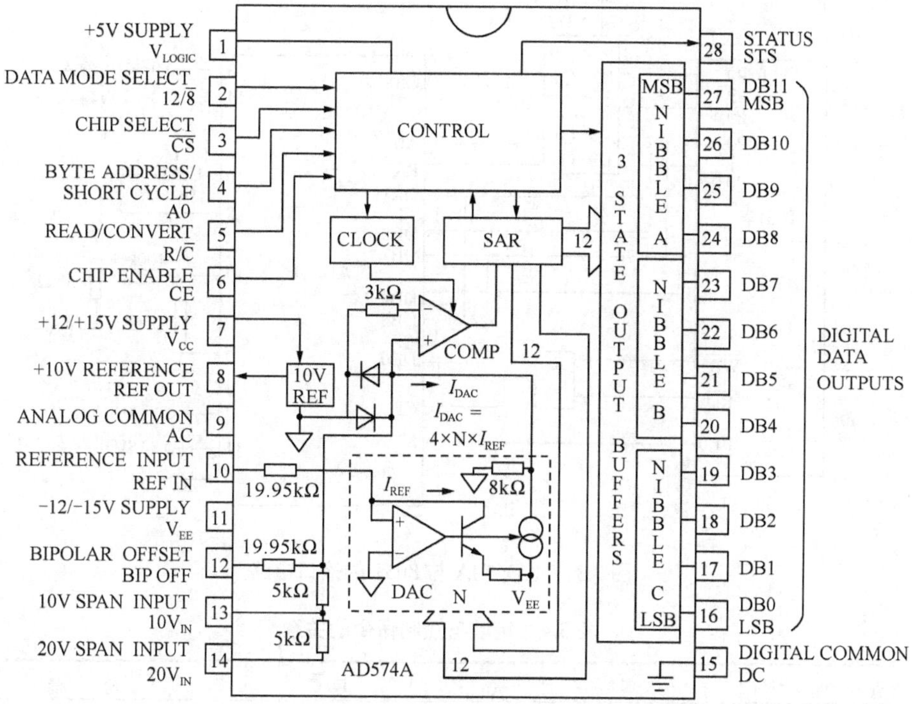

图 3.30　AD574A 的引脚定义

在器件说明资料中可以看到 AD574A 主要有以下的控制线和状态线。

（1）$\overline{CS}$：片选信号。

（2）CE：外启动信号。

（3）$R/\overline{C}$：读出或转换控制信号。

（4）$12/\overline{8}$：数据输出格式选择信号端口。当该引脚为高电平时，12 根数据线同时输出数据；当该引脚为低电平时，为单字节输出，即分两次分别送出高 8 位和低 4 位数据。

（5）A0：转换/读数据字节控制线。在转换期间（$R/\overline{C}=0$），A0＝0，AD574A 进行 12 位转换，转换精度高，转换速度较慢（25μs）；A0＝1 时，进行 8 位转换，转换精度比较低，但转换速度提高（16μs）。在读数据期间（$R/\overline{C}=1$），当分批读数据时，A0＝1 时，低 4 位数据有效；A0＝0 时，高 8 位数据有效。

（6）STS：转换状态输出。当 STS＝1 时，表示正在转换。

在应用时根据控制要求来设置控制线与 CPU 的接口，就可以用 CPU 去控制 AD574A 了。

如图 3.31 所示为 AD574A 与 8051 的接口电路。模拟信号采用单极性输入，当输入电压在 0～10V 时从 13 脚输入，当输入电压在 0～20V 时从 14 脚输入。启动（写）转换或读取数据时，要使 CE＝1，所以 8051 的读/写信号通过与非门与 CE 相连，因为 8051 系列单片机是 8 位数据线，所以 $12/\overline{8}$ 引脚直接接地就可以了，用地址线给出控制命令。当按如图 3.31 所示接法时，地址与控制命令的关系如表 3.4 所示，P1.0 则用来查询 AD574A 的转换状态。

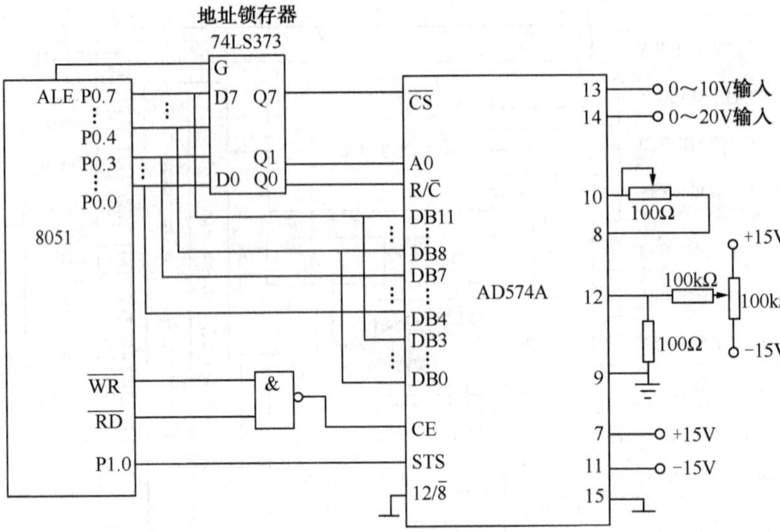

图 3.31　AD574A 与 8051 的接口电路

表 3.4　地址与控制命令的关系

地　址	$\overline{CS}$	A0	R/$\overline{C}$	功　能
0××××××10	0	1	0	12 位转换
0××××××01	0	0	1	读取高 8 位数据
0××××××11	0	1	1	读取低 4 位数据
1××××××××	1	×	×	AD574A 未被选中

表 3.4 中，×可任意选取 0 或 1。

用图 3.31 完成一次模/数转换的程序如下，执行后把读到的 12 位转换结果的高 8 位存储在 R2 寄存器中，低 4 位储存在 R3 寄存器中，供后面的程序处理。

```
TRANS:  MOV    R0,#7EH      ; 0××××××10 存入 R0，其中×处均选 1
        MOVX   @R0,A        ; 启动 12 位模/数转换
LOOP:   JB     P1.0,LOOP    ; 查询转换是否结束
        MOV    R0,#7DH      ; 控制命令高 8 位数据读出
        MOVX   A,@R0        ;
        MOV    R2,A         ; 高 8 位数据存在 R2 中
        MOV    R0,#7FH      ; 控制命令低 4 位数据读出
        MOVX   A,@R0        ;
        MOV    R3,A         ; 低 4 位数据存在 R3 中，注意 R3 中 D4～D7 位为有
                            ; 效数据，即格式为****0000，*为有效数据
```

AD574A 是 AD 公司的系列产品之一，通常称为 AD574 系列的 A/D 转换器还有很多，但它们的引脚排列及引脚功能完全相同。表 3.5 列出了部分 AD574 系列产品，并对其主要性能做了简单的比较。表 3.5 中没有列出价格，但一般来说，性能越好的集成芯片价格也越贵，所以选取时要考虑实际需要。

表 3.5　AD574 系列产品比较

型　号	转换时间	封　装	工作温度	备　注
AD574A	25μs	1，2，4，5	C，M	
AD674A	15μs	1	C，M	提高转换速度
AD674B	15μs	1，2，6	C，I，M	增加封装形式，工业档产品
AD774B	8μs	1，2，6	C，I，M	快速型
AD1674	10μs	1，2，6	C，I，M	内部增加了采样保持器，快速型

说明：① 封装：集成电路的封装形式有多种，在设计维修时要根据需要选取。

② 工作温度：分 C（商业 0～70℃）、I（工业－40℃～80℃）和 M（军事－55℃～125℃）。

3.4.4　采样/保持

用 A/D 转换电路把模拟信号转换成数字信号需要一定的时间。在转换过程中，模拟信号的幅度不能发生变化，所以如果输入信号随时间的变化比较快，不能忽略不计，就需要用一个采样/保持电路（Sample Holder Amplifier，SHA）。采样/保持电路的作用是在某个时间段（通常极短）接收模拟电压信号（称为采样），并在一定的时间内在输出端维持这个电压值不变（称为保持），直到下次采样为止，如图 3.32 所示。

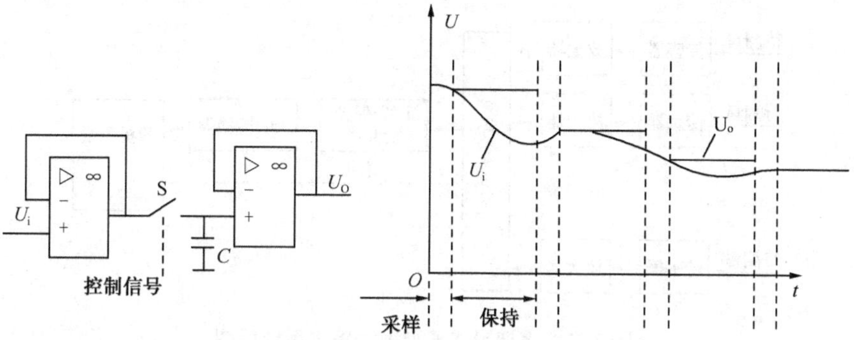

图 3.32　采样/保持原理图

采样/保持电路可以用运算放大器构成，但电路的增益通常为 1，且输入与输出同相位，一般用电容器来保持输入电压。从采样/保持原理图可以看出，决定采样/保持电路性能的主要参数有以下几个。

（1）采样时间。即采样/保持电路获取新的采样值（电压）所需的时间。

（2）间隔时间。即接到保持信号后，模拟开关 S 由通变为断所需要的时间，它是反映采样/保持电路精度的重要参数。

（3）保持电压的下降率。即在保持阶段虽然理论上说保持电压不变，实际上总有一些下降，这个电压的下降应不影响模/数转换的结果。

采样/保持电路芯片有很多，从性能上可分为 3 类：普通型芯片，如 LF198、LF298、LF398、

AD582、AD583 等；高速型芯片，如 SHA-2、HTS-0025、HTC-0300，其特点是采样时间和间隔时间相对其余两者是非常小的；高分辨率芯片，如 SHA114、SHA-6 等，其特点是保持电压的下降率特别小。表 3.6 为三类采样/保持（SHA）芯片的参数比较。

表 3.6　三类采样/保持（SHA）芯片的参数比较

	输入电压	输入电阻	采样时间	间隔时间	下降率
LF198	差动 30V	30Ω	16μs	150ns	下降电流 1mA
HTS-0025	±2V	10^{10}Ω	20ns	6ns	0.2mV/μs
SHA114	±10V	10^{11}Ω	5μs	50ns	1μV/μs

3.5　数据采集系统

在 3.2 节已讨论了智能仪器获取数据的过程，并给出了单路数据采集系统的构成。在实际中智能仪器的测量对象差别很大，且一台智能仪器通常要对多路信号进行实时测量。这里对多路数据采集系统的结构进行讨论。

如图 3.33 所示为多通道普通型数据采集系统框图。它通过多路开关 MUX 将各路模拟信号轮流送给采样/保持放大器和 A/D 转换器转换成数据信号。这种系统适用于多路输入的模拟信号的变化范围及变化快慢比较接近的情况。采样/保持及 A/D 转换可以合用硬件，节省成本。

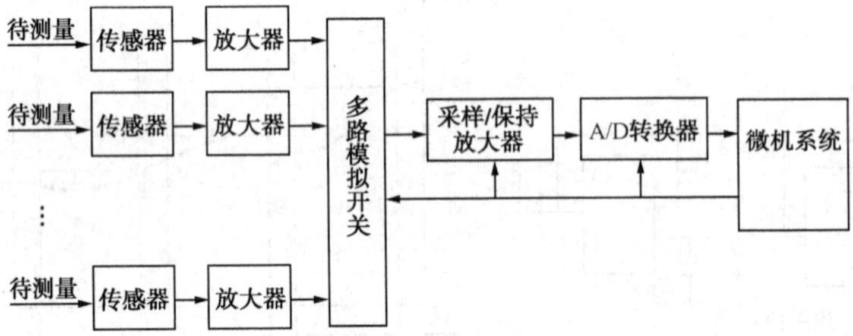

图 3.33　多通道普通型数据采集系统框图

对于测量过程中要求对所有的待测量进行同一时刻采集，以便可以进行分析比较的情况，则可以选择如图 3.34 所示的带采样/保持放大器的多通道共享 A/D 转换器的配置方案。当统一的保持控制信号发出后，各个输入信号在同一时刻的值被保持，然后利用多路开关轮流切换进行 A/D 转换。

当测量直流或低频信号时，采样/保持放大器可以省略。如图 3.35 所示是不带采样/保持放大器的多通道共享 A/D 转换器的数据采集系统，如果选用多通道输入的 A/D 转换器，则可以省略 MUX。如果传感器或标准仪表的输入信号电压在 A/D 转换的范围时，放大器也可以省略。

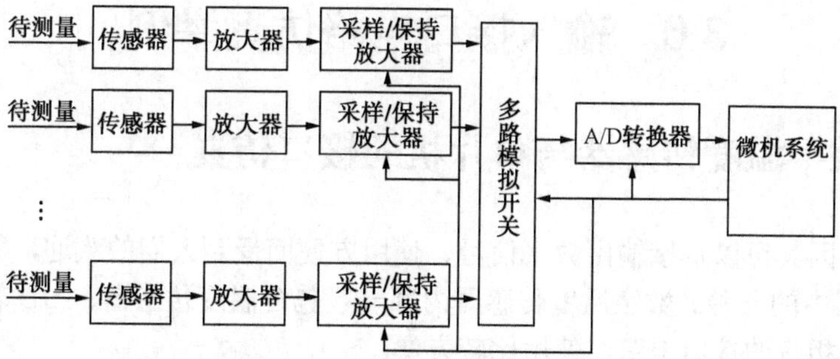

图 3.34　多路同步数据采集系统

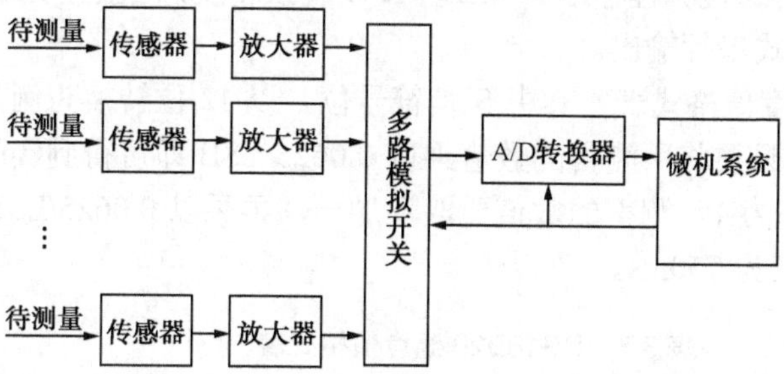

图 3.35　不带采样/保持放大器的多路同步数据采集系统

当智能仪器在测量现场时，放大器也可以共享，如图 3.36 所示。若各路传感器送来的模拟信号电压范围不同，可采用程控放大器控制放大器的增益。这种数据采集系统的优点是硬件开销最小，但软件处理比较复杂，所以相应的数据采集速度也比较慢，且各路传感器送来的信号变化范围不能相差太多。

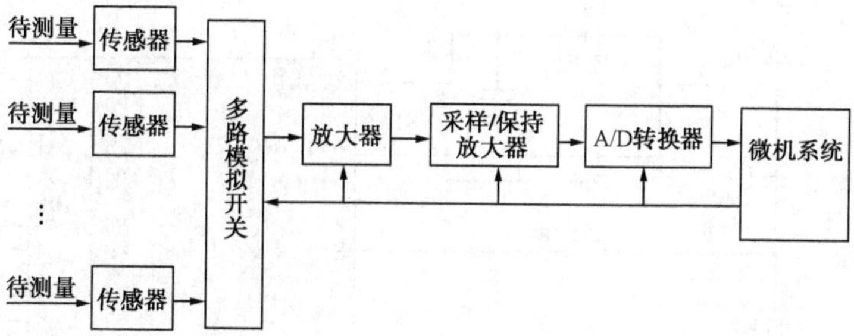

图 3.36　共享放大器的数据采集系统

若各路传感器送来的是差分信号，则多路模拟开关要选用双路同时开、断的芯片，如 AD7052，后面的放大器也要选用程控仪用放大器。

数据采集系统的结构还有很多，要根据需要进行合理选取。随着集成电路技术的发展，现在已经把数据采集系统与微机系统集成在一个芯片上，构成专用的数据采集芯片。例如，ADIB60 是美国模拟器件公司生产的智能化传感器接口芯片，它是集信号调理、数据采集、CPU 为一体的接口芯片，可以直接从热电偶、热电阻、应变计、伏或毫伏级信号源中接收输入信号，执行激励、补偿、限幅和线性化工作，并通过串行口输出数据。

3.6 输入接口电路仿真举例

3.6.1 数字温度传感器与单片机的接口仿真

数字传感器因其可以直接输出数字信号、使用方便而受到人们的欢迎，数字温度传感器DS18B20就是其中的一种。数字温度传感器内部一般包含温度传感器、A/D转换器、信号处理器、存储器和相应的接口电路，使用比较方便。

DS18B20是DALLAS公司生产的单总线接口数字温度传感器，具有3个引脚，温度测量范围为−55℃～+125℃，可通过编程输出9～12位A/D转换精度，测温分辨率可达0.0625℃，被测的温度用16位补码形式串行输出。

表3.7为DS18B20温度值格式表，其中S是符号位，以12位转换为例，如果测得的温度大于0，这5位都为0，只要将所测得的数值乘以0.0625/LSB即可得到实际温度；如果测得的温度小于0，这5位都为1，测得的数值要取反加一，再乘以0.0625/LSB就可以得到实际温度。温度最大转换时间为750ms。

表3.7 DS18B20温度值格式表

	D7	D6	D5	D4	D3	D2	D1	D0
LS Byte	2^3	2^2	2^1	2^0	2^{-1}	2^{-2}	2^{-3}	2^{-4}
	D7	D6	D5	D4	D3	D2	D1	D0
MS Byte	S	S	S	S	S	2^6	2^5	2^4

DS18B20与单片机连接非常简单，图3.37为DS18B20与单片机通过P1.0口串行连接的仿真图，但对DS18B20读/写编程时必须严格按照读/写时序，否则可能无法读取测温的结果。

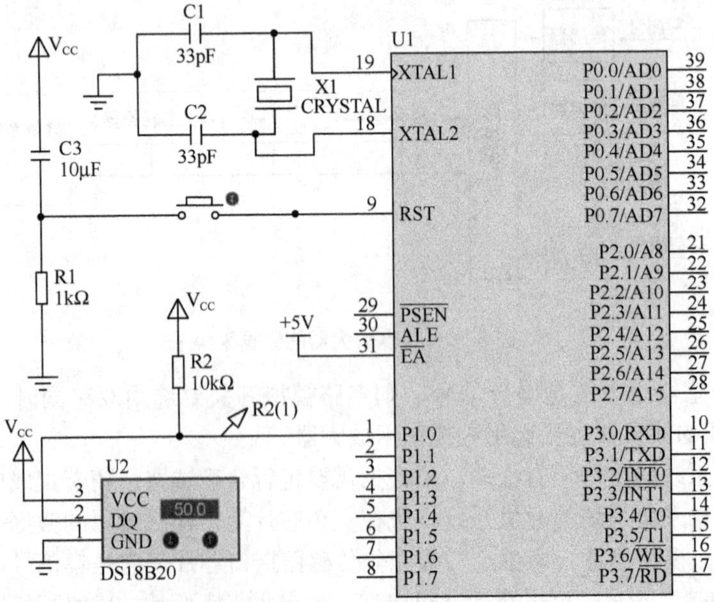

图3.37 DS18B20与单片机接口电路

DS18B20 内部有三个主要的数字部件，分别是 64 位 ROM，温度传感器，温度报警触发器 TH 和 TL，每个 DS18B20 都有一个独特的片序号（储存在 ROM 中），所以多个 DS18B20 可以同时连在一根单线总线上。根据 DS18B20 的通信协议，单片机控制 DS18B20 必须经过三步。

（1）复位（初始化）操作。通过单线总线的所有操作都从一个初始化序列开始，初始化序列包括一个由总线控制器发出的复位脉冲和紧随其后的 DS18B20 发出的存在脉冲。

（2）发送（写）ROM 操作指令。共有五条操作指令，如表 3.8 所示。

（3）发送操作命令。温度变换，读温度，设置温度的上、下限值等共六条操作指令，如表 3.9 所示。

表 3.8　ROM 操作指令

指　令	代　码	功　能
搜索 ROM	0F0H	用于确定挂接在同一总线上 DS18B20 的个数和识别 64 位 ROM 地址，为控制各器件做准备
匹配 ROM	55H	后跟 64 位 ROM 序列，让总线控制器在多点总线上定位一只特定的 DS18B20。只有和 64 位 ROM 序列完全匹配的 DS18B20 才能响应随后的 RAM 操作命令
读 ROM	33H	读 DS18B20 的 ROM 序列，总线上只接一个 DS18B20 时才能用
跳过 ROM	0CCH	忽略 64 位 ROM 序列，在这条命令后跟着发出对 RAM 的操作命令，总线上只接一个 DS18B20 时才能用
报警搜索	0ECH	执行后只有在最近一次测温后遇到符合报警情况，DS18B20 才会响应这条命令

表 3.9　RAM 操作指令

指　令	代　码	功　能
温度变换	44H	启动一次温度转换，12 位转换时最长需要 750ms，结果存入内部 RAM 中
读 RAM	0BEH	读内部 RAM，从 0 字节一直到第 9 字节读完，如果不想读完所有字节，可以发出复位命令来中止读取
写 RAM	4EH	向内部 RAM 的第 3、4 字节写入上、下限温度数据命令，紧跟该命令是传送两个字节的数据
复制 RAM	48H	将 RAM 中第 3、4 字节的内容复制到 E^2PROM 中
拷回 RAM	0B8H	将 E^2PROM 中的内容复制到 RAM 的第 3、4 字节中
读供电方式	0B4H	读 DS18B20 的供电方式，外接电源时返回“1”

8951 只接一个 DS18B20，最简单的程序是初始化，跳过 ROM 命令，转换温度命令，再一次初始化，跳过 ROM 命令，读取温度命令，就完成了一次测温过程。

读取单个 DS18B20 转换的温度值的程序如下（读取的温度值放在 31H 和 30H 中）：

```
宏定义：
T_L             EQU    30H      ；温度值低位放在 30H 中
T_H             EQU    31H      ；温度值高位放在 31H 中
FLAG0           EQU    00H      ；DS18B20 存在标记
DQ              EQU    P1.0     ；DS18B20 的硬件接口
SKIPDS18B20     EQU    0CCH     ；跳过 ROM 命令
STARTDS18B20    EQU    44H      ；开始温度转换命令
READDS          EQU    0BEH     ；读温度转换命令
```

```
主程序：
                ORG     0000H
                SJMP    MAIN
                ORG     0040H
MAIN:           MOV     SP,#60H
                CLR     EA
                CLR     FLAG0
                LCALL   RE_CONFIG          ；设置 DS18B20
                LCALL   GET_TEMPER         ；用 DS18B20 测温子程序
                LJMP    MAIN
测温子程序：
GET_TEMPER:     SETB    DQ
                LCALL   INITDS18B20        ；初始化
                JB      FLAG0,S22
                RET
S22:            LCALL   Delay64us          ；测温
                MOV     A,#SKIPDS18B20
                LCALL   WriteByDS18B20
                MOV     A,#STARTDS18B20
                LCALL   WriteByDS18B20
                LCALL   Delay1s
                LCALL   INITDS18B20
                JB      FLAG0,ABC
                RET
ABC:            LCALL   Delay64us
                MOV     A,#SKIPDS18B20
                LCALL   WriteByDS18B20
                MOV     A,#READDS
                LCALL   WriteByDS18B20
                LCALL   READDS18B20
                RET

READBYDS18B20:  MOV     R2,#08H            ；读 DS18B20 的一个字节
RE1:            CLR     C
                SETB    DQ
                NOP
                CLR     DQ
                NOP
                NOP
                NOP
                SETB    DQ
                MOV     R3,#07H
                DJNZ    R3,$
                MOV     C,DQ
                MOV     R3,#23
                DJNZ    R3,$
                RRC     A
                DJNZ    R2,RE1
```

```
                RET
READDS18B20:    LCALL   READBYDS18B20       ；读温度值
                MOV     T_L,A
                LCALL   READBYDS18B20
                MOV     T_H,A
                RET
WriteByDS18B20: MOV     R2,#8               ；写入 DS18B20
                CLR     C
WR1:            CLR     DQ
                MOV     R3,#6
                DJNZ    R3,$
                RRC     A
                MOV     DQ,C
                MOV     R3,#23
                DJNZ    R3,$
                SETB    DQ
                NOP
                DJNZ    R2,WR1
                SETB    DQ
                RET
RE_CONFIG:      LCALL   INITDS18B20         ；设置 DS18B20
                JB      FLAG0,RE_CONFIG1
                RET
RE_CONFIG1:     MOV     A,#0CCH
                LCALL   WriteByDS18B20
                MOV     A,#4EH
                LCALL   WriteByDS18B20
                MOV     A,#00H
                LCALL   WriteByDS18B20
                MOV     A,#00H
                LCALL   WriteByDS18B20
                MOV     A,#7FH
                LCALL   WriteByDS18B20
                RET
Delay500us:     MOV     R6,#00H             ；延时 500 微秒子程序
                DJNZ    R6,$
                RET
Delay64us:      MOV     R6,#20H             ；延时 60 微秒子程序
                DJNZ    R6,$
                RET
Delay1s:        MOV     B,#130              ；延时 1 秒子程序
DELAY1:         NOP
                NOP
                NOP
                NOP
                DJNZ    B,DELAY1
                RET
```

```
INITDS18B20:    CLR     DQ              ；初始化 DS18B20
                MOV     R7,#00H
                DJNZ    R7,$
                SETB    DQ
                MOV     R7,#10H
                DJNZ    R7,$
                SETB    FLAG0
                JNB     DQ,TSR5
                CLR     FLAG0
                LJMP    TSR7
TSR5:           MOV     R7,#6BH
                DJNZ    R7,$
TSR7:           SETB    DQ
                RET
                END
```

从程序中可以看到，DS18B20 的优点是硬件简单，CPU 只需一根线就可以与多个 DS18B20 通信，占用微处理器的端口少，可以用于多点温度测控，但软件程序相对比较长，要严格按照资料给出的时序要求编程。

仿真时还可以看到 DS18B20 内部温度存储器中的值和读出的温度值随温度变化的情况。假设温度为 50℃，读到的温度值为 0320H，如图 3.38 所示，对照表 3.7，可知温度值为正。

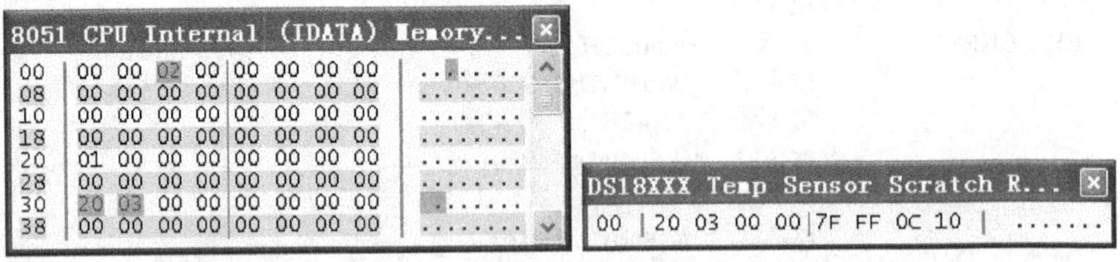

图 3.38　转换后输出的温度值

由图 3.38 可知，DS18B20 内部有 9 个字节 RAM，分别为 CRC 校验寄存器，温度转换后的低字节，高字节，报警用的高温度触发值，低温度触发值，在此例程序中均被设为 0，配置寄存器，最后为三个保留字（可以让用户定义）。

从 8051 的内部 RAM 窗（图 3.38）可见，转换后温度值保留在 31H 和 30H 中。

3.6.2　A/D 转换芯片 ADC0809 的接口电路

ADC0809 是较常用的 8 路输入通道的 A/D 转换器，由单一电源＋5V 供电，且片内带有锁存功能的 8 路模拟开关，可对 0～5V 的 8 路输入模拟电压信号进行分时转换，转换一次的时间约为 100μs，带有三态锁存缓冲器，可直接与 MCS-51 系列单片机的数据总线相连。

由器件资料知，ADC0809 的控制引脚定义为：

ALE：地址锁存允许信号，输入，高电平有效。

START：A/D 转换启动信号，输入，高电平脉冲。

EOC：A/D 转换结束信号，输出，当启动转换后，该引脚为低电平，当 A/D 转换结束时，该引脚输出高电平信号，CPU 可以通过查询该引脚得知转换是否结束，也可以由该引脚通过反相器接中断，转换结束时进入中断，读取数据。

CLOCK：时钟脉冲信号，要求时钟频率不高于 640kHz。

最简单的 ADC0809 与 8951 的接口电路如图 3.39 所示。这里只用了一路输入，需要时可以通过改变输入地址，分时获取 8 路输入的转换结果。为了简洁，图中 ADC0809 的 CLOCK 端直接输入 640kHz 的时钟脉冲，该脉冲也可以由单片机 ALE 输入脉冲经分频得到，还可以由单片机编程输出。

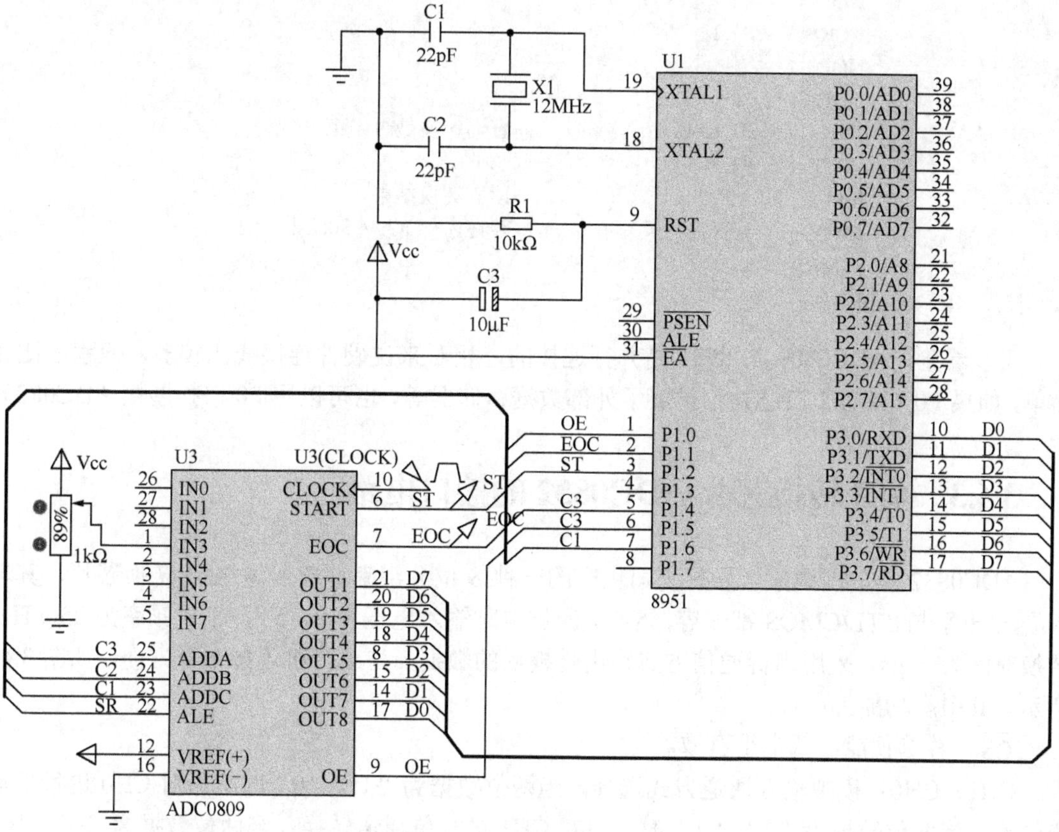

图 3.39　ADC0809 与 8951 接口电路

ADC0809 的工作流程如下所述。

（1）输入三位地址，并使 ALE＝1，将地址存入地址锁存器。经地址译码器从 8 路通道中选通一路模拟量送到比较器。

（2）送 START 一个高电平脉冲，其上升沿使逐次逼近寄存器复位，其下降沿启动 A/D 转换，并使 EOC 信号为低电平。

（3）转换结束，转换结果存入输出三态锁存器中，并使 EOC 信号回到高电平，通知 CPU 已转换结束。

（4）当 CPU 执行读数据命令时，使 OE 为高电平，从 D0～D7 中读出数据。

编写程序如下：

```
        ORG     0000H
        AJMP    MAIN
        ORG     0060H
MAIN:   SETB    P1.4
        SETB    P1.5
        CLR     P1.6            ；给出输入口地址
        SETB    P1.2            ；给 START 一个高电平脉冲
        NOP
        NOP
        CLR     P1.2
        NOP
        NOP
AA:     JNB     P1.1,AA         ；查询转换是否结束
        SETB    P1.0
        MOV     A,P3            ；读取转换结果
        MOV     30H,A           ；存在内部 RAM 30H 中
        SJMP    $
        END
```

可以看到，ADC0809 与 8951 是并行连接的，相对来说硬件连接线比较多，但程序比较简单，如果 P0 口和 P2 口已并行扩展了外部数据存储器等，也可以用 P0 口扩展接 ADC0809。

3.6.3 A/D 转换芯片 ADC0832 的接口电路

ADC0832 是美国国家半导体公司生产的一种 8 位分辨率、双通道 A/D 转换芯片，其输入/输出电平与 TTL/CMOS 都兼容，5V 电源供电时输入电压为 0～5V，工作频率为 250kHz，转换时间为 32μs，采用串行通信方式输出转换后的数据，与单片机连接十分方便，如图 3.40 所示，其引脚功能为：

$\overline{CS}$：片选使能，低电平有效。

CH1、CH0：模拟输入通道方式选择，当两位数据为“1”、“0”时，只对 CH0 进行单通道转换；当两位数据为“1”、“1”时，只对 CH1 进行单通道转换；当两位数据为“0”、“0”时，将 CH0 作为正输入端 IN＋，CH1 作为负输入端 IN－；当两位数据为“0”、“1”时，将 CH0 作为负输入端 IN－，CH1 作为正输入端 IN＋。

DI：数据信号输入，选择输入通道。

DO：数据信号输出，输出转换数据。

CLK：芯片时钟输入。

正常情况下，ADC0832 与单片机的接口线是四条，但因为 DI 与 DO 不是同时与单片机通信，且是双向的，所以电路设计时可以用一根数据线并联 DI 和 DO 使用。图 3.39 给出了 ADC0832 与单片机最简单的连接方法。

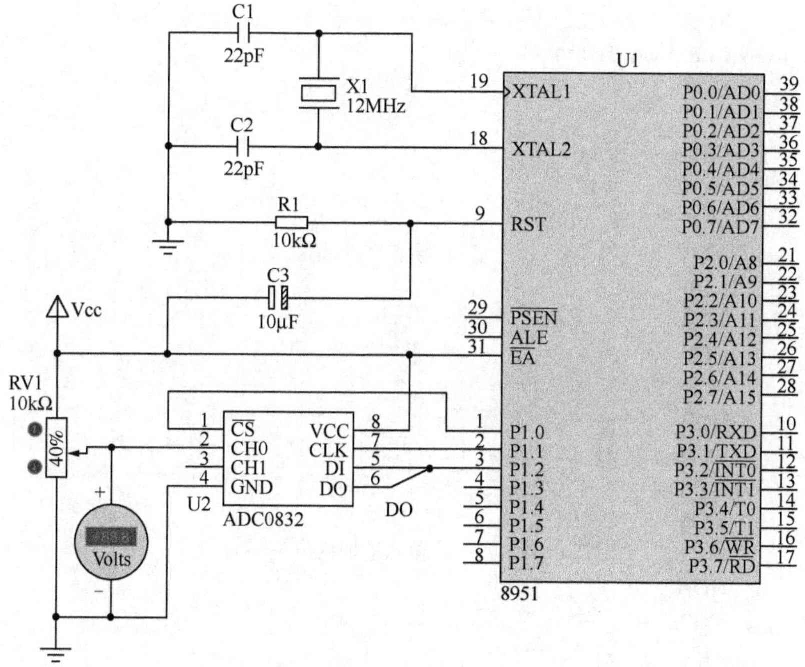

图 3.40　ADC0832 与单片机接口电路

可以看到，串行连接硬件连接很方便，图中用通道 0（CH0）对输入的模拟电压进行采样，转换成数字量后通过 P1.2 送给 CPU，图中加入了一个电压表显示模拟电压值，主程序通过调用子程序 ADC 可获取 A/D 转换的数据，在主程序中送入要转换的模拟通道号，转换后的数据存放在内部 RAM 30H。注意，程序中 CPU 主要是通过软件按协议来控制 ADC0832，要进行 A/D 转换时，须先将 CS 使能端置于低电平并且保持低电平直到转换完全结束。此时芯片开始转换工作，同时由处理器向芯片时钟输入端 CLK 输入时钟脉冲，DO/DI 端则使用 DI 端输入通道功能选择的数据信号。在第 1 个时钟脉冲下降前 DI 端必须是高电平，表示启始信号。在第 2、3 个脉冲下降前 DI 端应输入两位数据用于选择通道功能，本例中用 P1.1 端口输出时钟控制脉冲，其程序如下：

```
        ORG     0000H
        AJMP    MAIN
        ORG     0060H
MAIN:   MOV     B,#10H
        LCALL   ADC             ；调用模/数转换子程序
        SJMP    $
ADC:    SETB    P1.2            ；初始化通道选择信号
        NOP
        NOP
        CLR     P1.0            ；选中芯片
        NOP
        NOP
        SETB    P1.1            ；通过输出高/低电平形成时钟脉冲
        NOP
```

```
            NOP
            CLR     P1.1
            NOP
            NOP
            SETB    P1.1
            MOV     A,B
            MOV     C,ACC.1
            MOV     P1.2,C          ；输入地址高位
            NOP
            NOP
            CLR     P1.1
            NOP
            NOP
            SETB    P1.1
            MOV     A,B
            MOV     C,ACC.0
            MOV     P1.2,C          ；输入地址低位
            NOP
            NOP
            CLR     P1.1
            SETB    P1.2            ；地址输入结束
            NOP
            NOP
            MOV     R7,#8
A1:         MOV     C,P1.2          ；P1.2 与 DO 相连，CPU 读取数据
            MOV     ACC.0,C
            RL      A               ；左循环，（首先输入最高位）
            SETB    P1.1
            NOP
            NOP
            CLR     P1.1
            NOP
            NOP
            DJNZ    R7,A1           ；输入 8 位了吗？没有则继续
            MOV     30H,A           ；把数据存入 30H
            SETB    P1.0
            CLR     P1.1
            SETB    P1.2
            RET
            END
```

小　　结

本章讨论了智能仪器的信号输入与处理方法，首先讨论了数字信号，包括开关量和脉冲量的输入。

开关量信号包括：指示灯的亮和灭，断电器或接触器的吸合与释放，电动机的启动与停止，晶闸管的通和断，阀门的打开和关闭等。这类信号的最大特点是只需要判断开和关、有电流输入或无电流输入或者高、低电平两种状态。开关量的输入信号若不符合微处理器的要求，要做电平变换预处理，否则可以直接输入。

脉冲信号通常有周期的高、低电平变化，通常需要测量其频率。脉冲信号的测量有测频法和测周法两种。

测频法是测量在一段时间 t_0 内输入脉冲的计数值，被测信号的频率可表达为 $f=N/t_0$，适用于测量高频信号。

测周法中用一个标准的高频信号 f_s 作为计数器的读数对象，测量输入信号的一个周期 T，然后根据 $f=1/T$ 而得到信号的频率，测周法适用于测量低频信号。

确定测频法或测周法的中界频率为 $f_1=\sqrt{f_s/t_0}$ 。

模拟信号是最常用的输入信号，其处理要经过信号隔离、滤波、放大、采样/保持、模/数转换等几个环节，根据实际信号的特点，其中有些环节可以省略。

电流型仪表（传感器）的输出电阻越大越好，接收电流型仪表（传感器）信号的仪器的输入电阻越小越好。电压型仪表（传感器）的输出电阻越小越好，接收电压型仪表（传感器）信号输入的仪器的输入电阻越高越好，且传输线过长时其对信号的影响就不可忽略了。

多路模拟信号转换器由若干个模拟开关并联而成，在正常工作时，由地址线控制选择其中一个模拟开关导通，其他开关全断开。

采用三个基本运算放大器构成差动输入的放大器称为测量放大器或仪用放大器。因其被测信号直接从两个运放（A_1、A_2）的同相输入端输入，所以具有输入阻抗高，且保证了较强的抑制共模信号能力的特点。

可以根据待测量的大小通过软件编程来控制选择放大器的放大倍数（增益）的放大器称为程控增益放大器或可编程增益放大器 PGA。

A/D 转换器是指在规定的精度等指标条件下把模拟信号转换成数字信号的集成电路芯片。常见的 A/D 转换器有三类：双积分型 A/D 转换器、逐次比较型（又称逐次逼近型）A/D 转换器、V/F 变换型 A/D 转换器。其主要性能指标有：分辨率、精度、量程、A/D 转换时间、量化误差等。

通过三个实例说明，单片机与输入电路的接口由硬件和软件两部分组成，设计和分析时要注意分析各种芯片的资料，要严格按照时序进行控制。

在本章学习中，要学会用模块化的方法分析电路，掌握集成电路选用和使用的方法，掌握基本测量系统的构成方法。

习　题　3

一、填空题

1. 开关量预处理电路的基本功能是接收（　　　　　　　　　　　　　　）的状态信号，通过电路把它转换成（　　　　　　　　　　　　　　）输出。

2. 脉冲信号的主要测量方法有（　　　　　　　　　　　）两种，其中（　　　）适合测量高频信号，（　　　）适用于测量低频信号。

3. 一般模拟信号输入至少要经过（　　　　　　　）、（　　　　　）、（　　　）三个环节才能送入微机系统进行处理。

4. 标准工业仪表的输出电流信号通常是（　　　　　　　）mA，输出电压信号通常是（　　　）V。

5. 如果检测仪表是采用输出电流信号，可以把它看成是一个电流源，如果有多台仪器需要接收这个信号，则这些仪器需要（　　）。

6. 根据滤波的范围，滤波器可以分成四种，分别是（　　　　　　　　　　　　　　　）。

7. 在自动化工业中大部分信号是变化缓慢的，所以一般都采用（　　　　　）滤波器滤去噪声。

8. 多路模拟开关的作用是（　　　　　　　　　　　　　　　　　）。

9. 集成运算放大器的主要特点是输入阻抗（　　　），输出阻抗（　　　），放大倍数（　　）。

10. 同相放大器电路最大的特点是（　　　　　　　　　　　　　　　　　　　）。

二、选择题

1. 以下不属于开关量输入信号的是（　　）。

A. 开关的闭合和断开　　　　B. 电压的高、低电平

C. 有无电流的输入　　　　　D. 电压幅度的连续变化

2. 以下不属于模拟信号数据采集过程的主要环节的是（　　）。

A. 放大电路　　　　　　　　B. 滤波电路

C. 对输入信号频率计数电路　D. A/D 转换电路

3. 反相放大器的特点是（　　），它的输入阻抗的特点是（　　）。

A. 输出电压与输入电压反相，输入阻抗很高

B. 输出电压与输入电压同相，输入阻抗很高

C. 输出电压与输入电压反相，输入阻抗很低

D. 输出电压与输入电压同相，输入阻抗很低

4. 以下说法中不正确的是（　　）。

A. 电流型仪表的输出电阻越小越好

B. 电压型仪表的输出电阻越小越好

C. 接收电流型仪表信号输入的仪器的输入电阻越小越好

D. 接收电压型仪表信号输入的仪器的输入电阻越高越好

5. AD574 采用的 A/D 转换的类型是（　　）。

A. 逐次比较型　　　　　　　B. 双积分型

C. V/F 转换型　　　　　　　D. 以上都不是

6. 如果已知要测量的信号是直流信号，为滤去噪声，应选用的滤波器是（　　）。

A. 低通滤波器　　　　　　　B. 高通滤波器

C. 带通滤波器　　　　　　　D. 带阻滤波器

7．下面不是变压器隔离式运算放大器的组成部分的是（　　）。

A．输入级　　B．输出级

C．电源　　D．放大级

8．以下说法中不正确的是（　　）。

A．输入端采用差动放大电路的放大器称为仪用放大器

B．程控放大器的电压放大倍数可以选择

C．可以用数据选择器加集成运放构成程控放大器

D．可以用多路模拟开关加集成运放构成程控放大器

9．以下不属于 A/D 转换集成芯片的性能指标的是（　　）。

A．分辨率　　B．量程

C．输入阻抗　　D．转换时间

10．以下不属于 A/D 转换器主要信号线的是（　　）。

A．模拟信号输入线　　B．模拟信号输出线

C．启动转换控制线　　D．数字信号输出线

三、简答题

1．简要说明测频法的工作原理。

2．简要说明测周法的工作原理。

3．简述数据采集过程的主要环节。

4．低通滤波器的作用是什么？

5．什么是 MUX？什么时候要用 MUX？

6．多路模拟开关与数据选择器有什么区别？

7．采样/保持电路有什么作用？

8．简述 A/D 转换器的主要类型及主要性能指标。

第4章

信号的输出与处理

在智能仪器中，微处理器的输出信号一般是用高、低电平表示的数字信号，在很多场合，这些信号并不能直接驱动输出设备（执行部件）。因此，需要根据所选用的输出设备对输出信号做必要的接口处理。

本章讨论微机系统输出端的驱动接口电路，根据所接收的控制信号的不同，输出设备可以分为两大类，一类是可以直接用数字信号控制的，例如显示器、发光二极管等；另一类则需要把数字信号转换成模拟信号，在自动测控系统中很多执行部件都需要用模拟信号控制。因此，本章分别讨论这两类输出信号的处理电路，重点是把数字信号转换成模拟信号的数/模转换电路及其与微机系统的接口电路。

4.1 数字信号的输出与处理

对于可以用数字信号控制的输出设备，处理比较简单，这里先进行讨论。

4.1.1 开关量的驱动接口

有一类设备只需要输入高电平或低电平就可以进行控制，如发光二极管LED、液晶显示器、单速的电动机（通常用继电器控制接通（转动）或断开（停止））、报警器等，此类设备称为开关量输出设备，如图4.1所示。相应地，把只有高、低电平两种状态的输出信号称为开关量。

（a）LED　（b）LED数码管，点阵　（c）LCD

图4.1　开关量输出设备

有些开关量输出设备，如 LED、LED 数码管、液晶显示器 LCD，属于低功率负载，当只需要驱动一个这样的负载时，可采用如图 4.2（a）所示的驱动方式，其中基极电阻 R_B 可以取 10kΩ左右，当输入逻辑电平为高电平时，NPN 型三极管饱和导通，集电极中流过饱和电流，近似为：

$$I_{CS} \approx \frac{U_{DD}}{R_C} \tag{4.1}$$

根据 LED 的导通电流（一般小型 LED 的导通电流是 30～50mA）确定 U_{DD} 和集电极电阻 R_C 值，使 LED 发光。

当需要驱动的同类型负载数目比较多时（如 LED 数码管，需要 8 个驱动电路），可以采用集电极开路（常称为 OC 门，Open Collector）的反相器构成驱动电路（如 7406、7407 均为集电极开路输出的六反相缓冲器），如图 4.2（b）所示。

设计接口时，要了解微机系统的输出功率、输出电压、输出电流和输出电阻等，还要了解开关量输出设备的驱动功率、驱动电压及驱动电流，使之匹配。

微机系统中大部分集成电路构成的输出接口的功率驱动能力都低于 100mW，而很多执行机构所需的驱动功率都大于 100mW，所以一般要增加接口电路才能实现微机对此执行机构的控制。

输出接口电路的功率驱动是通过先驱动一个功率开关型接口器件，其输入功率小于 100mW，而其输出功率能满足驱动执行机构所需的功率的方法来实现。

最常用的开关功率驱动接口电路是采用继电器控制，对于低压小型继电器可以采用如图 4.2（c）所示的驱动电路，其中 U_{DD} 有时可高达 10～15V。通过继电器线圈中的电流控制另一个大电流的导通与断开，从而控制电动机的转、停和电磁阀的开、关等。

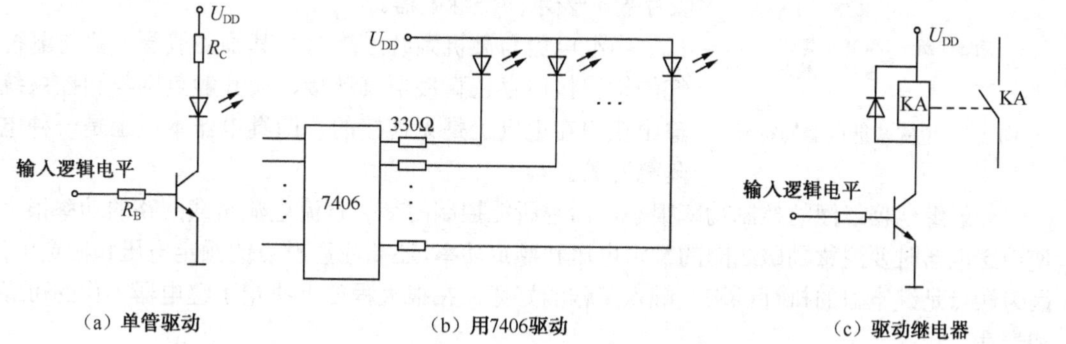

图 4.2　开关量驱动电路

如图 4.3（a）所示为固态继电器，其输入额定电压为 24V 直流，可以控制交流电压 380V、电流 30A 的输出设备。图 4.3（b）中固态继电器的输入电压为 12V，可以控制交流电压 250V、电流 15A 的交流设备或直流额定电压为 28V 的直流设备。另外，还有输入直流电压 3V、控制交流电压 220V 的固态继电器，特别适于用微机系统输出信号对家电设备进行控制的场合。

如图 4.3（c）所示为某种型号的电磁阀，主要用于对管路中的液体、空气、蒸气、油、天然气、酸碱性流体等介质的自动控制，实现节能和程序控制的自动化。

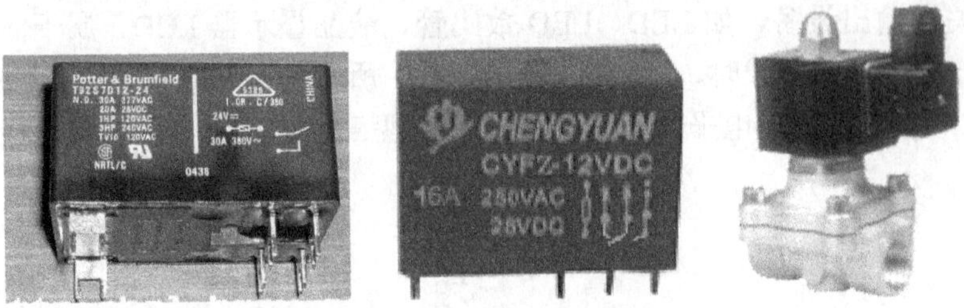

（a）固态继电器（24V）（b）固态继电器（12V）（c）电磁阀

图 4.3 固态继电器、电磁阀

4.1.2 继电器简介

继电器的种类很多，有电磁式继电器、固态继电器和干簧继电器等。这里简单介绍常用的电磁式继电器和固态继电器。

1．电磁式继电器

电磁式继电器通过改变金属触点位置而使动触点与静触点闭合或分开，具有接触电阻小、流过电流大、耐压高等优点，适用于用小电流（小电压）控制大电流的场合。

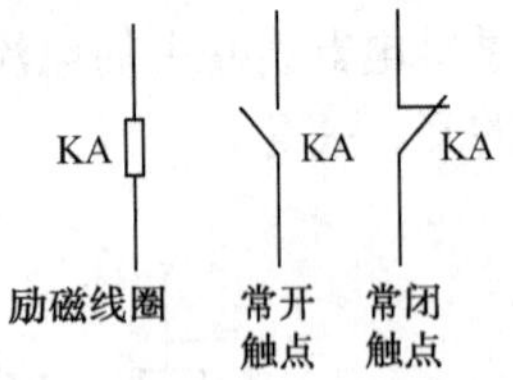

图 4.4 电磁式继电器的符号

电磁式继电器的符号如图 4.4 所示。它由励磁线圈及一对（或多对）常开、常闭触点组成，其文字符号为 KA。当励磁线圈通电时，常开触点闭合，常闭触点断开。通常用相同的文字符号表示同一继电器。

当继电器与微机系统连接时，其励磁线圈一般与测控系统的输出接口存在直接电气连接，而其触点则与测控系统的输出接口在电气上是无连接的，即继电器本质上是一种电气隔离开关。

一般继电器线圈的控制功率很小，而它所能控制的交、直流电流负载回路的功率很大。使用继电器时要注意励磁线圈的额定电压和额定功率，还要注意触点的额定电压和额定电流，因为触点是继电器的执行机构，触点工作的好坏，在很大程度上决定了继电器工作的可靠性和寿命。

一般电磁式继电器的价格比较便宜，但体积相对比较大。

2．固态继电器

固态继电器（Solid State Relay，SSR）是一种由固态电子元器件组成的新型无触点电子开关器件。它利用分立元件、集成器件及微电子技术，实现了控制回路（输入）与负载回路（输出）之间的电气隔离及信号耦合，具有工作可靠、体积小、驱动功率小、无触点、无噪声、抗干扰、开关速度快及寿命长等优点。

固态继电器一般为四端器件，外形如图 4.3（a）、（b）所示，其中两端为输入端，另外两端为输出端。其工作原理如图 4.5 所示，在输入端加一控制信号，就可以控制输出端的“通”

与“断”，完成“开关”功能。输入、输出之间一般通过光电耦合器实现电气上的隔离，以防止输出端对输入端的干扰。过零电路保证使输入信号在开关器件两端电压过零瞬间触发开关器件，从而完成在电压规定动作条件下的通、断动作，减少了开关过程所产生的干扰和污染。吸收电路由 *R*、*C* 组成，其作用是防止电源中的电压、浪涌电流对开关器件的冲击和干扰。

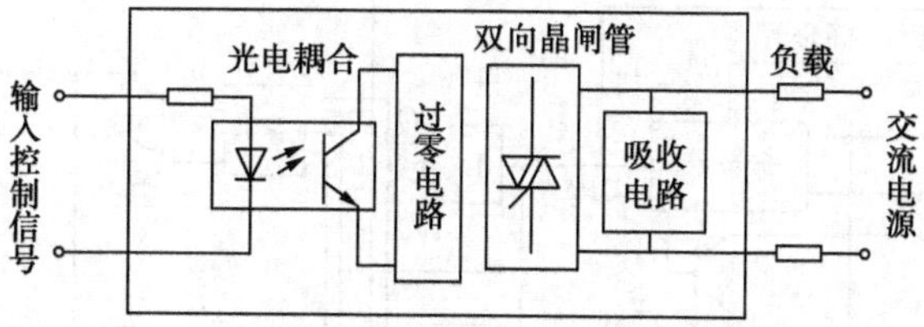

图 4.5　SSR 工作原理

固态继电器的应用领域包括微机系统外围接口装置、数控机床、遥控及保护系统、井下防爆电器开关、信号灯、闪烁器、灯光交换控制装置、电动机控制、中间继电器及电磁阀控制等。

4.2　脉冲宽度调制技术

脉冲宽度调制（Pulse-Width Modulation，PWM）通常是指根据需要，调节输出脉冲方波的占空比，以此来驱动功率器件、高频变压器、整流和滤波等电路，从而得到稳定的直流输出电压来驱动大功率设备。因此，PWM 技术是智能仪器常用的控制技术，在工业自动化控制中，PWM 技术的应用十分广泛。

PWM 控制技术有多种控制方法，其中等脉宽 PWM 法是最常用的一种。它通过输出等宽度的脉冲作为 PWM 波形，通过改变脉冲的周期可以调频，改变脉冲的宽度（占空比）可以调压，采用适当的控制方法可以使输出电压与频率协调变化。

产生 PWM 控制信号的方法主要有以下两种。

（1）用硬件产生 PWM 控制信号。随着开关电源和半导体集成技术的发展，集成的 PWM 芯片种类越来越多，如 TL494A、SG3524、SG3525、SD3842A 等，其性能也在不断地提高。

PWM 器件的内部结构比较复杂，不同种类 PWM 器件的结构也不完全相同。大多数 PWM 器件都具有基准电压部分、振荡部分、调宽控制部分、误差放大部分、电流限制部分和输出部分等。另外，有的种类还有软启动控制部分、快速关闭部分、欠压锁定部分等辅助部分。如图 4.6 所示给出了一种定频 PWM 集成电路 SG3525 的内部框图及相应的引脚。

PWM 器件通常采用外部阻容网络与芯片内的波形发生器配合产生振荡波形。图 4.7 为 PWM 器件 SG3525 用于软启动时的电路连接方法，SG3525 芯片的 8 脚接入不同的电容时，输出不同宽度的 PWM 信号。最简单的控制是 8 脚接固定电容，13 脚通过上拉电阻接电源，12 脚接地，11 脚和 14 脚作为输出，微机只需用一个输出口接 10 脚控制这个 PWM 器件工作与否，如图 4.7 所示。

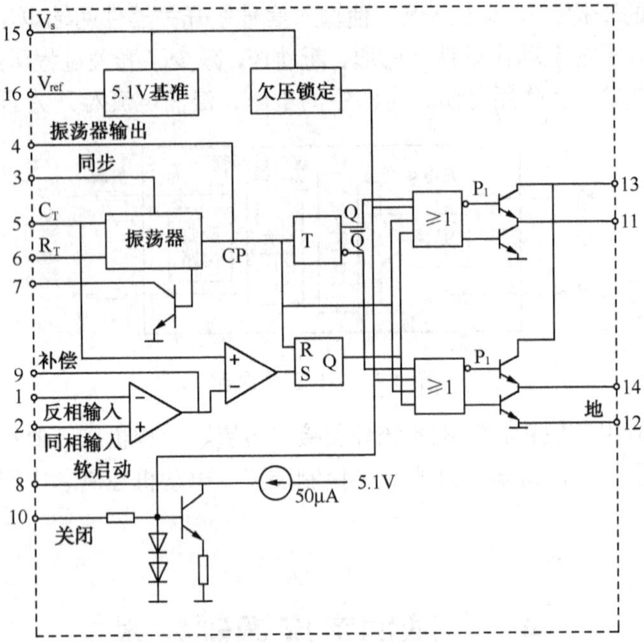

图 4.6　定频 PWM 集成电路 SG3525 的内部框图及相应的引脚

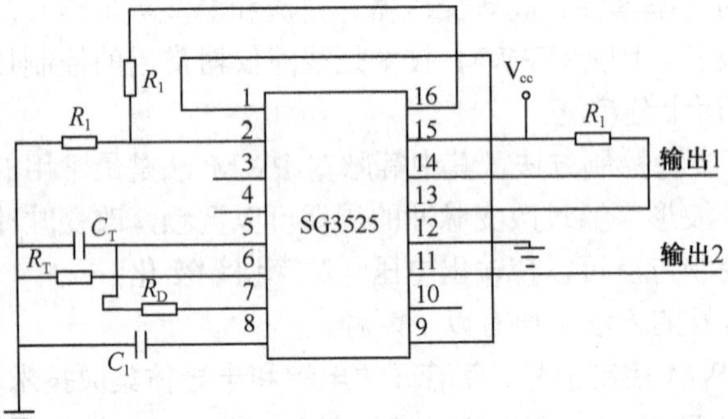

图 4.7　PWM 器件 SG3525 用于软启动时的电路连接

如果设计若干组电阻电容网，可用程控芯片选择其中一组接入 PWM 芯片，就可以用微机的输出信号去设定和改变器件的振荡频率，从而控制功率设备的输出频率，实现变频输出，这在控制电动机转速等方面十分有用。

（2）用软件方法输出 PWM 控制信号。在智能仪器中通常采用软件实现 PWM 控制信号输出，这种方法可以节省硬件开销，且便于系统控制。

脉冲宽度调制的原理如图 4.8 所示，通过控制每个 PWM 周期内高电平的时间长短（即通过控制占空比）可以调节输出信号平均值的大小，微处理器利用开关量输出接口或脉冲量输出接口输出 PWM 信号，再通过外部电路实现功率驱动。

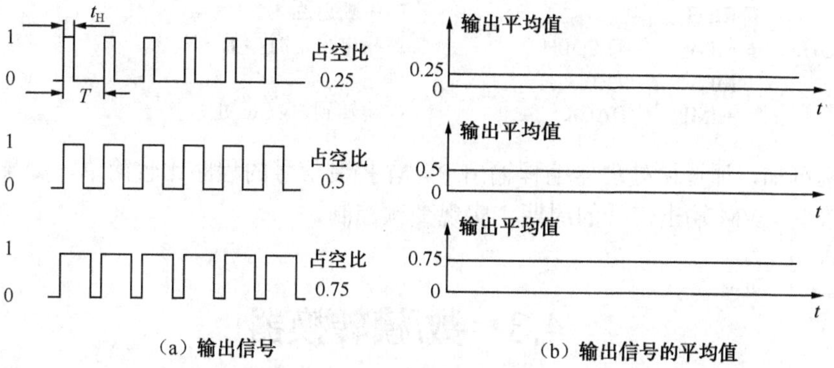

图 4.8　脉冲宽度调制的原理

【例 4.1】　用 MCS-51 系列单片机实现软件输出 PWM 信号，要求输出信号周期为 T，占空比为 75%。

解： 用 8051 单片机的内部定时器来产生 PWM 信号，即定时产生高、低电平输出，其输出引脚为 P3.4，设 T0 工作于方式 1，为 16 位加法计数器，则输出高电平信号的持续时间 t_H 为 $0.75T$，输出低电平信号的持续时间 t_L 为 $0.25T$，输入计数值 x 和 y 可由下式求出：

$$t_H=(2^{16}-x)\frac{12}{f_{osc}}$$

$$t_L=(2^{16}-y)\frac{12}{f_{osc}}$$

式中，f_{osc} 为单片机的晶振频率。

用单片机实现软件输出 PWM 信号的程序如下：

```
；初始化程序:
PWM:    MOV     30H,      #xL
        MOV     31H,      #xH       ；存入 x 参数
        MOV     32H,      #yL
        MOV     33H,      #yH       ；存入 y 参数
        MOV     TMOD,     #01H      ；设定时器工作方式 1
        MOV     TL0,      30H
        MOV     TH0,      31H       ；高电平定时参数
        MOD     IE,       #9FH      ；开中断
        SETB    P3.4                ；输出高电平
        SETB    TR0                 ；启动定时器 T0
        …

；中断子程序，定时时间到开始执行
PWM1:   CLR     TR0                 ；关定时器
        CPL     P3.4                ；P3.4 位取反
        JB      P3.4,HIGH           ；如果 P3.4 取反后为高（即以前是低电平）→HIGH
LOW:    MOV     TL0, 32H
        MOV     TH0, 33H            ；低电平定时参数
BACK:   SETB    TR0                 ；启动定时器 T0
```

```
        RETI                      ；中断返回
HIGH:   MOV     TL0,30H           ；高电平定时参数
        MOV     TH0,31H
        AJMP    BACK              ；跳转到 BACK 处
```

从上例可知，通过微处理器编程输出 PWM 控制信号的程序比较简单，如果需要还可以根据要求改变 PWM 输出信号的周期，实现变频控制。

4.3 数/模转换器

数/模转换器常简写成 D/A 转换器或 DAC（Digital Analog Converter），主要用于将 n 位二进制的数字信号转换为模拟信号。它是计算机、数字通信及其他一些数字系统重要的输出接口电路。一般 D/A 转换器是集成电路芯片，目前已有各种不同电路结构和性能指标的集成 D/A 转换器。

4.3.1 数/模转换器的工作原理与性能指标

常用的 D/A 转换器的工作原理图如图 4.9 所示，其译码网络是由 R 和 $2R$ 两种阻值的电阻组成，称为 T 形电阻网络，用输入数字量来控制各个开关，从网络（电路）的任一结点无论是向左看还是向右看，其等效电阻都是等于 $2R$。运放的输入电流为：

$$I=\frac{U_{\text{REF}}}{R}\left(\frac{D_0}{2^n}+\frac{D_1}{2^{n-1}}+\cdots+\frac{D_{n-2}}{2^2}+\frac{D_{n-1}}{2}\right) \tag{4.2}$$

运放的输出端电压 U_0 为：

$$U_0=-IR=-\frac{U_{\text{REF}}}{2^n}(D_0+2D_1+\cdots+2^{n-2}D_{n-2}+2^{n-1}D_{n-1}) \tag{4.3}$$

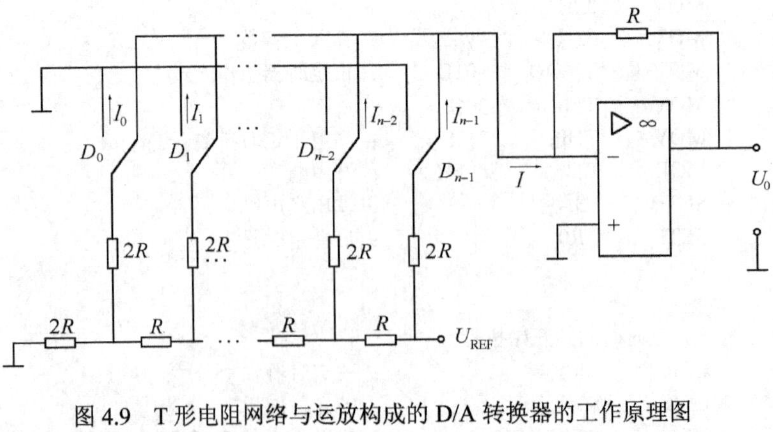

图 4.9 T 形电阻网络与运放构成的 D/A 转换器的工作原理图

T 形电阻网络由于只用了 R 和 $2R$ 两种阻值的电阻，其精度易于提高，也便于制成集成电路。但也存在以下缺点：在工作过程中，T 形网络相当于一根传输线，从电阻接通开始，到运放输入端建立起稳定的电压为止，需要一定的传输时间，当输入数字信号较多时，将会

影响 D/A 转换器的工作速度及性能指标。

D/A 转换器的主要性能指标如下所述。

1．分辨率（Resolution）

分辨率可以定义为当输入信号发生单位数字变化时，即 LSB 位产生一次变化时所对应的输出模拟量（电压或电流）的变化量的大小。对于线性 D/A 转换器来说，其分辨率与数字量输入的位数的关系为：

$$\text{分辨率}=\text{模拟输出的最大值}/2^n \tag{4.4}$$

实际中，常用二进制位数来说明它的分辨率，例如，DAC0832 是 8 位的 DAC，MAX543 是 12 位的 DAC 等。

2．精度（Accuracy）

转换精度一般是用最大绝对误差给出，简称精度。当不考虑 D/A 转换器的其他误差时，D/A 转换器的精度主要由其分辨率决定。例如，DAC708 器件的精度为 16 位分辨率，当其为单极性输出，输出模拟电压的范围为 0～10V 时，其输出可能出现的最大绝对误差为：

$$\frac{10}{2^{16}}=152.6\mu\text{V}$$

同样的 DAC708 器件，当其为双极性输出，输出模拟电压的范围为±10V 时，其输出可能出现的最大绝对误差为：

$$\frac{|10-(-10)|}{2^{16}}=305.2\mu\text{V}$$

同 A/D 转换器一样，相对精度是用绝对精度除以满量程值的百分数来表示的，DAC708 器件的相对精度为±0.0015%FS。

3．转换时间 t_s

转换时间 t_s 是描述 D/A 转换器转换快慢的参数，是指从输入数字量到输出模拟量所需要的时间。当需要实时响应控制时要考虑这个参数。

4.3.2 数/模转换器的接口技术

各种 D/A 转换器的结构不同，它们与单片机的接口方法也有差异，但其基本引脚的连接仍有共同之处，都要考虑数字量输入方式、模拟量输出方式和外部控制信号的连接方式。在选取或替换 DAC 时要注意以下几点。

（1）数字量输入方式。因为数/模转换需要一定的时间，所以输入的数字量需要数据寄存器来储存，另外数字量的输入方式也有串行输入和并行输入两种，如果是串行输入，则需要一个串行入并行出的寄存器，因为 D/A 转换是并行执行的。有的 D/A 转换器用这两种方法输入都可以，可控制选取。有的 D/A 转换器含有两个数据寄存器，为了便于区分，称其中一个为 DAC 寄存器，如图 4.10 所示。DAC 寄存器的输出数据是并行送入 DAC 转换器的，所以其位数等于 DAC 转换器的位数。通过适当的逻辑电路，使得输入数据和 D/A 转换可以同时进行。

（2）模拟量输出方式。D/A 转换器的模拟量输出也可以分为两种，即电流输出和电压输出。如果是电流输出则不含运算放大器，如果是电压输出则在集成芯片中内含了运算放大器。为了方便使用，有的 D/A 转换器这两种方式都可以输出，用控制线进行选取。

图 4.10 中显示了三种 DAC 的结构模块，显然在使用这三种不同结构的 DAC 时接口方式是不同的。早期的 DAC 芯片只是由 DAC 转换器、DAC 数据寄存器和控制逻辑电路构成，随着集成电路技术的发展，新型的 DAC 芯片结构模块不断增大，如图 4.10 中的模块Ⅲ，在设计和维修时要注意。

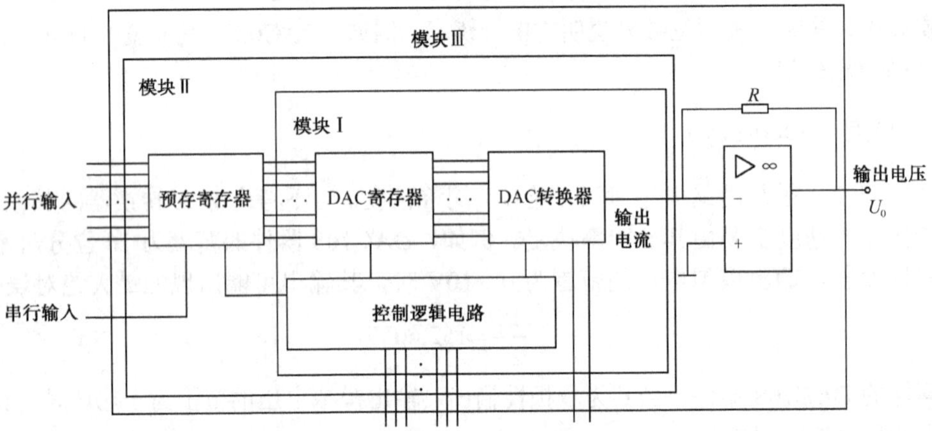

图 4.10　三种 DAC 的结构模块示意图

（3）外部控制信号的连接方式。一般的数/模转换器都有芯片的选择引脚（片选信号线）、启动转换控制、输入锁存器控制、写信号控制等，这些控制线有电平控制和边沿控制的区别，使用时要根据芯片的说明编程控制。

下面通过介绍两种最常用的 D/A 转换芯片及其与 CPU 的接口电路，引入最基本的 D/A 芯片与微处理器的接口技术，其他芯片的接口电路设计也可作参考。

4.4　DAC0832 与单片机的接口

DAC0832 是一个带有两个内部数据寄存器输入，需要通过外接运放输出模拟电压量的 8 位 D/A 转换器。

4.4.1　DAC0832 的结构及引脚功能

DAC0832 可以和 MCS-51 系列单片机直接相连，其内部结构图如图 4.11 所示。它主要由两个 8 位寄存器和一个 8 位 D/A 转换器构成，使用时要外接运算放大器。使用两个数据寄存器（输入寄存器和 DAC 寄存器）的好处是可以进行两次缓冲操作，使该器件的操作具有更大的灵活性。

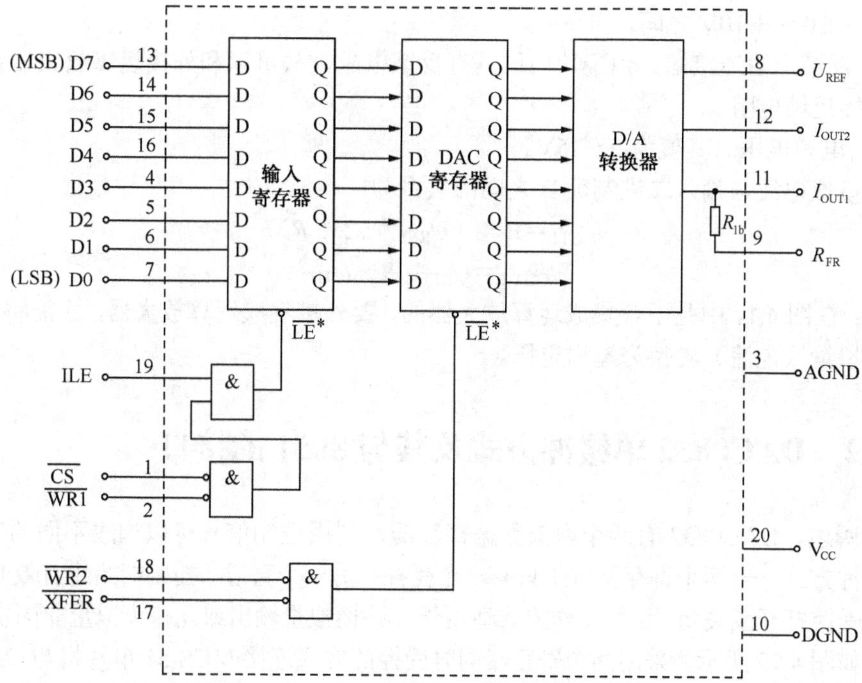

图 4.11　DAC0832 内部结构图

DAC0832 芯片采用 20 引脚双列直插式封装，引脚定义如图 4.11 所示。各引脚的功能如下所述。

$\overline{CS}$：片选信号（低电平有效）。它与信号结合，可对信号是否起作用进行控制。

ILE：输入锁存允许信号。

$\overline{WR1}$：写信号 1（低电平有效）。由图 4.11 可知，当 ILE=1，且当 $\overline{CS}$ 与 $\overline{WR1}$ 同时有效（均为低电平）时才能把数字量锁存到 8 位输入寄存器中；当 $\overline{WR1}$ 为高电平时输入数据锁存到输入寄存器中。以上三个信号构成第一级输入锁存。

$\overline{XFER}$：控制传送信号。

$\overline{WR2}$：写信号 2（低电平有效），用于将锁存在输入寄存器中的数据送到 DAC 寄存器中，只有在 $\overline{XFER}$ 和 $\overline{WR2}$ 同时有效时才能把输入寄存器中的数据锁入 DAC 寄存器中。这样构成了第二级锁存。

D0～D7：数据输入线（高电平有效），TTL 电平，有效时间要大于 90ms，8 位数字输入，故可与 MCS-51 系列单片机直接相接。

I_{OUT1} 和 I_{OUT2}：输出电流。其中，I_{OUT1} 在 D/A 寄存器内容为全 1 时，输出电流最大；I_{OUT2} 在 D/A 寄存器内容全零时，输出电流最大。I_{OUT1} 与 I_{OUT2} 之和为一常数。

AGND：模拟信号和基准电源的参考地。

DGND：数字地。为工作电源地和数字逻辑地时，两种地线在基准电源处一点共地比较恰当。

U_{REF}：基准电压。该引脚把一个外部标准电压源与内部的 T 形网络相接，外接电压源的稳定精度直接影响 D/A 转换器的转换精度，所以要求 U_{REF} 的精度应尽可能高一些，U_{REF}

的值可在－10～＋10V之间。

R_{FR}：反馈电阻连接端。由于片内已具有反馈电阻，故可以和外接运算放大器直接相接，也可再串接反馈电阻。

V_{CC}：电源电压。其值为5～15V。

输出模拟电流与输入二进制数B之间的关系为：

$$I_{OUT1}=B\times (U_{REF}/(256R))$$

$$I_{OUT2}=U_{REF}/R-I_{OUT1}$$

注意：在图4.11中是不含集成运算放大器的，要外接集成运算放大器，才能将DAC0832的输出模拟量（电流）转换为输出电压。

4.4.2 DAC0832单缓冲方式及其与8051的接口

如前所述，DAC0832有两个内部数据寄存器，利用控制信号可以构成不同的工作方式。

单缓冲方式——两个寄存器之中只有一个受控，另一个直通（控制端始终有效）或两个寄存器同时受控打开或关闭。这种工作方式适用于一路模拟量输出或几路模拟量非同步输出的应用场合。如图4.12所示为采用两个寄存器同时受控的方式连接MCS-51单片机与DAC0832。

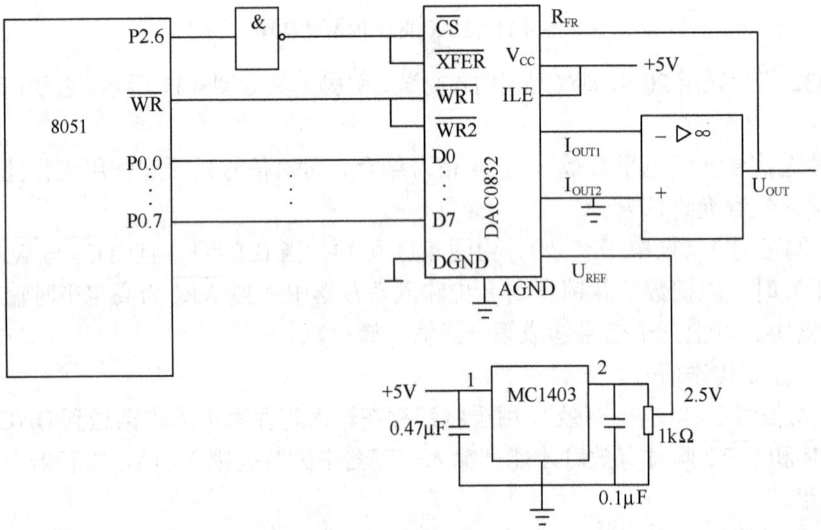

图4.12 DAC0832单缓冲方式与8051的接口电路

这时DAC0832相当于8051外部的一个扩展I/O口，当地址线A14（P2.6）＝1时，即可选通DAC0832。设口地址为0FFFFH，CPU对该口地址进行一次写操作，就把一个数字量直接写入到DAC寄存器，通过D/A转换，输出一个模拟量。通过程序设计，该电路可以产生各种不同的输出波形。

【例4.2】 编写程序，产生锯齿波输出。

```
START:   MOV    DPTR,#0FFFFH     ；选中DAC0832
         MOV    A,#00H
```

```
LP:     MOVX    @DPTR,A         ; 转换数据送 DAC0832
        INC     A               ; 数据加 1
        CJNE    A,#51,LP        ; 未到最大值继续
        MOV     A,#00H          ; 下一个锯齿波开始
        SJMP    LP
```

这个程序可以输出一个如图 4.13 所示的锯齿波。

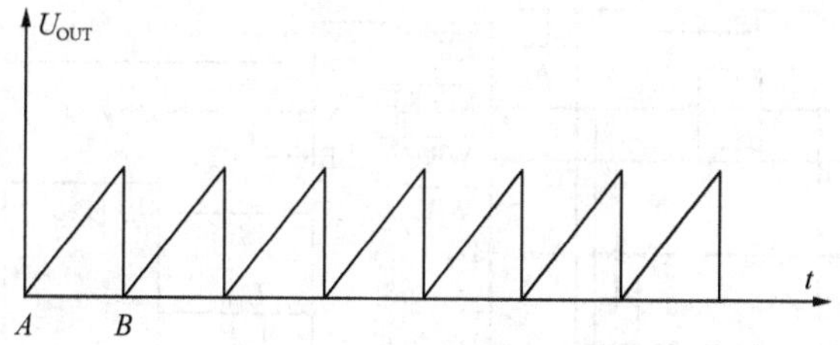

图 4.13　输出的锯齿波

由程序可以看到，寄存器 A 中的值为 0，经如图 4.12 所示电路的数/模转换后，输出的模拟电压值为 0V，A 中的值加 1，并与最大值 50 做比较，不到 50 继续输出，如图 4.13 中斜线这一段，到 A 中的值等于 51 时，到图 4.13 中的 *B* 点，将寄存器 A 清零。重复这一循环，*AB* 段所需的时间为这一段程序执行时间的 50 倍。若要改变锯齿波的频率，可在“INC　A”语句后面插入一段延时程序。

4.4.3　DAC0832 双缓冲方式及其与 8051 的接口

双缓冲方式——DAC0832 的两个寄存器分别受控，这种工作方式适合于多路模拟信号同时输出的应用场合。这时每一个模拟量的输出需要一片 DAC0832，构成多路同步输出系统。如图 4.14 所示为一双路模拟量输出的 DAC0832 与 8051 的接口电路。

在图 4.14 中，两片 DAC0832 的输出寄存器分别由两个不同的片选信号区分开，即首先将两组数据由不同的片选信号分别输入到对应的 DAC0832 的输入寄存器中；但两片 DAC0832 的 DAC 寄存器的传送控制信号 $\overline{\text{XFER}}$ 同时由一个信号控制。在图 4.14 中，只有当 P2.6＝1 时，两个输入寄存器中的数据才可以同时进入各自的 DAC 寄存器，以达到同时进行转换和同步输出的目的。

本例中为了方便，用 A0＝0 选中第一片 DAC0832，用 A1＝0 选中第二片 DAC0832。

【例 4.3】　设图 4.14 中选中第一片 DAC0832 的地址为 00FEH，第二片为 00FFH，选中两片 DAC 寄存器的地址为 FF00H，X 的输出量放在 R0，Y 的输出量放在 R1，则其转换程序如下：

```
TRANS:  MOV     DPTR,#00FEH
        MOV     A,R0
        MOVX    @DPTR,A         ; 数据 X 写入第一片 DAC0832
        MOV     A,R1
        MOV     DPTR,#00FFH     ; 数据 Y 写入第二片 DAC0832
        MOVX    @DPTR,A
```

```
        MOV     DPTR,#0FF00H    ；选中两片的DAC寄存器，同时转换输出
        MOVX    @DPTR，A
        RET
```

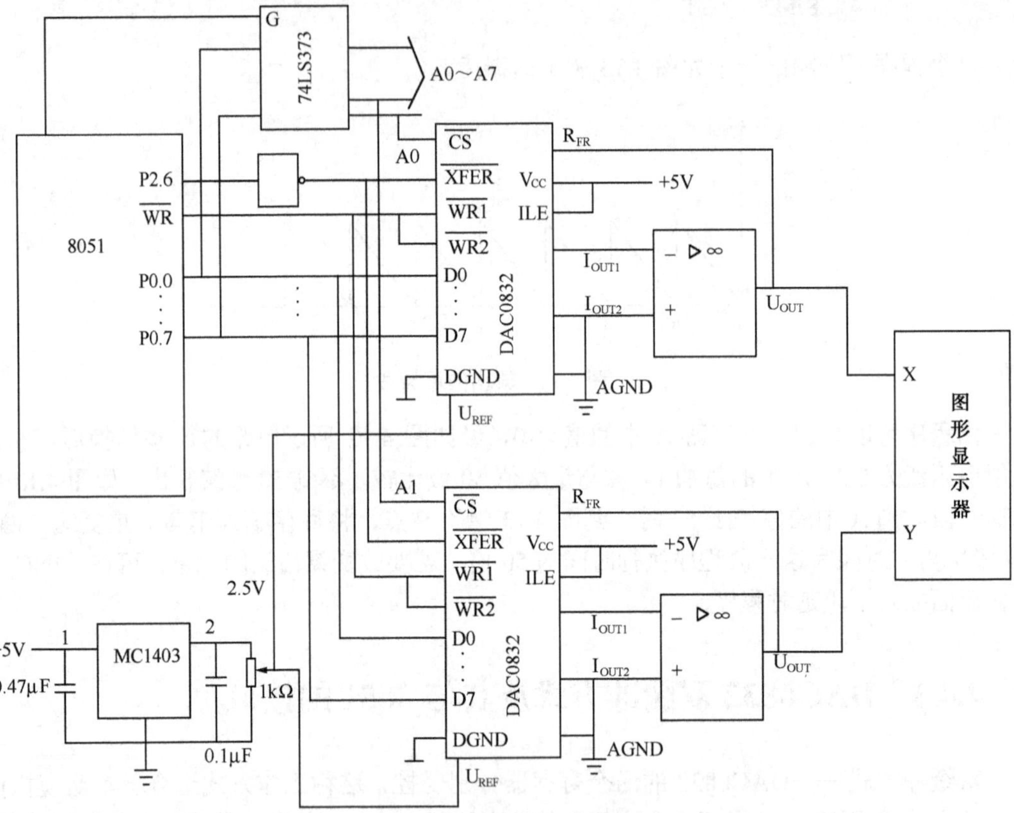

图 4.14　DAC0832 双缓冲方式与 8051 的接口电路

如果系统还要外接数据存储器 RAM，这样的连接方法并不好。由微处理器的地址分配选择特点可知，在外接 RAM 且当 CPU 写外部 RAM 时，这两片 DAC0832 有可能被选中，把数据写入其输入寄存器。若想避免这一缺点，可以用高位地址线外接译码芯片来作 DAC0832 的片选线。

4.5　DAC708 系列接口电路

DAC708/709 系列集成电路是一种高速 16 位 D/A 转换器，其结构框图如图 4.15 所示。DAC708 和 DAC709 也可以与 8 位微机系统如 MCS-51 系列单片机系统的总线相连，分两步（每次 8 位并行）输入 16 位待转换的数据。DAC708 是电流输出型，输出电流范围为±1mA；DAC709 是电压输出型，输出电压范围为±10V，可以根据需要选用。DAC708 和 DAC709 还可以选择串行输入待转换的数据。

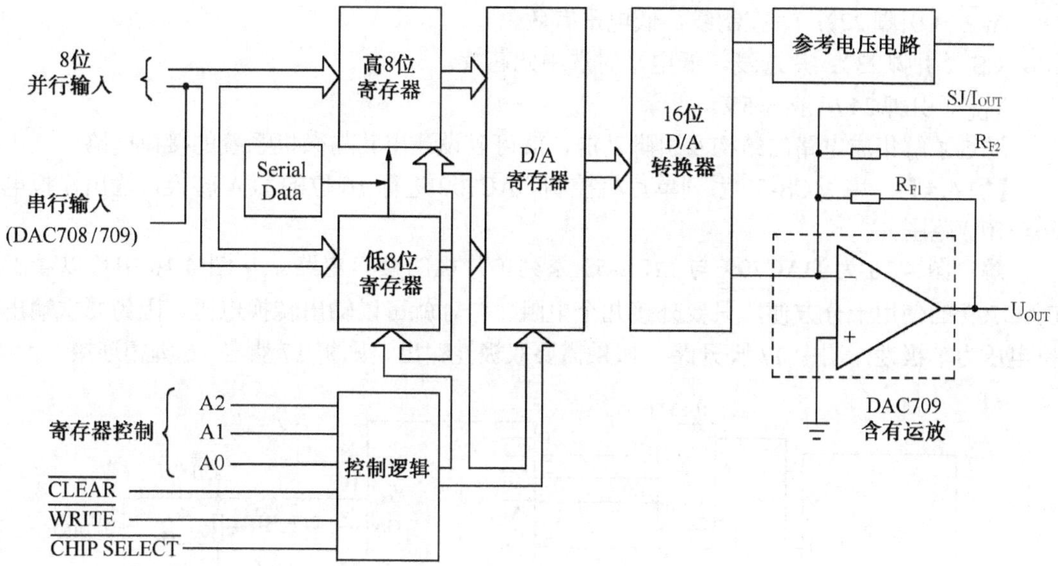

图 4.15　DAC708/709 结构框图

DAC708/709 为双列直插封装（DIP24，即有 24 个引脚），其引脚（见图 4.16）的定义如下所述。

$\overline{A2}$（引脚 1）：D/A 寄存器控制，低电平有效。

$\overline{A0}$（引脚 2）：低 8 位寄存器控制，低电平有效，当 $\overline{A0}$、$\overline{A1}$ 都为低电平时，为串行输入。

$\overline{A1}$（引脚 3）：高 8 位寄存器控制，低电平有效，当 $\overline{A0}$、$\overline{A1}$ 都为低电平时，为串行输入。

D0～D7（引脚 4～11）：8 位并行输入数据线。

DCOM（引脚 12）：数字接地端。

R_{F2}（引脚 13）：接反馈电阻，如果要求输出电压范围为 10V，与 14 脚相连接；如果要求输出电压范围为 20V，则不接，让它开路。

V_{OUT}（引脚 14）：对于 DAC709，该引脚输出模拟电压；对于 DAC708，该引脚为反馈电阻 R_{F1}，外接输出运算放大器后输出电压。

ACOM（引脚 15）：模拟接地端。

SJ/IOUT（引脚 16）：对于 DAC708，为电流输出端；对于 DAC709，是内部运放电路输入点。

BPO（引脚 17）：双极性偏置，单极性输出时不接，双极性输出时与引脚 16 相连接。

GA（引脚 18）：增益（放大倍数）调节。

$+V_{CC}$（引脚 19）：正电源（＋15V）。

$-V_{CC}$（引脚 20）：负电源（－15V）。

$\overline{CLR}$（引脚 21）：清零端，低电平有效，使高 8 位、低 8 位寄存器都清零。在双极性输出模式，则设置 D/A 寄存器的代码使 D/A 转换输出为 0（在双极性输出模式，这时的代码不是 0000H）。

$\overline{WR}$（引脚 22）：写控制线，低电平有效。

$\overline{CS}$（引脚 23）：片选线，低电平时选中此芯片。

V_{DD}（引脚 24）：接＋5V。

通过了解集成电路的结构及引脚功能，就可以设计出其与微机系统的接口电路。

【例 4.4】 用 MCS-51 系列单片机控制 DAC709 进行 16 位的 D/A 转换，输出模拟电压（0～10V 范围）。

解：图 4.16 为 DAC709 与 MCS-51 系列单片机的接口电路。从图 4.16 中可以看出，DAC709 的使用十分方便，只要外接几个电阻、电容就可以输出转换电压。因为要求输出模拟电压为单极性，图中 17 脚开路。如果需要双极性输出，则将 17 脚与 16 脚相连接。

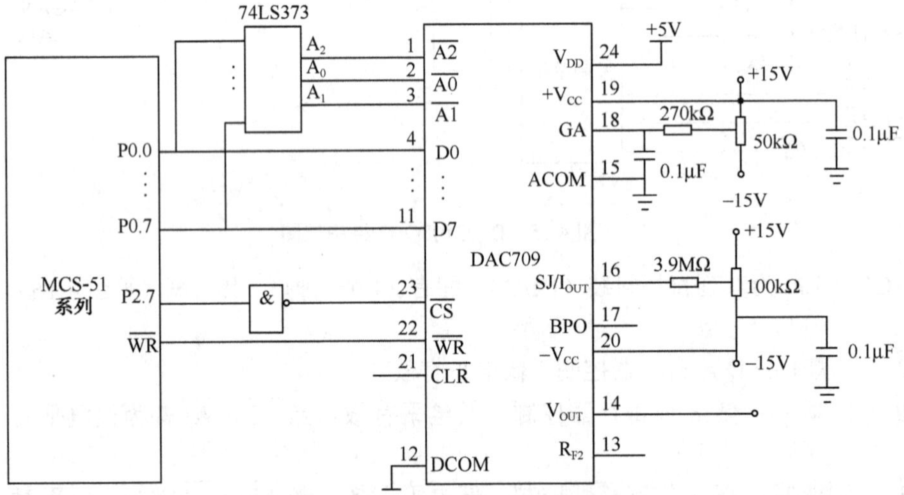

图 4.16 DAC709 与 MCS-51 系列单片机的接口电路

图 4.16 中，如果要求输出电压在 20V 范围内，则 13 脚开路；如果要求输出电压为 0～10V，则将 13 脚与 14 脚相连接。

由图 4.16 可知，写入高 8 位寄存器的地址线是：P2.7＝1，A2A1A0＝101（设其余线均为 0，则为 8005H）；写入低 8 位寄存器的地址线是：P2.7＝1，A2A1A0＝110（设其余线均为 0，则为 8006H）；写入 DAC 寄存器的地址线是：P2.7＝1，A2A1A0＝011（设其余线均为 0，则为 8003H），DAC 寄存器写入后就启动转换，在 14 脚输出模拟电压。

控制转换子程序如下：

```
TRANS:  MOV   P2,#80H
        MOV   R0,#05H        ；高 8 位数据寄存器
        MOV   A,#DATAH       ；高 8 位转换数据
        MOV   @R0,A          ；
        MOV   R0,#06H        ；低 8 位数据寄存器
        MOV   A,#DATAL       ；高 8 位转换数据
        MOV   @R0,A
        MOV   R0,#03H        ；DAC 寄存器
        MOV   @R0,A          ；启动转换
        RET
```

如前所述，DAC708 是不带运算放大器的芯片，所以要外接集成运算放大器才可以输出模拟电压。如图 4.17 所示为 DAC708 的接线图，其余接线、编程与 DAC709 一样，此处不再重复。

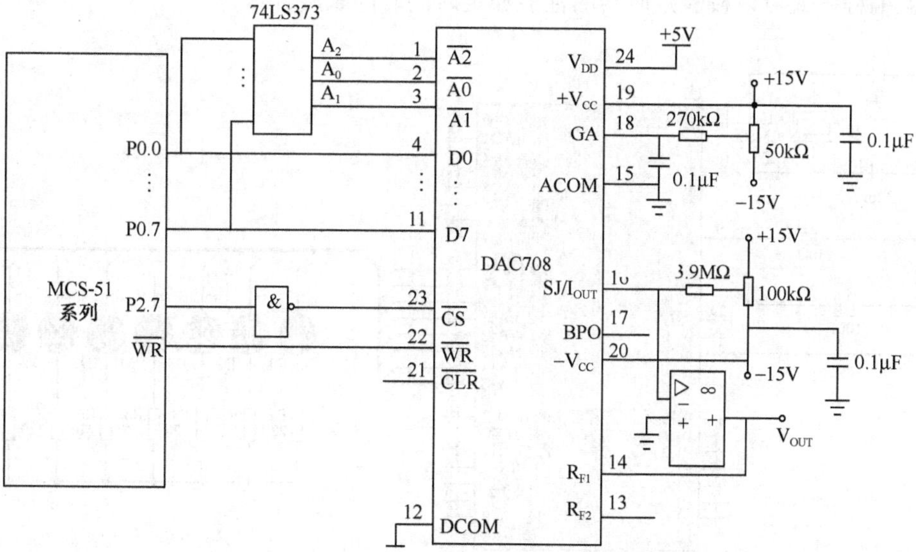

图 4.17　DAC708 与 MCS-51 系列单片机的接口电路

如果要直接输出模拟电流，则从 16 脚输出即可，其外围电阻等都可以不接了。有些标准的电动、气动执行器需要用模拟电流信号进行控制。

当需要多通道数据输出时，可以如图 4.18 所示构成多通道模拟信号输出。其过程为：经处理的数据通过锁存器送到 D/A 转换器，然后再通过多路模拟开关选择不同的通道输出。为了保持输出量的连续性，在各输出通道上要接采样/保持电路。

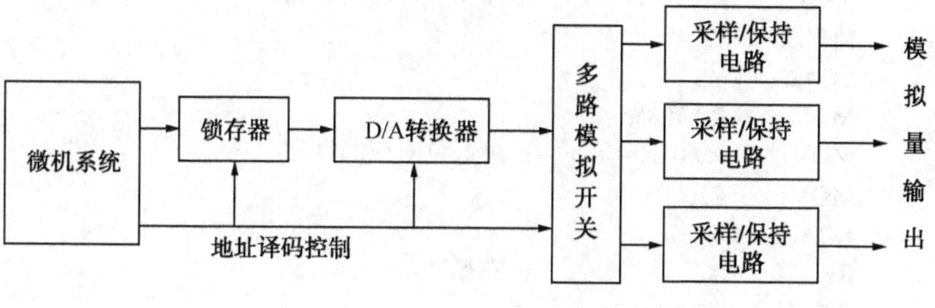

图 4.18　多通道数据输出

4.6　输出接口电路仿真举例

4.6.1　发光二极管输出仿真

发光二极管可以直接与单片机相连，作为单片机的输出指示，因此在练习编程和设计仿真时可以用发光二极管来验证程序和设计。

下列程序可以作为单片机的仿真练习，单片机与发光二极管的连接如图 4.19 所示，本例程序控制发光二极管按一定的规律发光。该电路也可以用于验证延时子程序的功能，如果结合定时器编程，又可以校验定时器的性能和定时的时间长度。

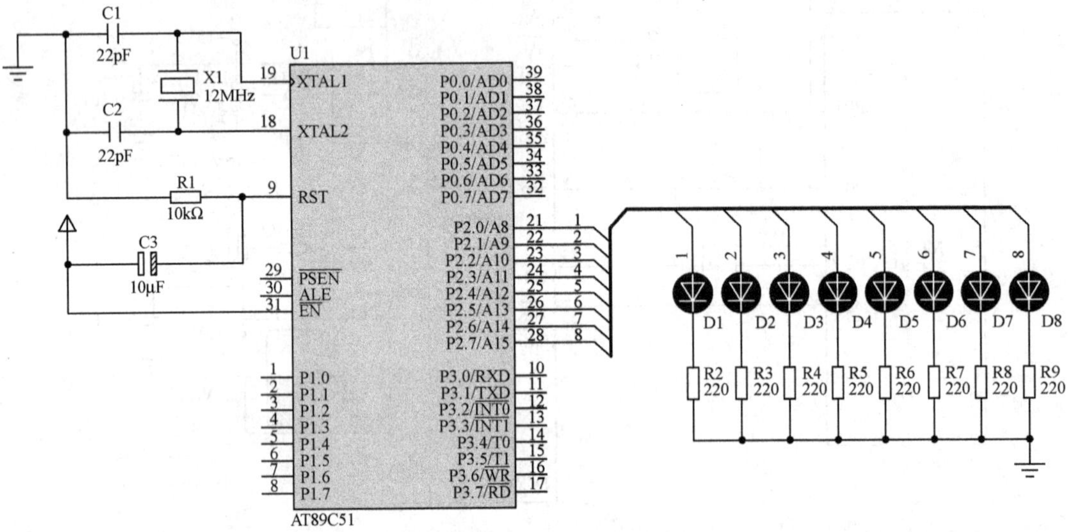

图 4.19　单片机与发光二极管的连接

```
        ORG     0000H
        AJMP    MAIN
        ORG     0040H
MAIN:   MOV     A,#0FH          ；低 4 位对应的灯亮
        MOV     P2,A
        LCALL   YS              ；延时
        MOV     A,#0F0H         ；高 4 位对应的灯亮
        MOV     P2,A
        LCALL   YS
        MOV     R0,#08H
        MOV     A,#01H          ；最低位对应的灯亮
A1:     MOV     P2,A
        LCALL   YS
        RR      A               ；右循环
        DJNZ    R0,A1
        MOV     R0,#08H
A2:     MOV     P2,A
        LCALL   YS
        RL      A               ；左循环
        DJNZ    R0,A2
        SJMP    $
YS:     MOV     R1,#0FFH        ；延时子程序
YS1:    MOV     R2,#0FFH
YS2:    NOP
        NOP
```

```
        NOP
        NOP
        DJNZ    R2,YS2
        DJNZ    R1,YS1
        RET
        END
```

4.6.2 电磁继电器输出仿真

电磁继电器和固态继电器的控制比较简单，只是单片机 I/O 端口的输出功率比较小，不能直接接继电器，所以要加一个驱动，最简单的驱动是用三极管。图 4.20 给出了单片机与电磁继电器的接口电路，这里要计算的是电磁继电器的线圈电流，要选择三极管的饱和电流大于线圈电流，当 P2.4 输出低电平时，PNP 三极管饱和导通，继电器线圈中有电流通过，继电器的动合触点闭合，照明灯亮。

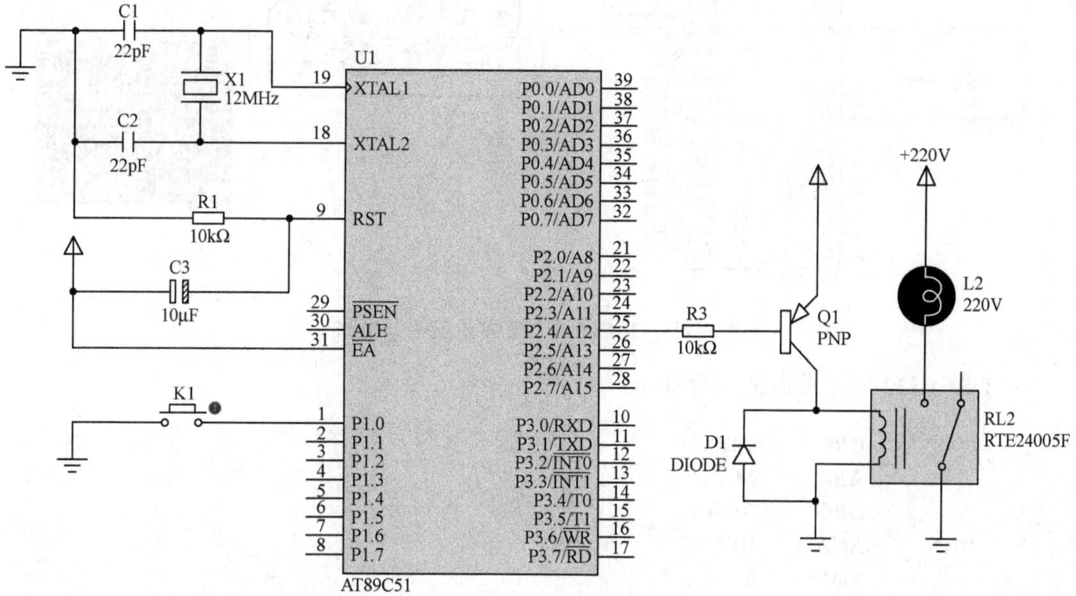

图 4.20　单片机与电磁继电器的接口电路

为简单起见，图中用 P1.0 接按钮开关，开关按一次，就开灯，再按一次，就关灯，程序也比较简单，CPU 监测 P1.0，有按键输入，就改变 P2.4 的输出。本例的关键在于这里通过继电器使单片机可以控制 220V 交流电源的设备，通过适当变化，可以应用在很多方面。

```
        ORG     0000H
        AJMP    MAIN
        ORG     0100H
MAIN:   SETB    P2.4
A1:     JB      P1.0,A1
A2:     JNB     P1.0,A2
        CPL     P2.4
```

```
        AJMP    A1
        END
```

4.6.3 DAC0832 与单片机的接口仿真

在 4.4 节中已经讨论了数/模转换芯片 DAC0832 及其应用，这里给出 DAC0832 与单片机的连接仿真实例，接口电路如图 4.21 所示，这是最简单的接口方法，通过 P1.0 口输出低电平选中 DAC0832 芯片，然后通过 P0 口输出数据。

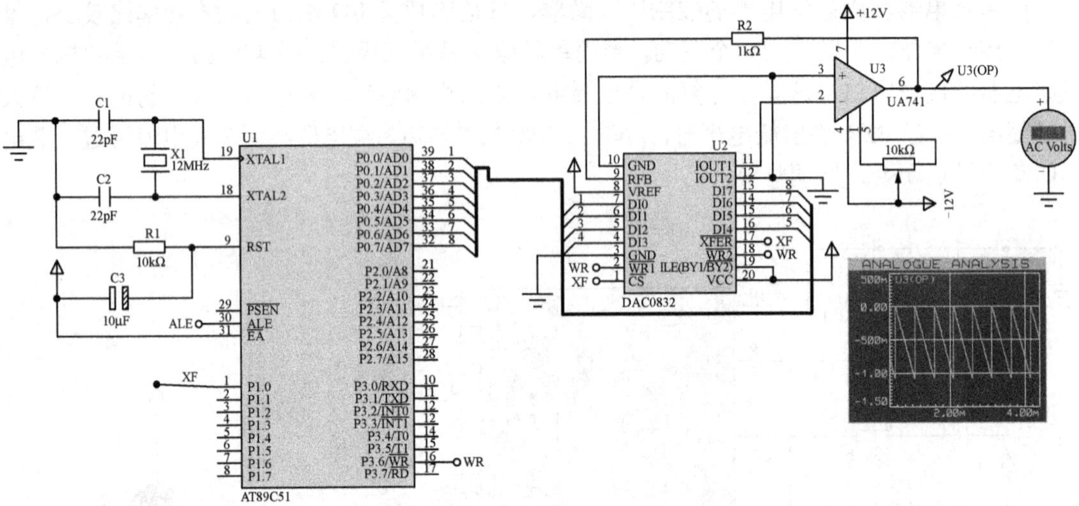

图 4.21　DAC0832 与单片机的接口电路

对 DAC0832 简单控制的程序如下：

```
        ORG     0000H
        AJMP    MAIN
        ORG     0100H
MAIN:   ACALL   START
        SJMP    $

START:  CLR     P1.0
        MOV     DPTR,#0FFF0H        ；选中 DAC0832
        MOV     A,#00H
        MOV     R0,#100
LP:     MOVX    @DPTR,A             ；转换数据送 DAC0832
        INC     A                   ；数据加 1
        CJNE    A,#51,LP            ；未到最大值继续
        MOV     A,#00H              ；下一个锯齿波开始
        DJNZ    R0,LP               ；共输出 100 个锯齿波
        RET
        END
```

仿真可知，数/模转换芯片 DAC0832 把接收到的不同的数字信号转换成不同幅度的模拟

电压输出，通过模拟信号分析可以得到输出电压随时间变化的波形，如图 4.22 所示。通过改变循环的时间可以改变输出锯齿波的频率，通过改变输出数据的最大值，可以改变输出电压的幅值，也可以再加一级运放来放大输出信号。

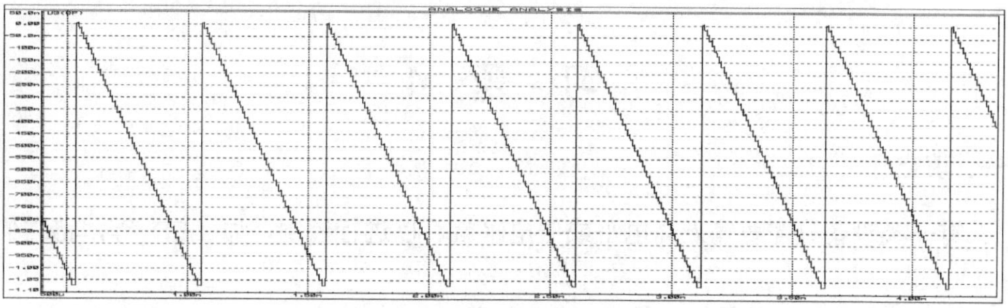

图 4.22　DAC0832 输出波形

小　结

对小功率的输出设备，可以直接用三极管构成反相驱动器或用集电极开路的反相器构成驱动电路，要注意选择适当的限流电阻。

继电器是常用的以较低直流电压控制较高的交流电压或直流电压、大电流的器件，使用方便，且具备电气隔离作用，因此应用很广。继电器有电磁式继电器、干簧继电器和固态继电器等。

脉冲宽度调制 PWM 是指根据需要，调节输出脉冲方波的占空比，以此 PWM 信号来驱动功率器件、高频变压器、整流和滤波等电路，从而得到所需要的输出。

等脉宽 PWM 法是最常用的一种方法，它是通过输出等宽度的脉冲作为 PWM 波形，通过改变脉冲的周期可以调频，通过改变脉冲的宽度（占空比）可以调压，采用适当的控制方法可以使电压与频率协调变化。

产生 PWM 控制信号的方法有硬件、软件两种。在智能仪器中可以用软件实现 PWM 控制。

数/模转换器常简写成 D/A 转换器或 DAC（Digital Analog Converter），主要用于将 n 位二进制的数字信号转换为模拟信号。

数/模转换器的主要性能指标有分辨率、转换精度和转换时间。

数/模转换器与微机系统的连接主要考虑：数字量输入方式，模拟量输出方式，外部控制信号的连接方式。数字量的输入方式有串行输入和并行输入两种。模拟量输出方式有电流输出和电压输出两种。

数/模转换器有不同的结构及不同的控制逻辑，使用时要注意区分。

DAC0832 是一个带有两个内部数据寄存器输入，通过外接运放输出模拟电压量的 8 位 D/A 转换器。

DAC708/709 系列集成电路是一种高速 16 位 D/A 转换器，DAC708 和 DAC709 可以与 8 位微机系统如 MCS-51 系列单片机系统的总线相连，分两步（每次 8 位并行）输入 16 位待转换的数据。DAC708 是电流输出型，输出电流的范围为±1mA；DAC709 是电压输出型，输出电压的范围为±10V。

实例的学习要注意硬件与软件的结合，掌握分析方法，为今后使用更多的芯片打下基础。

习　题　4

一、填空题

1．有一类设备只需要输入高电平或低电平就可以进行控制，如 LED 等，将它们称做（　　　　）。

2．微处理器的输出信号一般是（　　　　）。

3．数/模转换器的作用是（　　　　）。

4．转换时间 t_s 是描述 D/A 转换器转换快慢的参数，是指（　　　　）所需要的时间。

5．电磁式继电器由励磁线圈及一对（或多对）常开、常闭触点组成，当励磁线圈通电时，（　　）触点闭合，（　　）触点断开。

6．固态继电器一般为（　）端器件，其中（　）端为输入端，另外（　　）端为输出端。

7．脉冲宽度调制（PWM）通常是指根据需要，调节（　　　　　　　　　　），以此来驱动功率器件。

8．DAC0832 的单缓冲方式适用于（　　　　）的应用场合。

9．数/模转换器的主要性能指标有（　　　　）、（　　　　）、（　　　　）等。

10．DAC0832 主要由两个（　　　　）和一个（　　　　　　　）构成，使用时要外接运算放大器。

二、选择题

1．以下说法中不正确的是（　　）。

A．使用继电器时要注意励磁线圈的额定电压和额定功率

B．使用继电器时要注意触点的额定电压和额定电流

C．电磁式继电器是利用改变金属触点位置而使动触点与静触点闭合或分开的

D．固态继电器是利用线圈通电控制输出电压的

2．关于继电器，以下说法中正确的是（　　）。

A．继电器的励磁线圈与测控系统的输出接口一般不存在直接电气连接

B．继电器的触点与测控系统的输出接口在电气上存在直接连接

C．继电器是一种电气隔离开关

D．固态继电器一般采用变压器隔离方式

3．PWM 控制技术有多种控制方法，但以下不是它的控制方法的是（　　）。

A．通过改变 PWM 控制信号脉冲的周期可以调频

B．改变脉冲的宽度（占空比）可以调压

C．可以实现用小电流控制大电流

D．采用适当的控制方法可以使电压与频率协调变化

4．以下不是 D/A 转换器共同之处的是（　　）。

A．数字量输入　　B．模拟量输出

C．多路并行输出　　D．外部控制信号的连接

5．以下说法中不正确的是（　　）。

A．有的 D/A 芯片没有数据寄存器

B．有的 D/A 芯片不含运算放大器

C．有的 D/A 芯片有一个数据寄存器

D．有的 D/A 芯片有两个数据寄存器

6．对 DAC0832，ILE，$\overline{CS}$ 与 $\overline{WR1}$ 同时有效是（　　）。

A．第一级输入锁存有效　　B．第二级输入锁存有效

C．两级输入锁存都有效　　D．两级输入锁存都无效

7．关于数/模转换器，以下说法中不正确的是（　　）。

A．一般的数/模转换器都有写信号控制线

B．对数/模转换器的控制有电平控制和边沿控制的区别

C．DAC 寄存器的位数一定等于 DAC 转换器的位数

D．D/A 转换器的输出信号一定是电压信号

8．DAC708/709 系列集成电路是一种（　　）D/A 转换器。

A．高速 8 位　　B．高速 16 位

C．低速 8 位　　D．低速 16 位

9．以下说法中正确的是（　　）。

A．DAC708 和 DAC709 是同一系列的数/模转换器，性能相同，可以互相直接替换

B．DAC708 和 DAC709 不能与 MCS-51 系列（8 位）单片机的总线相连

C．DAC709 是电压输出型，输出电压范围为±10V

D．DAC708 和 DAC709 不能与 16 位单片机的总线相连

10．以下说法中不正确的是（　　）。

A．可以用硬件产生 PWM 控制信号

B．可以用软件产生 PWM 控制信号

C．通常用 PWM 控制信号直接驱动大功率的设备

D．改变 PWM 控制信号的脉宽可以调压

三、简答题

1．什么是开关量？什么时候要加输出接口电路？

2．简述固态继电器的工作原理。

3．简述固态继电器的应用领域。

4．D/A 转换器数字输入端的寄存器有什么作用？

5．DAC 使用时要注意哪几点？

第 5 章

智能仪器的人机界面

单机型的智能仪器一般都有人机界面，供操作人员直接在现场操作。本章讨论智能仪器的人机界面接口设备，包括键盘、显示器、微型打印机及语音提示等，并介绍用 MCS-51 系列单片机对这些人机界面设备进行控制的方法。

5.1 键盘

单机型的智能仪器通常用键盘作为人机通信的主要设备。键盘是一组按钮式开关的集合。在智能仪器中，为节省硬件开销，通常只设置必要的按键，有时一键多义，采用软件来识别按键，所以在键盘的设计中要同时从硬件和软件两方面加以考虑。无论键盘采用哪种组织形式及读键方式，其主要的操作步骤都是如图 5.1 所示。

图 5.1　键盘操作的主要步骤

识键：判断是否有键输入，若有，则需进一步译键。在这一步中要考虑防抖动和同时按键的问题。

译键：在有键输入的情况下，进一步识别出是哪一个键，以便进一步处理。

键义分析：根据识别的结果，确定相应的键义。如果是数字键，应得出输出的数值；如果是功能键，应得出功能键的代码。

执行：根据输入键的要求，调用相关的程序。

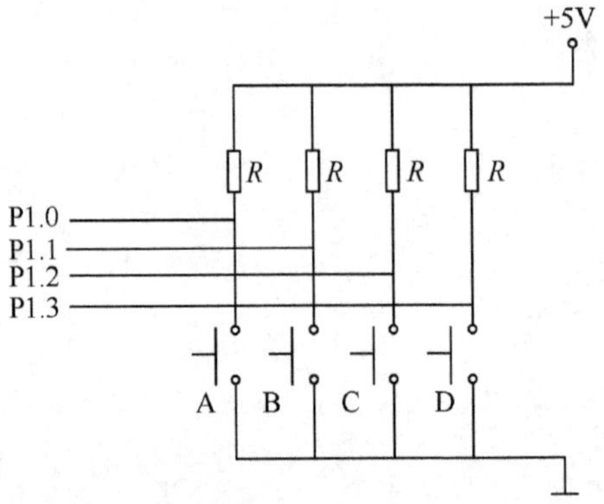

图 5.2　独立式键盘

5.1.1　识键

1．独立键盘

键盘的识别与键盘的接法有关，最简单的键盘是独立式键盘，可以用微机的输入端口直接连接，每个按键占用一个输入端口。如图 5.2 所示电路中，当 A 键未按下时，P1.0 输入为高电平，即“1”；当 A 键按下时，P1.0 输入为低电平，即“0”。

2. 编码键盘

当按键数目较多时，独立输入/输出端口不够用，通常可以用编码键盘，例如用 8—3 编码器，按如图 5.3 所示接线，则每按下一键就在 A0、A1、A2 输出相应的按键读数，这种编码器称为静态编码器。图 5.3 中的 A 键按下时，输出编码 000。编码键盘不需要进行扫描，识键速度快，但要注意编码器往往有优先编码功能，即如果 A 键与 D 键同时按下，它优先输出 A 键的编码，所以具体使用时要注意，把重要的输入键放在优先级高的端口。

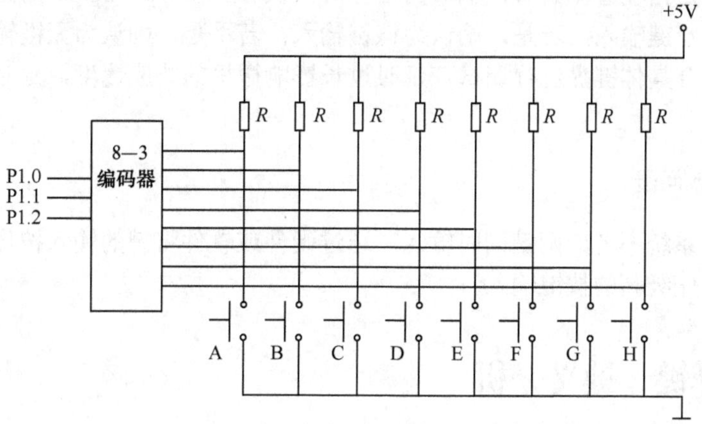

图 5.3　编码键盘

3. 矩阵键盘

矩阵键盘也是常用的输入键盘，它可以节省按键的引出线，其识键方法有行扫描法和线反转法。

如图 5.4 所示给出了 4×4 矩阵键盘与 8051 的连接，这种键盘读键程序长，采用中断方式和 8051 通信，响应速度比较快。

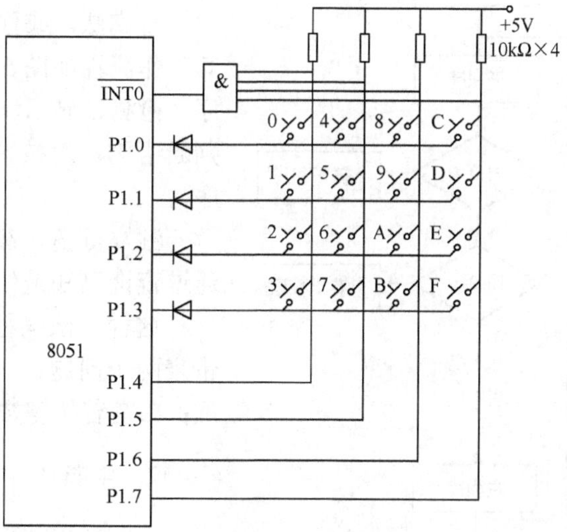

图 5.4　矩阵键盘

图 5.4 中用 P1.4～P1.7 作为列线，通过 4 个上拉电阻接＋5V 电源，处于输入状态。P1.0～P1.3 作为行线，处于输出状态。按键设置在行线与列线的交点上，行线和列线分别连接到按键开关的两端。

其工作过程为：CPU 通过指令使所有的列线（P1.4～P1.7）输出高电平，所有的行线（P1.0～P1.3）输出低电平（称开放所有行），当开放外部中断 $\overline{\text{INT0}}$ 后，CPU 就可以去执行其他的任务了。当键盘上有任一键按下时，该行线与列线导通，此时向 CPU 申请中断，CPU 响应中断请求后，在中断服务程序中扫描键盘，判断按键的行值、列值以形成键号值或执行相应的功能子程序。

4．防抖动处理

目前的按键一般都是机械式触点的键盘。当按下或释放按键时，由于机械式触点的弹性作用，在按键闭合及断开的瞬间会产生抖动现象。抖动时间的长短与按键的机械特性有关，一般为 5～15ms，其结果是计算机会把一次按键看成是多次按键（因为计算机执行的速度比较快），从而产生错误。一般可采用软件延时法来消除按键抖动。

软件延时法是指在检测到有键输入的信号时，执行一个 10～20ms 的延时程序，然后再判断是否仍为同一键输入，若是，确认为该键输入；若不是，则认为无键输入。具体的延时时间长短可以结合具体键盘进行调试，延时过长影响微机的响应速度，延时过短则起不到防抖动的效果。

5．同时输入问题

一般单片机系统不考虑两键同时输入，通过硬件或软件将键的输入按优先级排队，同时输入时先响应优先级高的按键输入。

5.1.2　译键、键义分析

从软件处理上看，CPU 获取按键信息的方法通常有以下两种。

1．查询法

查询法，或称程序扫描法，在很多智能仪器工作时应用，其工作流程如图 5.5 所示。通电后先初始化，接着循环执行程序（检测、显示、控制等）。查询法在其循环程序中插入查询判断语句，对按键逐个查询，若有键输入执行相应的处理程序。

独立键盘、编码键盘键比较少，一般不需要译键，CPU 通过查询已知是什么键按下。

这种方法编程简单，但在每个循环中要查询一次，这就带来两个问题：一是若主程序很长，则可能影响键的响应速度；二是若按键数目比较多，则对主程序的执行速度有影响。

2．中断法

中断法需要占用一个外部中断口，如图 5.4 所示。在主程序中只需设置开放中断等初始化工作，然后就执行其他主程

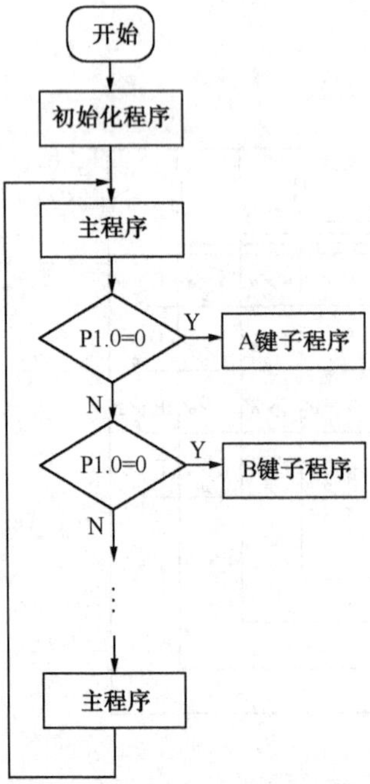

图 5.5　查询法工作流程图

序。按 CPU 中断工作原理，一旦有外部中断申请，就转入中断子程序，在中断子程序中进行译键和键义分析的工作，判断在什么情况下，是何键输入，并执行相应的子程序。中断法的好处是响应及时，且不影响主程序的执行速度。在输入键较多时，常用中断法加矩阵键盘，结合矩阵键盘节省了硬件，用软件来译键，在中断子程序中用行扫描法译键。

3．一键多义

在功能较多的智能仪器中还常有一键多义的设计。一键多义可以减少按键，节省硬件电路。例如，有些仪器只有在参数设置时才需要用到数字键，在运行时需要用到一些功能键，这种情况下就可以把数字键和功能键合为一个键。当该键按下时，软件根据当前仪器运行的状态来确定调用什么功能，例如软件通过查询设置键已按过（置内部状态标志位为 1），目前正处在设置参数的状态，就认为是数字键按下，调用数字键处理子程序。

另一种节省按键的方法是用三个键“＋”、“－”和“确认”来设置参数值或命令。通过按“＋”（或“－”）结合显示数字或命令号，当操作者认可时按“确认”键，如在空调遥控器和智能型微波炉中经常采用。

一键多义的好处是节省了硬件和面板，在小型智能仪器中常需要这样的设计，但同时软件编写相对比较复杂，且要有相应的操作说明书便于操作者使用。

5.2　LED 显示器

LED 是发光二极管（Light Emitting Diode）的简称，单个的发光二极管通常用来指示仪器的状态，LED 数码管可以指示数值，是数字式仪器、仪表中用得较多的器件。此外，还有点阵式 LED 可以显示文字、简单图案等。LED 的优点是价格低、寿命长、亮度大，尤其在工业控制和一些简单的仪器中经常要显示的都只是数字，因此 LED 数码管应用很广。

LED 显示器的基本单元均为 LED。仪器、仪表中常用的小型 LED 的一般工作条件为：正向导通电压约为 1.5V，响应时间约为 1μs，最大工作电流为 30mA，发光强度与通过电流的大小成正比。

LED 器件种类繁多，使用时要根据其工作电压和工作电流的要求选取。

发光二极管在使用时要选择的是：

（1）发光颜色。

（2）发光二极管的尺寸、功率和极性。

（3）发光二极管的工作电流，使用时一定要在工作电流的范围内工作。一般要加限流电阻，否则发光二极管很容易损坏。

5.2.1　七段 LED 数码显示器

七段 LED 数码显示管是由七个发光二极管按段数码形式组成的器件，有共阴极 CC（Common Cathode）和共阳极 CA（Common Anode）两种，如图 5.6 所示。共阴极的 LED 数码管应把 COM 端接地，当某个阳极上接到高电平时，相对应的这一段就“亮”。同理，共阳极的 LED 数码管应把 COM 端接＋5V，当某个二极管的阴极接到低电平时，相对应的这一段就“亮”。

【例 5.1】 要使共阴极数码管显示“2”这个数字，应输入的代码是什么？若为共阳极，则输入的代码又是什么？

解： 要显示“2”，则对应地要有 a、b、g、e、d 五段为 1，其余为 0，若小数点不需要，则 dp 段为 0，所以输入的代码为：

（dp）gfedcba＝01011011　　即 5BH

若为共阳极，则应该有 a、b、 g、 e 、d 五段为 0，其余为 1，若小数点不需要，则 dp 段为 1，所以输入的代码为：

（dp）gfedcba＝10100100　　即 A4H

注意：不同的接线法给出的代码不同。例如，有的把 dp 线放在最低位，显示同样的内容代码就不同了，在维修时要注意接线与代码的一致。

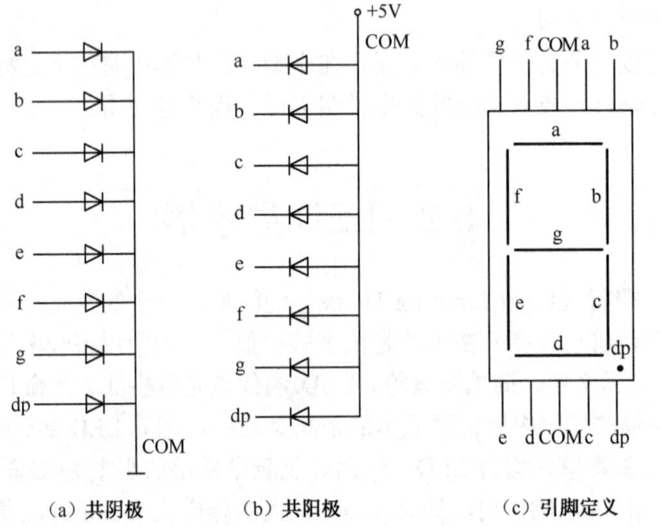

图 5.6　七段 LED 数码显示管

LED 显示电路有静态显示与动态显示两种。

1. 静态显示电路

静态显示电路如图 5.7 所示。该电路在仅需显示 BCD 码的应用场合时适用，BCD 码直接送到 8155 的 PA 口和 PB 口，用 4 个 74LS47（BCD 码译码锁存器，后接共阳极数码管）来锁存每个 LED 显示器要显示的内容。静态显示电路的最大优点是只要送入一次数据，则显示值一直保持不变。单片机不必像动态显示一样不间断地进行扫描，因此节省了大量的时间，且编程十分方便。

其显示子程序 BCDXS 如下：

入口参数：R4、R3 中放入要显示的 BCD 码值，高两位在 R3，低两位在 R4。

出口参数：无。

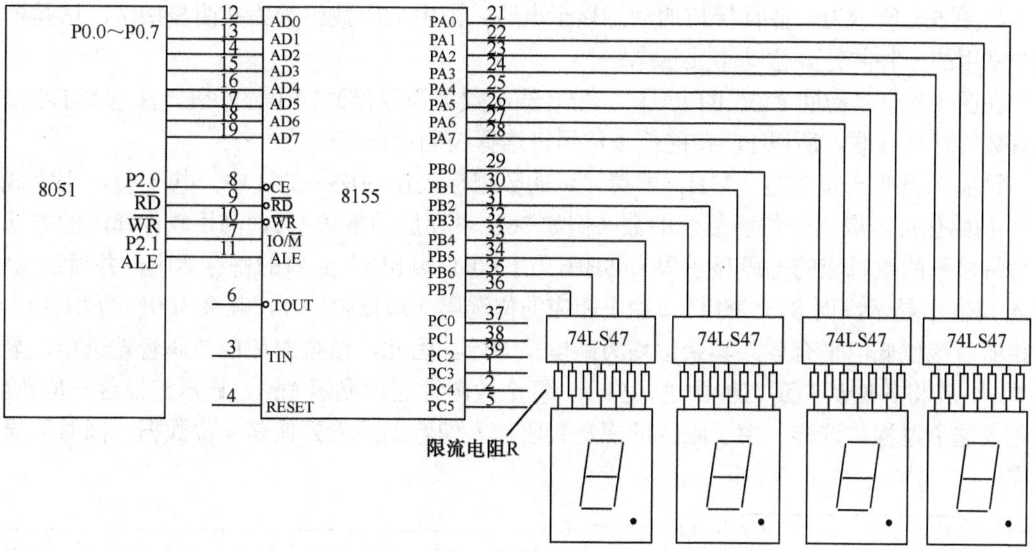

图 5.7　LED 静态显示电路

如图 5.7 所示接法，只要 P2.0＝0，这片 8155 就被选中，当 P2.1＝1 时，选中 8155 的 I/O 口。P0.0～P0.7 可任意取，其他未接的地址线 P2.2～P2.7 只要不冲突可以任意取。在这里为方便全取 1，则 8155 的 I/O 口地址为：

FEF8H　命令/状态口地址

FEF9H　A 口地址

FEFAH　B 口地址

子程序为：

```
BCDXS:      MOV     DPTR,#0FEF8H
            MOV     A,#0F5H         ；送控制字
            MOVX    @DPTR,A
            INC     DPTR            ；选中 8155 的 A 口
            MOV     A,R4
            MOVX    @DPTR,A         ；把 R4 中的值送去显示
            INC     DPTR            ；选中 8155 的 B 口
            MOV     A,R3
            MOVX    @DPTR,A         ；把 R3 中的值送去显示
            RET
```

2．动态显示电路

动态显示是指单片机定时地对显示器件进行扫描的方法。在这种方法中，显示器件分时工作，每次只能有一个器件显示，但由于人眼的视觉暂留，所以看起来似乎所有的器件同时在显示。如许多单片机开发系统及仿真器上的 6 位显示器都采用这种显示方法。此方法的优点是使用硬件少，驱动电路、译码电路全可以合用，因而价格低。但单片机需定时扫描显示，只要单片机不执行显示程序，就立刻停止显示，所以在实时控制的单片机系统中用得不多。

如图 5.8 所示为一并行接口的动态显示电路。图中七段数码管为共阴极接法，这是单片机中常用的一种并行 8 位动态显示电路。

在图 5.8 中，借助 8155 的 PA 口（带有输出数据锁存器）输出显示码，注意到 PA 口与所有数码管都并联，所以 PC 口的低 4 位用来选择控制输出哪一位。

设显示缓冲区为 30H～33H，即待显示的数据存放在 30H～33H 中，共 4 位，则完成对 8155 初始化后，取出一位要显示的数（例如 30H 中存放的数“2”），利用软件译码的方法求出与待显示的数对应的七段显示码为 5BH，由 P0 口输出到 A 口的寄存器中，并通过 8155 的 A 口输出显示，而 8155 的 C 口输出相应的位选码（最低位为 1，其余为 0，为 01H），经反相器后该位低电平有效，其余位均为高电平无效。因此，该位对应的数码管被选中，显示出“2”。若将各位从左到右依次进行显示，每个数码管连续显示 1ms，显示完最后一位数后，再重复这个过程，这样，由于眼睛的视觉暂留，人们看到的就好像是 4 位数据“同时”显示一样。

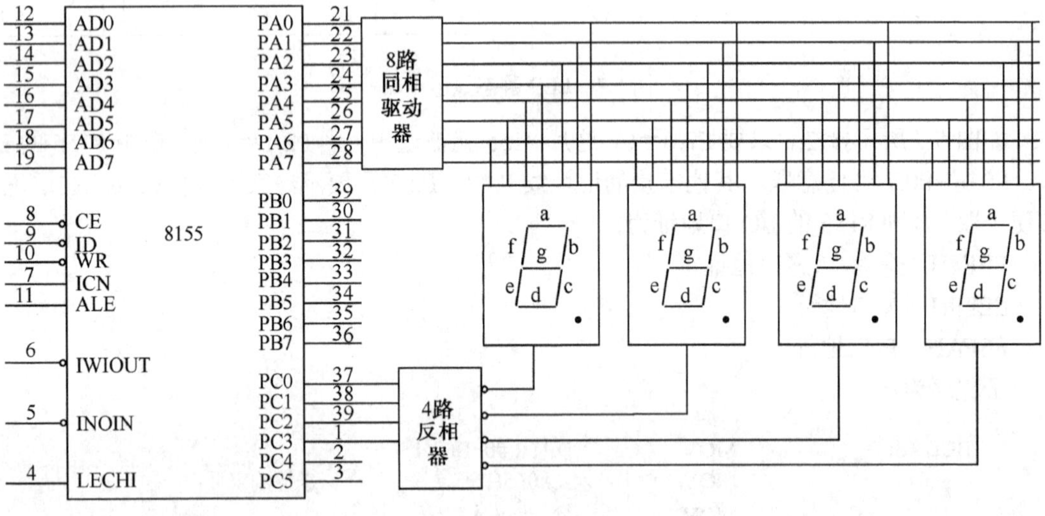

图 5.8 LED 动态显示电路

动态显示电路在开发机或 CPU 工作量不大的电路中可以采用，但 LED 数码管一般只能在 8 个以内，否则每个数码管分配到的实际导通时间太少，显得亮度不够。

相应的显示子程序 DISPLAY 如下：

作用：通过 8155 的 A 口和 C 口的 PC0～PC3 并行输出 4 位动态显示数据。

输入参数：把要显示的数据放在 30H～33H 中。

占用资源：第一组工作寄存器的 R1、R0、R6、R7。

输出参数：无，显示完返回。

```
DISPLAY:    PUSH    A           ；保护现场
            PUSH    DPH
            PUSH    DPL
            SETB    RS0
            MOV     R0,#CWR     ；指向 8155 的控制口
            MOV     A,#4DH      ；8155 的 A、C 口均为输出
```

```
        MOVX    @R0,A
DIR:    MOV     R0,#30H         ；第一个要显示的数字的存放地址送 R0
        MOV     R6,#01H         ；指向最左边的 LED
        MOV     R7,#0FFH        ；设定时间计数
        MOV     DPTR,#TAB       ；字形段码表首址送 DPTR
DIR1:   MOV     A,#00H          ；4 个 LED 均未选中（关显示）
        MOV     R1,#POC         ；指向 8155 的 PC 口
        MOVX    @R1,A
        MOVX    A,@R0           ；取出要显示的数
        MOVC    A,@A+DRTR       ；查字形显示码表取出显示码
        MOV     R1,#POA         ；指向 8155 的 PA 口
        MOVX    @R1,A           ；输出数字的显示码
        MOV     A,R6            ；取位码
        MOV     R1,#POC         ；指向 8155 的 C 口
        MOVX    @R1,A           ；输出
HERE:   DJNZ    R7,HERE         ；延时
        INC     R0              ；指向下一显示单元
        CLR     C
        MOV     A,R6
        RLC     A               ；左移一位指向下一 LED
        MOV     R6,A
        MOV     C,ACC.4
        JNC     DIR1            ；4 位显示，没完继续
        CLR     RS0             ；显示完恢复现场
        POP     DPL
        POP     DPH
        POP     A
        RET                     ；子程序返回
TAB:    DB  3FH,06H,5BH,4FH,66H ；显示码表
        DB  6DH,7DH ,07H,7FH,6FH
```

5.2.2 点阵 LED 显示器

点阵 LED 是把很多 LED 组合成点阵模块，如图 5.9（a）所示。如图 5.9（b）所示为一个 8×8 LED 点阵的外形，点阵的每个发光二极管为一个像素。当如图 5.9（a）所示电路中的行线接高电平，而列线为低电平时，对应的 LED 发光。在使用中需要利用人的视觉暂留效应，按从左到右的顺序逐行扫描点阵 LED 显示器，而从列线送出的数据（高、低电平）使相应的 LED 发光以显示内容。若要改变显示内容，只要改变列线所送出的数据即可。

点阵 LED 因其价格低、亮度高且能以点阵格式显示文字和图案，在火车站、长途汽车站及道路上常用单色点阵 LED 构成大屏幕，显示公共信息，如图 5.10（a）所示。以前只能生产出红、绿、黄色的 LED，所以 LED 大屏幕的色彩不能令人满意，但现在随着蓝色 LED 的制成，LED 彩色大屏幕清晰度高，应用更加广泛。在城市中心常可以看到 LED 彩色大屏幕用于发布公共信息、做广告等。

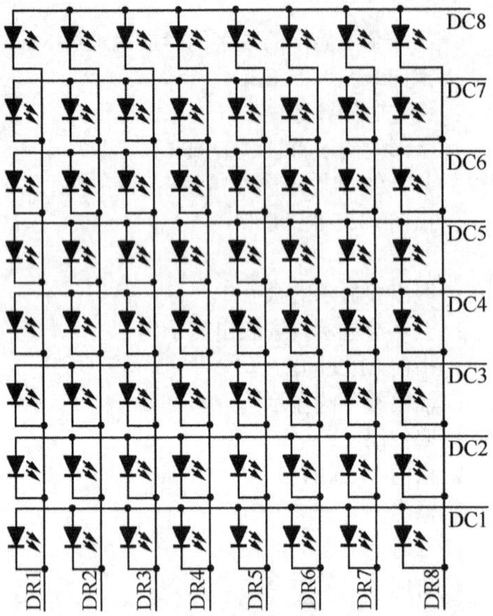

（a）点阵LED原理

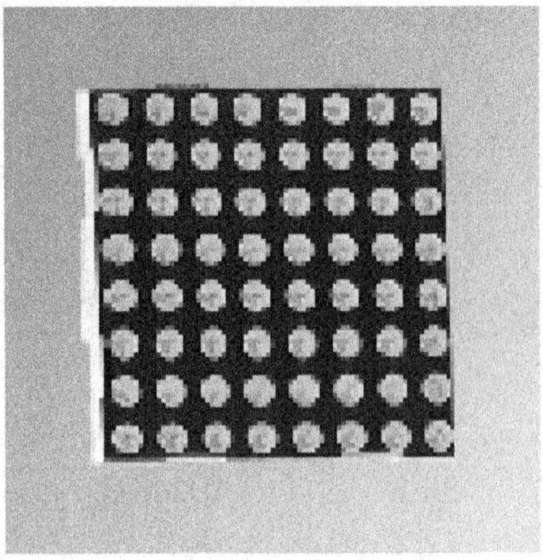

（b）点阵LED模块的外形

图 5.9　8×8 LED 点阵模块

（a）单色LED显示屏幕

（b）彩色LED显示屏幕

图 5.10　LED 大屏幕

在工业生产现场，一般可用单色 LED 显示屏来显示必要的信息，由点阵原理图（如图 5.9（a）所示）可知，可以通过控制行列的高低电平来显示字符。但是为了节省内存，提高 CPU 的利用率，一般可以用专用的字符发生器与点阵 LED 配合使用。

5.3　LCD 显示器

LCD（Liquid Crystal Display）又称液晶显示器，具有耗电低、驱动电压低（正负几伏）、结构空间小而有效显示面积大、体薄物轻等优点。随着科技的发展，LCD 的性价比不断提高。现在，彩色、大屏幕的 LCD 作为电视机显示器和计算机显示器已成为十分受欢迎的产品。工业仪器、仪表中也广泛使用 LCD 作为显示器，因为它有功耗低、体积小的特点，不仅可以显示字符，还可以显示汉字和简单图形等。在这里，主要讨论在智能仪器中应用的小型 LCD。

5.3.1 LCD 工作原理简述

LCD 通常是一种被动式显示器，它本身并不发光，只能调节光的亮度，目前常用的 LCD 是根据液晶体的扭曲向列效应原理制成的。这是一种电场效应，器件由偏振方向垂直的上、下偏振片，反光片，上、下电极和封于上、下电极之间的液晶材料组成。如图 5.11 所示，夹在两块导电玻璃电极之间的液晶经过一定处理后，其内部的分子呈 90° 的扭曲。这种特殊的液晶具有旋光特性，当线性偏振光通过液晶层时，偏振面会旋转 90°，常态下，外界光线通过上偏振片形成偏振光，该偏振光通过液晶材料转过 90°，恰可通过下偏振片并反射回来，该点呈现“亮”的透明状态。

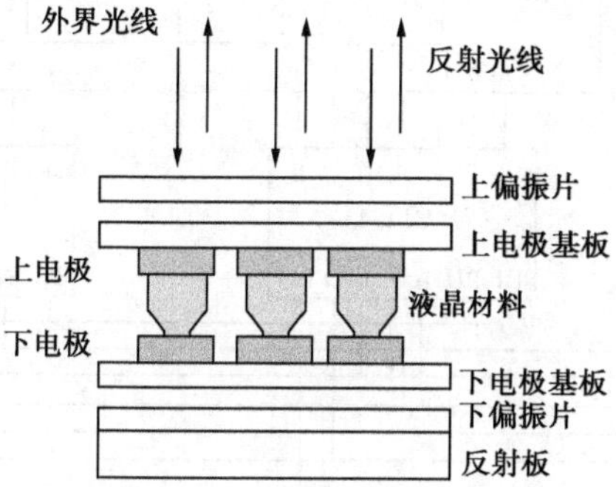

图 5.11　LCD 工作原理简图

当给上、下电极加上一定电压后，在电场的作用下液晶的扭曲结构消失，其旋光作用也随之消失，从上偏振片通过的偏振光就无法通过液晶，因此该点呈现“暗”的黑色。

如果需要在光线不足的环境中使用液晶显示器，则要采用背光型的 LCD，如手机的显示屏等。背光型 LCD 显示器自带背景光源，即图 5.11 中的反射板改为背景光源，看到的是透射光。

LCD 的主要性能指标包括以下几点，可以根据需要选取。

响应速度：毫秒级。

功耗：5～100mW/cm^2（或者说亮度）。

类型：段码式，字符点阵式，图形点阵式。

LCD 常采用交流驱动，通常把显示控制信号与显示频率信号合并后形成交变的驱动信号。

5.3.2 LCD 应用举例

1．段码式 LCD

段码式 LCD 每个字的电极配置与七段数码管相似，通常由多位字符组成。LCD 的驱动方式有静态驱动和动态驱动两种方式。不同的 LCD 要采用不同的驱动方式，选用 LCD 时就决定了 LCD 的驱动方式。这里以静态驱动为例。

静态驱动方式显示时，LCD 的每个字段都要引出电极，每个字段要接一个驱动器，对显示段数少的仪器可以采用。如图 5.12 所示是一个 4 位七段 LCD 显示器的接口。

LCD 4N07 的工作电压为 3～6V，阈值电压为 1.5V，工作频率为 50～200Hz。为简便起见，图 5.12 直接用 8051 的 P3.7 口输出 100Hz 的驱动方波。

MC14543 是 Motorola 公司生产的 LCD 锁存/BCD 译码/驱动接口芯片，可以将 BCD 码译为七段显示码，驱动方波由 PH 端输入，LD 为内部锁存器的选通端，LD 为低电平时，锁存数据，LD 为高电平时，写入数据。

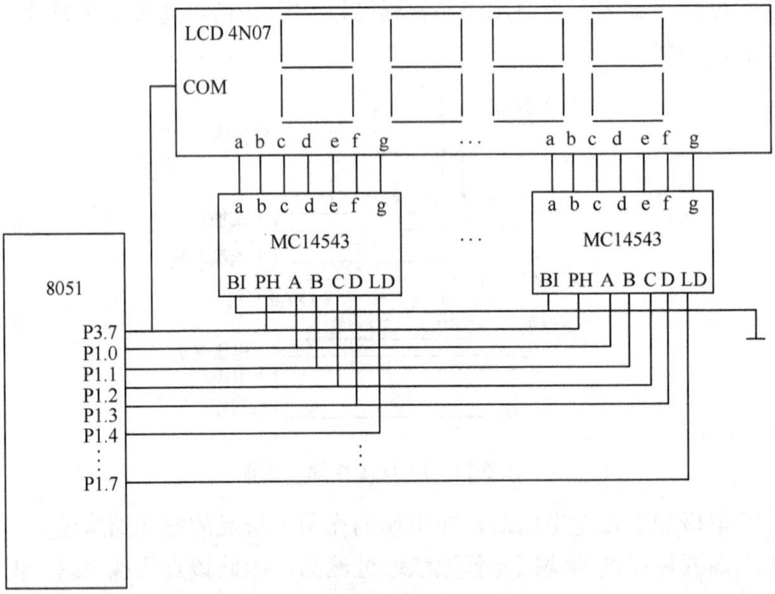

图 5.12　静态驱动 LCD 接口电路

在图 5.12 中共需要 4 片 MC14543 集成芯片，每片 MC14543 驱动一位 LCD，BCD 码输入端与 8051 的 P1.0～P1.3 相连接，P1.4～P1.7 则分别与每一片的 LD 连接，控制输入 BCD 码。LCD 显示器的公共端 COM 也与 P3.7 相连接。

当 LCD 的段数比较多时，可选用把多个段译码器集成在一起的芯片，如美国 Telcom 公司的 TC7211A 芯片，该芯片的主要功能和特点如下所述。

（1）集成了 4 个 BCD 码输入/七段显示码输出/锁存电路。

（2）可以显示 0～9，—，E，H，L，P，无显示等 16 种字符。

（3）带背板驱动器，可提供背板驱动信号。

图 5.13 给出了利用两片 TC7211A 构成 8 位 LCD 显示的驱动电路，编码时从 DATA 线输出待显示的数据，并用 D0～D7 送出位控制线选择显示的是第几位就可以了，使用十分方便。

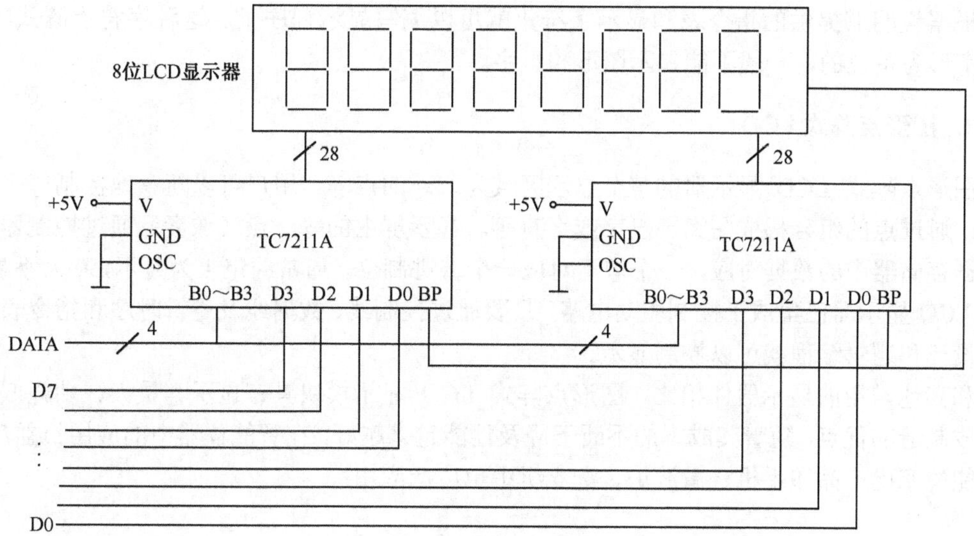

图 5.13　8 位段码 LCD 接口电路

2. 字符点阵式 LCD

段码式 LCD 的显示内容有限，要进行较多的信息显示时，可采用字符点阵式 LCD 模块。这种模块通常集 LCD 控制电路与驱动器为一体，对使用者来说相当于一个可编程的显示模块，使用时只要根据要求输入适当的控制字和显示数据，就可以显示内容了。在购买这类 LCD 时要索要编程说明书，这种 LCD 有 16×2（即 16（字）×2（行））、32×4、32×8 等多种类别。下面以 16×2 字符点阵式 LCD 为例加以说明。

图 5.14　16×2 字符点阵式 LCD

16×2 字符点阵式 LCD 共输出 32 个字符，如图 5.14 所示，模块内的字符发生器自动生成显示点阵，其字符库的容量为 256B，低地址区与标准的 ASCII 字符集对应，只需送入需显示数据的 ASCII 码即可；高地址区为特殊的符号和用户可以自定义的符号区。

该 16×2 字符点阵式 LCD 有 14 个引脚输入，表 5.1 给出了各引脚的功能说明。

表 5.1　字符点阵式 LCD 的引脚功能

引　脚	符　号	功　能	备　注
1	GND	接地端	
2	V_{CC}	接+5V	
3	V_{EE}	液晶驱动电压	
4	RS	寄存器选择	1：数据，0：指令
5	$R/\overline{W}$	读/写控制端	1：读入，0：写
6	EN	片选端	下降沿触发
7～14	D0～D7	8 位数据线	

根据说明书提供的指令表和显示字符集就可以编写显示程序了。这种字符点阵式 LCD 是以字形为单位的，一般不能显示图形和汉字。

3. 图形点阵式 LCD

图形点阵式 LCD 显示器的整个显示区域为统一的点阵，用户可以随意地控制每个点的明暗，通过点的组合构成图案、汉字或字符等。显示屏上的每一点（像素）通过控制器与显示数据存储器中的数据对应，一个像素对应一个二进制位，通常约定 1 为显示，0 为不显示。通常 LCD 显示器已集成了控制驱动电路，只要通过控制线、数据线及逻辑时序和指令表进行接口设计和逻辑编程就可以控制显示。

和其他常用的显示器件相比，图形点阵式 LCD 显示模块具有显示容量大、功耗低、利于集成制造的优点，随着其成本的不断下降及性能越来越好，在智能仪器中的应用日益广泛。在智能型家电产品如手机、微波炉、洗衣机中也广泛应用。

5.4 其他外设

智能型仪器的人机界面接口设备还有很多，如微型打印机、语音芯片等。随着计算机技术的发展及成本的降低，个人计算机在工业现场监控中的应用也越来越广，触摸屏也成为了工业控制中可选用的输入设备。

5.4.1 微型打印机

图 5.15 微型打印机

自动控制过程中需要记录大量的信息数据，以便对生产过程进行分析。因此，往往需要在操作现场把存储于仪器中的数据打印出来，这时就需要仪器设计打印机接口电路。小型或便携式智能仪器中使用较多的是微型打印机，它通常可以嵌入在智能仪器中。如图 5.15 所示为某一微型打印机。

微型打印机结构简单、体积小，打印机的大部分工作都在软件控制下进行，因此功能变换灵活，使用方便。下面以 TPμP-TF 微型打印机为例，说明微型打印机的一般特点及其与计算机系统的接口方法。

TPμP-TF 系列打印机是一种快速通用型点阵式打印机，整体体积小、质量轻、操作简单、连接方便，比普通的微型打印机有更快的速度和更高的可靠性，适用于电子收款机、电子计费器和各种要求体积小、打印速度快的场合。

TPμP-TF 系列打印机有 3 种不同的打印宽度和 2 种不同的接口，共 6 种机型可供选择，其型号定义如图 5.16 所示。表 5.2 为这 6 种机型的主要性能比较。它内置 448 个打印字符，备有 40 条打印命令，可实现如字符图形放大、打印格式设置、打印方式的选择等多种功能，并提供了硬汉字库打印的命令，可以在机内安装多达 600 个 16×16 点阵的汉字，只要输入标准的机内交换码就可以打印出漂亮的汉字。

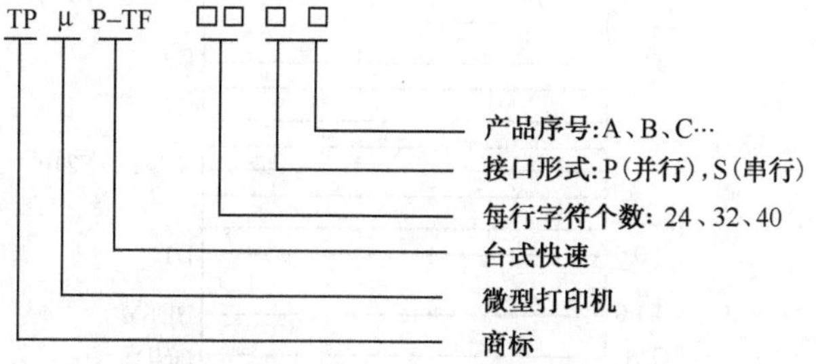

图 5.16　TPμP-TF 系列打印机的型号定义

表 5.2　TPμP-TF 微型打印机 6 种型号的主要参数比较

型　号	接　口	字符/行 (5×7)	字符尺寸（mm）(宽×高)	打印速度 (行/秒)	快速走纸速度 (行/秒)
μP-TF24P	并口	24	1.7×2.6	2.5	5.0
μP-TF24S	串口				
μP-TF32P	并口	32	1.3×2.6	1.9	3.8
μP-TF32S	串口				
μP-TF40P	并口	40	1.1×2.6	1.5	3.0
μP-TF40S	串口				

TPμP-TF 系列打印机采用了与 CENTRONIC 标准兼容的 D-25 接口或符合 RS-232 的串行接口标准，接口插座与个人计算机的打印口相配合，所以可以直接与个人计算机相连接。

其并行接口的引脚说明如表 5.3 所示，符合 TTL 逻辑电平。

TPμP-TF 系列打印机有专用的电缆接口线，可以把它直接与 IBM PC、中华学习机、STD 总线模块等相连接，也可以通过串行口与单片机相连接。

TPμP-TF 系列打印机也可以直接用微型计算机控制，接线十分简单。这里以 TPμP-TF24P 打印机与 MCS-51 单片机接口电路为例进行说明，如图 5.17 所示。

表 5.3　TPμP-TF 系列打印机并行接口的引脚说明

引 脚 号	名　称	功　能
1	$\overline{STB}$	数据选通，上升沿时读入数据
2～9	D1～D8	数据线
10	$\overline{ATK}$	回答脉冲，“0”表示已接收数据并准备好接收下一数据
11	BUSY	“1”表示打印机正忙，不能接收数据
12	PE	接地
13	SEL	经电阻接高电平
15	$\overline{ERR}$	经电阻接高电平
14～17	NC	不接
18～25	GND	接地

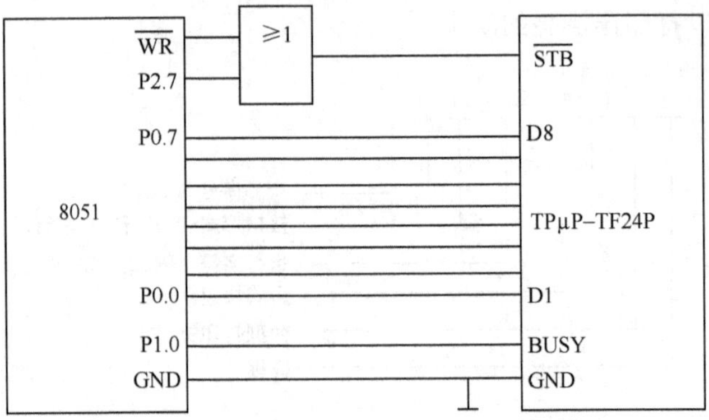

图 5.17　TPμP-TF24P 打印机与 MCS-51 单片机的接口电路

由图 5.17 可知，8051 对微型打印机的控制采用查询方式，用 P1.0 检测 TPμP-TF24P 打印机的 BUSY 端。当 BUSY 端为低电平时，表示打印机有空，可以接收下一个字符输入。用 $\overline{\text{WR}}$ 和 P2.7 通过或门控制 $\overline{\text{STB}}$，对打印机写入数据，因此打印机的地址为 7FFFH，设待打印的数据代码或打印命令已存放在 R0 中，则执行下列程序可将 R0 中的代码送入打印机的锁存器中并打印出来或执行该代码命令。

```
PRINT:   MOV     DPTR,#7FFFH      ；打印机地址
LOOP:    JB      P1.0,LOOP        ；查询打印机是否有空
         MOV     A,R0
         MOVX    @DPTR,A          ；送出打印数据或打印命令代码
RET
```

5.4.2　语音提示

智能仪器有时还利用语音提示操作者。由于数字式语音提示利用数字式集成芯片储存语音内容，体积小且调用方便，需要时可以通过微机控制组合语音内容，所以应用范围很广，如公共汽车报站、公共信息电话查询、语音提示操作等。

语音芯片的种类很多，有放音系列的，如音乐贺年片中用的，还有“倒车请注意…”、音乐门铃之类的。因为用量大，往往大批量生产，直接根据内容进行选购，价格非常便宜，控制操作也十分简单，只是通电播放、停电停止播放而已。有只能一次性烧录的，购来后根据需要一次性地录入所需内容，然后就可反复播放。还有录放音系列的，可以进行多次录音和放音。这里，以 Winbond 的 ISD2560/75/90/120 系列语音芯片为例，对录放音语音芯片进行介绍。这个系列按录音时间的长短分为 4 种，以 ISD2590 为例，其最长录音时间为 90s，只需外接很少的电路就可以构成一个完整的录放音系统。其内部结构框图如图 5.18 所示。

ISD2500 系列芯片为 28 脚双列直插芯片（也有其他封装形式），含有可以与微处理器接口的引脚，其引脚功能如表 5.4 所示。通过地址线和控制线，可以用微处理器对它进行语音信息组合、语音信息串接、预录固定的语音信息段和语音信息的管理。需要时 ISD2500 系列芯片也可以完全手动控制。

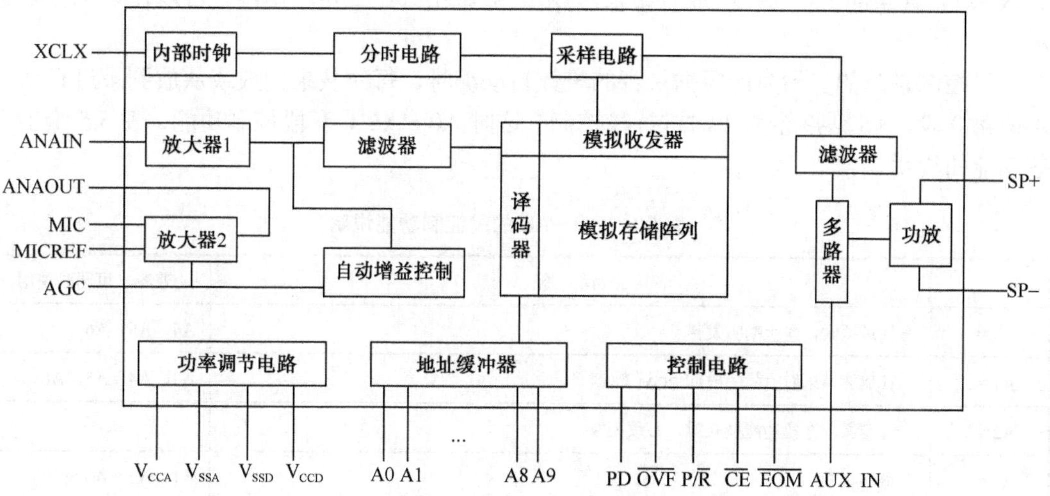

图 5.18　ISD2590 内部结构框图

表 5.4　ISD2500 系列芯片的引脚功能

引 脚 号	名　称	功　能
1～10	A0～A9	地址线及功能选择线
11	AUX IN	辅助音频信号输入端，不用时接高电平
12、13	V_{SSD} 和 V_{SSA}	数字地和模拟地
14、15	SP＋和 SP－	功放的同相输出端和功放的反相输出端
16	V_{CCA}	模拟电路正电源输入，接＋5V
17	MIC	话筒输入
18	MICREF	参考电压输入，通常不用
19	AGC	前置放大器增益控制端
20、21	ANI 和 ANO	模拟信号的输入、输出端，用话筒输入时，接一电容
22	NC	空引脚
23	$\overline{CE}$	使能端，低电平选通，允许录放
24	PD	高电平时，地址计算器复位，若 $\overline{CE}$ ＝0，启动录放
25	$\overline{EOM}$	结束标志端，每段录放结束时输出一个低电平脉冲，可以作为工作状态指示
26	XCLX	外部时钟频率输入端，不用时接地
27	$P/\overline{R}$	录/放音选择
28	V_{CCD}	数字电路正电源，接＋5V

ISD2500 系列芯片共有 10 根地址线，其中 A0～A6 除地址功能外还有段控制功能，当 A8、A9 全为 1 时，A0～A6 按控制模式工作。

ISD2500 系列芯片有两种控制录放的方式：一种是用地址直接控制，另一种是用段来控制。这两种控制方式是互相不兼容的，即只能采用其中的一种。

地址控制录放的步骤为：录音时，$P/\overline{R}$ ＝0，A0～A9 送出地址（因 A8、A9 不能全为 1，所以地址范围为 000H～2FFH）并使 $\overline{CE}$ ＝0（选取该芯片），其下降沿锁存起始地址，接着在 PD 端送入高电平，芯片开始录音，录音结束，使 $\overline{CE}$ ＝1，结束地址即被锁存起来。放音时，

P/$\overline{\text{R}}$ =1，其余同上，当一段放音结束，$\overline{\text{EOM}}$ 会输出一个低电平脉冲，可以作为工作状态指示。

段控制录放的步骤为：根据录音的段数自动编号，每次从录到放或从放到录进行切换时指向第0段，A8、A9全为1时进行段控制，这时A0～A6具有段控制功能，表5.5给出了这些功能的说明。

表5.5　A0～A6的段控制功能说明

	功　　能	兼容（可同时使用）
A0=1	快进搜索，禁止喇叭发声	A4，A5，A6
A1=1	在放音结束时清除上段的 $\overline{\text{EOM}}$ 标志	A3，A4，A5，A6
A2=0	无定义，在段功能模式时，必须为0	
A3=1	循环播放	A1，A5，A6
A4=1	放一个 $\overline{\text{EOM}}$ 标志，当录/放切换时能使指针复位	A0，A5，A6
A5=1	使 $\overline{\text{CE}}$ 放音成为低电平控制，$\overline{\text{CE}}$ =1 放音暂停	A0，A1，A3，A4
A6=1	按键控制，简化器件的接口	A0，A1，A3，

这种段控制模式使用方便，下面对这些功能做进一步的说明。

A0=1，可以跳过一段语音信息，每个 $\overline{\text{CE}}$ 低脉冲使指针跳过一段。

A1=1，使得连续记录的几段信息（每段结束处有一个标志）组合成一段信息。

A3=1，使第0段信息反复播放，中间无停顿。

A4=1，在语音信段中放一个 $\overline{\text{EOM}}$ 标志，当播放信息遇到 $\overline{\text{EOM}}$ 标志时，地址指针会重新设置。

A5：通常ISD2500系列芯片的 $\overline{\text{CE}}$ 在录音模式时是低电平触发的，在播放时是下降沿触发的，放音结束由 $\overline{\text{EOM}}$ 给出结束标志。A5=1则使 $\overline{\text{CE}}$ 在放音时也是低电平触发的，因此放音时只要 $\overline{\text{CE}}$=1，就立刻终止放音（不需要放完一段），$\overline{\text{CE}}$ =0，放音继续。

A6=1，按键节能模式，只要不放音或录音，芯片自动进行低功耗模式，在这种模式下，3个引脚的功能有所不同：

① $\overline{\text{CE}}$：启动/暂停键（低电平为有效信号）。

② PD：停止/清零键。

③ $\overline{\text{EOM}}$：运行指示，只在处于播放/录音状态时输出高电平，可以用它来驱动一个LED或其他外部器件，作为状态指示。

ISD2500系列芯片可以按4.0、5.3、6.4、8.0四种采样频率储存语音，减小采样频率可以增加语音的储存量，但影响声音的质量。采样后的数据直接储存，不再进行压缩和数字化等处理。这种直接储存模拟语音信息的方法，使得该芯片在放音时声音十分逼真，可以储存音乐、音调等，这是其他用数字格式储存的芯片所不及的。

从ISD2500系列芯片的功能说明中可以看到，这些语音芯片的功能十分强大。这里给出ISD2560与8051的一种接口电路，如图5.19所示，供参考。

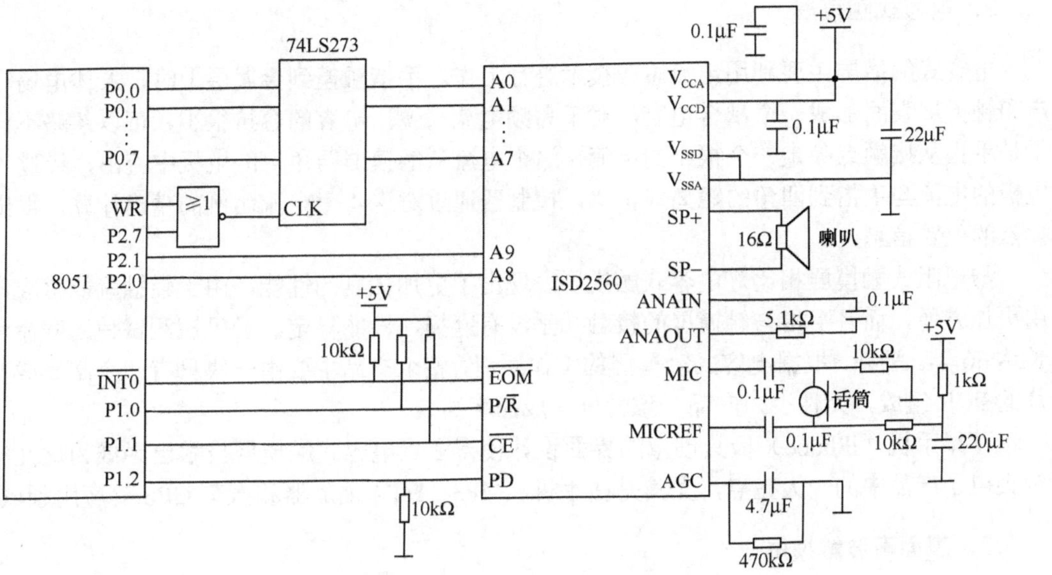

图 5.19　ISD2560 与 8051 的接口电路

5.4.3　触摸屏

触摸屏是一种较新的输入设备。通过在显示屏中集成了输入设备，可以节省工作空间。利用图形界面，操作者可以实时监控和通过简单地触摸屏幕控制复杂的操作。因此，触摸屏是目前最简单、方便、自然的一种人机交互方式。

按工作原理分类，触摸屏可以分为电阻式触摸屏、电容式触摸屏、表面声波触摸屏及红外触摸屏等，每一类触摸屏都有其各自的优缺点。

1. 电阻式触摸屏

电阻式触摸屏是在强化玻璃表面分别涂上两层 OTI 透明氧化金属电层，两层之间用细小的透明隔离点隔开，如图 5.20 所示。外层 OTI 涂层作为导电体，内层 OTI 涂层经过 OTI 涂层的精密网络附上横、直两个方向的 5V 电压场。当手指接触到触摸屏的屏幕时，两层 OTI 导电层之间形成一个接触点，控制器同时监测电压和电容，计算出触摸的位置。整个触摸屏最外层多加一层薄塑料保护层，以防被尖锐物破坏。电阻屏根据引出线数的多少，分为四线、五线、六线等多线电阻式触摸屏。其主要特点是精确度高，不受环境干扰，适用于各种场合。电阻式触摸屏是一种对外界完全隔离的工作环境，不怕灰尘和水汽，它可以用任何物体来触摸，可以用来写字画画，比较适合工业控制领域及办公室内少数操作人员的使用。

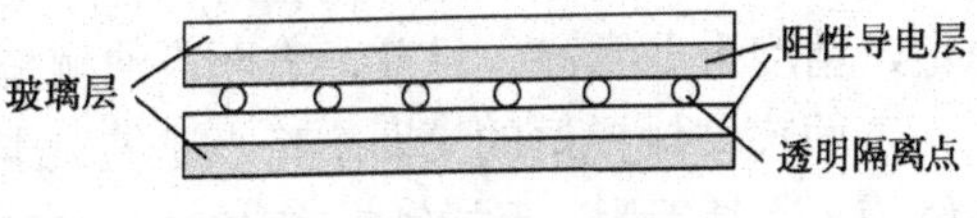

图 5.20　电阻式触摸屏的结构

2. 电容式触摸屏

电容式触摸屏主要利用电流感应技术进行工作。手指触摸到金属层上时，人体电场、用户和触摸屏表面形成一个耦合电容，对于高频电流来说，电容的容抗很小，可以忽略不计，于是手指从接触点吸走一个很小的电流，这个电流从触摸屏四角上的电极中流出，经过4个电极的电流与手指到四角的距离成正比，控制器通过对这4个电流比例的精确计算，得出触摸点的位置信息。

与电阻式触摸屏相比，电容式触摸屏表现出了更加优良的性能，由于轻触就能感应，使用更加方便，而且手指与触摸屏的接触几乎没有磨损，性能稳定，经机械测试使用寿命可以长达30年。另外，根据电容式触摸屏的工作原理，整个产品主要由一块只有一个高集成度芯片的PCB组成，元件少，产品一致性好，成品率高。

苹果手机（iPhone）极具创意的界面设计使得多点电容式触摸屏技术已经成为这几年消费类电子产品中的一大亮点，尤其是在手机、MP3、MP4播放器和汽车GPS等应用领域。

3. 表面声波触摸屏

表面声波是一种沿介质（如玻璃）表面传播的机械波。声波触摸屏可以是一块平面、球面、柱面的玻璃平板，安装在CRT、液晶显示器或等离子显示器屏幕的前面。玻璃屏的左上角和右下角各固定了竖直和水平方向的超声波发射换能器，右上角则固定了两个相应的超声波接收换能器。玻璃屏的四个周边则刻有呈45°角的由疏到密间隔非常精密的反射条纹，发出如参照波形般的超声信号。当手指接触屏幕时，便会吸收一部分声波能量，控制器依据减弱的信号计算出触摸点的位置。

表面声波触摸屏的第一个特点是抗冲击，因为表面声波触摸屏的工作面是一层看不见、打不坏的声波能量，触摸屏的基层玻璃没有任何夹层和结构应力（表面声波触摸屏可以发展到直接做在CRT表面，从而没有任何“屏幕”），因此非常抗冲击，适用于公共场所。

表面声波触摸屏的第二个特点是反应速度快，是所有触摸屏中反应速度最快的，使用时感觉很顺畅。

表面声波触摸屏的第三个特点是性能稳定，因为表面声波技术原理稳定，而表面声波触摸屏的控制器靠测量衰减时刻在时间轴上的位置来计算触摸位置，所以表面声波触摸屏非常稳定，精度也非常高。目前，表面声波触摸屏的精度通常是4096×4096×256级力度。

表面声波触摸屏的第四个特点是控制卡能知道什么是尘土和水滴，什么是手指，有多少在触摸。这是因为，手指触摸在4096×4096×256级力度的精度下，每秒48次的触摸数据不可能是不变的，而尘土或水滴就一点都不变，控制器发现一个“触摸”出现后纹丝不变超过三秒钟即自动识别为干扰物。

触摸屏幕的力量越大，接收信号波形上的衰减缺口也就越宽越深。目前，在所有触摸屏中，只有表面声波触摸屏具有能感知触摸压力这个性能，有了这个功能，每个触摸点就不仅是有触摸和无触摸之分了。

表面声波触摸屏的第五个特点是它具有第三轴Z轴，也就是压力轴响应，因此它不仅能感知用户触摸的两个简单状态，而且能感知力的大小（模拟量值）。

表面声波触摸屏的缺点是触摸屏表面的灰尘和水滴会阻挡表面声波的传递，虽然控制卡能分辨出来，但尘土积累到一定程度，信号也就衰减得非常厉害，此时表面声波触摸屏变得迟钝甚至不工作。因此，一方面推出防尘型表面声波触摸屏，另一方面建议每年定期清洁表面声波触摸屏。

4．红外触摸屏

红外触摸屏安装简单，只需在显示器上加上光点距离框，如图 5.21（b）所示。光点距离框是一个印制电路板，框架的一边含有光源或发光二极管，对面则有光传感器，其作用是在屏幕上形成一个光栅栏，根据是哪两个光传感器没有接收到（红外）光信号，就可以确定屏幕上被触摸的区域（坐标）。

这些红外线发射管及接收管在屏幕表面形成的红外线网格如图 5.21（a）所示。当任何物体触摸屏幕时，便会挡住经过该位置的横、竖两条红外线，因此红外光被切断，导致光传感器接收的信号中断，计算机便可即时算出触摸点的位置。

红外触摸屏采用固体状态技术，没有运动的部件，因此长时间使用不会有磨损，再加上红外触摸屏不需要在屏幕上加涂层（这层很容易坏），所以经久耐用，且抗震性强。目前分辨率已达到了 1000×720。红外触摸屏不受电流、电压和静电的干扰，适用于恶劣的环境条件。

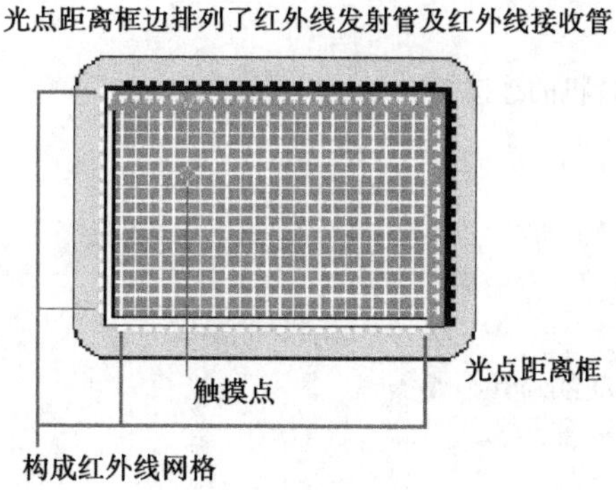

（a）原理图

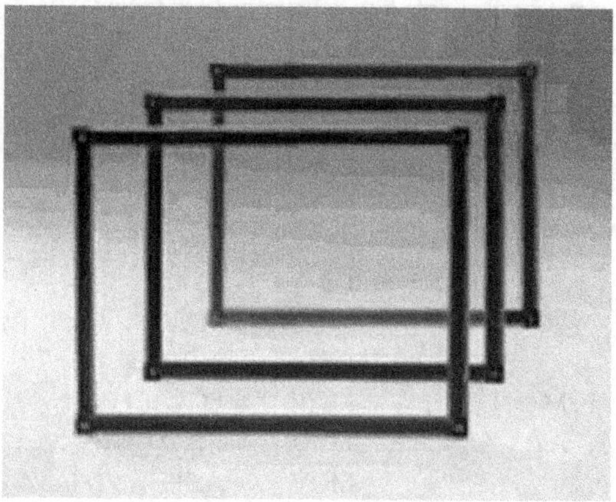

（b）光点距离框

图 5.21　红外触摸屏

5.5　人机界面仿真举例

5.5.1　矩阵键盘与单片机的直接连接

如图 5.22 所示为矩阵键盘与单片机的连接图，并用一个 LED 数码管给出所按键的值，为简单起见，这里直接用 P1 口作为键盘的输入口，用 P0 口作为输出口。当单片机系统要用到的 I/O 口比较多时，也可以用扩展的 I/O 口连接键盘和显示，这时程序要稍做修改。图中与发光二极管相连的限流电阻一般采用排（电）阻，排阻体积小，连接方便。采用的是共阴极类型的 LED 发光二极管，即某引脚输出高电平时，相应的二极管发光。

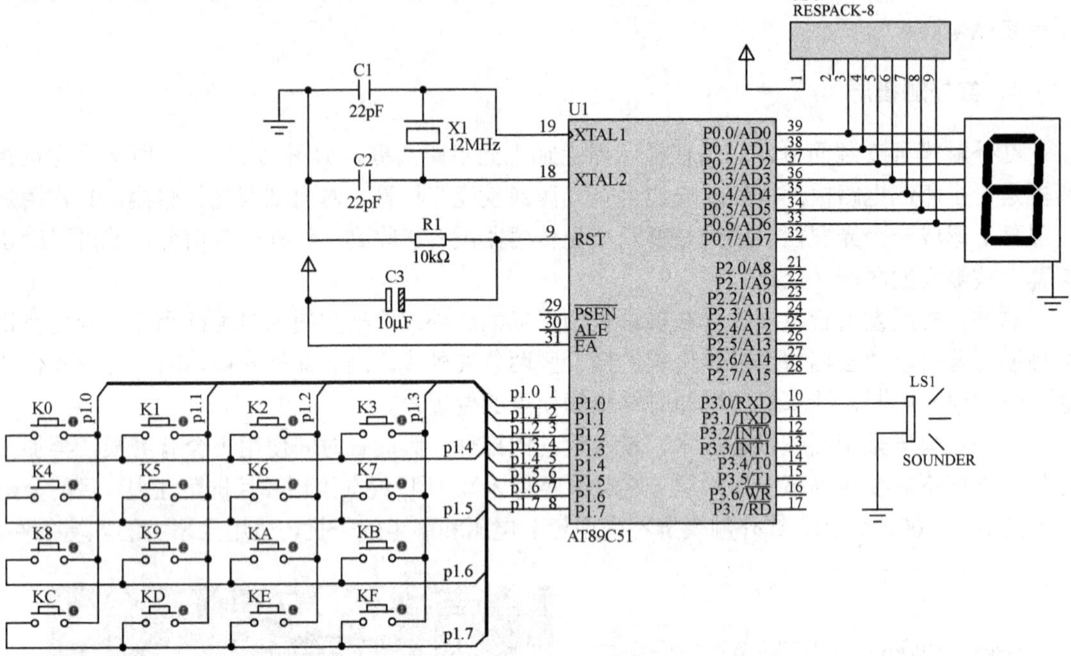

图 5.22 矩阵键盘与单片机的连接图

仿真程序如下：

```
            ORG     0000H
            AJMP    MAIN
            ORG     0100H
MAIN:       MOV     P0,#00H         ；LED 数码管不显示
A1:         LCALL   READ_KEY        ；调读键子程序
            MOV     A,30H
A2:         LCALL   DISP            ；调显示子程序
            SJMP    A1
；读键子程序：
READ_KEY:   ACALL   RK              ；有键输入？
            JNZ     LK1             ；有键到 LK1
            LCALL   YS6MS
            AJMP    READ_KEY
LK1:        ACALL   YS12MS          ；调延时子程序
            ACALL   RK              ；再读键
            JNZ     LK2             ；真有键，去判断
            AJMP    READ_KEY
LK2:        MOV     R2,#0EFH        ；第 0 行置零
            MOV     R4,#00H         ；0 行
            MOV     R3,#04H         ；计数器，最多扫描四行
LK4:        MOV     A,R2
            MOV     P1,A            ；置零
```

```
        NOP
        MOV     A,P1            ；读入键值
        JB      ACC.0,L1        ；不是 0 列
        MOV     A,#00H
        AJMP    LKP
L1:     JB      ACC.1,L2        ；不是 1 列
        MOV     A,#01H
        AJMP    LKP
L2:     JB      ACC.2,L3        ；不是 2 列
        MOV     A,#02H
        AJMP    LKP
L3:     JB      ACC.2,NEXT      ；不是 3 列
        MOV     A,#03H
        AJMP    LKP
LKP:    ANL     A,#0FH          ；键盘处理子程序
        ADD     A,R4            ；加上行号，得到键值
        MOV     30H,A           ；存入键值
LK3:    ACALL   RK              ；按键释放了吗？
        JNZ     LK3             ；没释放等待
        MOV     A,30H
        RET                     ；返回
NEXT:   MOV     A,R2
        RL      A               ；下一行
        MOV     R2,A
        MOV     A,R4
        ADD     A,#04H          ；下一行的行值
        MOV     R4,A
        DJNZ    R3,LK4
        RET
RK:     MOV     P1,#0FH         ； 读按键输入子程序
        MOV     A,P1
        CPL     A
        ANL     A,#0FH
        RET
YS12MS: MOV     R7,#18H         ；延时子程序
YS1:    MOV     R6,#0FFH
YS2:    DJNZ    R6,YS2
        DJNZ    R7,YS1
        RET
YS6MS:  MOV     R7,#0CH         ；延时子程序
YS3:    MOV     R6,#0FFH
YS4:    DJNZ    R6,YS4
        DJNZ    R7,YS3
        RET
；显示子程序如下：
DISP:   MOV     A,30H
        MOV     DPTR,#TABLE     ；查表取出相应的显示代码
        MOVC    A,@A+DPTR
```

```
          MOV     P0,A
          RET
TABLE:    DB 3FH,06H,5BH,4FH,66H,6DH,7DH,07H
          DB 7EH,6FH,77H,7CH,39H,5EH,79H,71H
          END
```

另外，如果主程序工作比较多时，也可以用中断子程序来读键盘，或者用定时扫描键盘等方法。程序中数码管显示采用的是静态显示电路，直接用 P0 口锁定输出，硬件、软件处理都比较简单，但如果 P0 口还要接存储器或扩展 I/O 或需要显示多位 LED 数码管，则 LED 数码管的值要另加锁存驱动芯片锁定。

5.5.2 LED 数码管动态显示电路

LED 数码管的动态显示电路接法比较简单，但显示子程序中要处理恰当，而且要不停地扫描，否则显示时就会出错。注意比较动态显示程序与静态显示程序的区别。

如图 5.23 所示为 LED 数码管动态显示电路，采用四位数码管显示。仍用 P0 口输出数据，P2.0～P2.3 输出控制线，分别控制各位轮流显示，由于视觉暂留，所以看到好像四位同时显示。

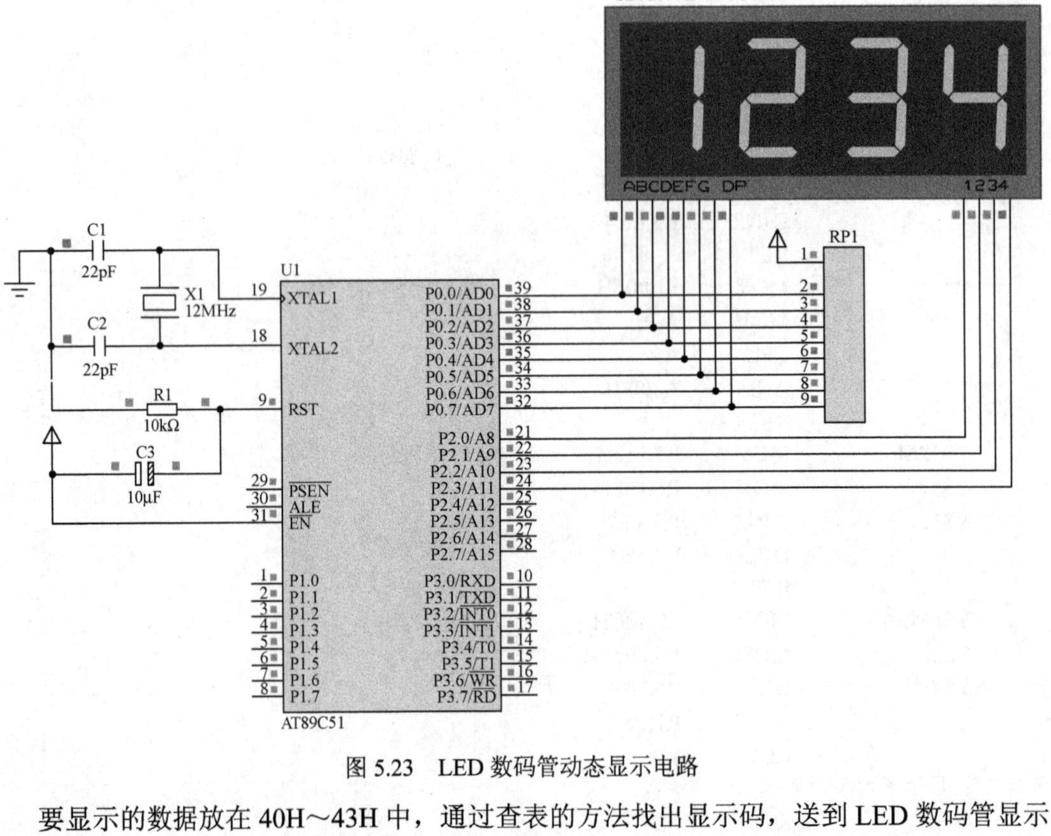

图 5.23　LED 数码管动态显示电路

要显示的数据放在 40H～43H 中，通过查表的方法找出显示码，送到 LED 数码管显示。程序如下：

```
          ORG     0000H
```

```
         AJMP    MAIN
         ORG     0060H
MAIN:    MOV     40H,#01H          ；待显示值放在 40H～43H 中
         MOV     41H,#02H
         MOV     42H,#03H
         MOV     43H,#04H
M1:      LCALL   DISP
         SJMP    M1
DISP:    MOV     R7,#0FFH          ；显示子程序
         MOV     A,40H
         MOV     DPTR,#TABLE       ；转换成显示码
         MOVC    A,@A+DPTR
         MOV     P2,#0FEH          ；选通第一位
         MOV     P0,A              ；直接送 P0 口显示
DL1:     DJNZ    R7,DL1
         MOV     P2,#0FFH          ；四位都不选通
         MOV     A,41H
         MOV     DPTR,#TABLE
         MOVC    A,@A+DPTR
         MOV     P2,#0FDH          ；选通第二位
         MOV     P0,A
DL2:     DJNZ    R7,DL2
         MOV     P2,#0FFH
         MOV     A,42H
         MOV     DPTR,#TABLE
         MOVC    A,@A+DPTR
         MOV     P0,A
         MOV     P2,#0FBH          ；选通第三位
DL3:     DJNZ    R7,DL3
         MOV     P2,#0FFH
         MOV     A,43H
         MOV     DPTR,#TABLE
         MOVC    A,@A+DPTR
         MOV     P0,A
         MOV     P2,#0F7H          ；选通第四位
DL4:     DJNZ    R7,DL4
         MOV     P2,#0FFH
         RET

TABLE:   DB 3FH,06H,5BH,4FH,66H,6DH,7DH,07H
         DB 7FH,6FH

         END
```

5.5.3 LCD 显示的实时电子钟仿真

字符点阵式 LCD 在小型智能仪器中应用比较多，这里以 LCD 液晶显示芯片显示实时电

子钟为例，实时电子钟选用集成芯片DS1302。

1. DS1302简介

DS1302是美国DALLAS 公司推出的一种高性能、低功耗的实时时钟芯片，采用SPI三线接口与CPU进行同步通信，附加31B的静态 RAM，并可采用突发方式一次传送多个字节的时钟信号和RAM数据。DS1302在用于数据记录，尤其是对一些具有特殊意义的数据点的记录上，能实现数据与出现该数据的时间同时记录，因此在测量系统中特别有用。

DS1302各引脚的功能介绍如下所述。

V_{CC1}：主电源，用电池供电。

V_{CC2}：备份电源。

当$V_{CC2}>V_{CC1}+0.2V$时，由V_{CC2}供电；当$V_{CC2}<V_{CC1}$时，由V_{CC1}向DS1302供电。

SCLK：串行时钟，输入，控制数据的输入与输出。

I/O：三线接口时的双向数据线。

$\overline{RST}$：输入信号，在读/写数据期间，必须为高。该引脚有两个功能：第一，$\overline{RST}$开始控制字访问移位寄存器的控制逻辑；第二，$\overline{RST}$提供结束单字节或多字节数据传输的方法。

DS1302与单片机的连接也仅需要3条线：$\overline{RST}$引脚、SCLK串行时钟引脚及I/O串行数据引脚，V_{CC2}为备用电源，外接32.768kHz晶振，为芯片提供计时脉冲。

DS1302采用SPI总线驱动方式，每一次操作都是由单片机发起，单片机通过写入控制字并读取相应寄存器的数据的方法控制DS1302。DS1302的控制字定义如表5.6所示。

表5.6　DS1302的控制字定义

D7	D6	D5	D4	D3	D2	D1	D0
1	RAM/$\overline{CK}$	A4	A3	A2	A1	A0	RD/$\overline{WR}$

D6=0，表示要读/写时钟日历数据；D6=1，表示要读/写RAM的数据。

D0=0，表示要进行写的操作，在控制字后下一个SCLK的上升沿时，数据按D0～D7的顺序被写入DS1302；D0=1，表示要进行读的操作，在控制字后下一个SCLK的下降沿时，数据按D0～D7的顺序从DS1302中读出。

DS1302的内部寄存器如表5.7所示，以BCD码格式存放数据。其中：

$\overline{RST}$位为1时，时钟振荡器停止，DS1302处于低功耗状态，当该位为0时，时钟开始运行。

12/$\overline{24}$位用于定义DS1302是运行于12小时模式还是24小时模式。该位为1时，为12小时模式，D6位输出小时的十位（0～1），D5位输出为0表示上午（AM），输出为1表示下午（PM）。

WP位是写保护位，当该位为1时，不能对任何寄存器进行写操作。

表5.7　DS1302的内部寄存器

读 地 址	写 地 址	D7	D6	D5	D4	D3	D2	D1	D0
81H	80H	CH	0～5（10秒）			0～9（秒）			

续表

读地址	写地址	D7	D6	D5	D4	D3	D2	D1	D0
83H	82H	0～5（10 分）				0～9（分）			
85H	84H	12/$\overline{24}$	0	0～2（10 时）		0～9（时）			
				$\overline{AM}$/PM	时				
87H	86H	0～3（10 日）				0～9（日）			
89H	88H	0	0	0	0～1	0～9（月）			
8BH	8AH	0	0	0	0	0	1～7（周）		
8DH	8CH	0～99（10 年）				0～99（年）			
8FH	8EH	WP	0	0	0	0	0	0	0

例如，要读出秒寄存器的值，则先写入控制字：10000001B=81H，在控制字后下一个 SCLK 的下降沿时，数据按 D0～D7 的顺序从 DS1302 中读出。

本例中只用到了 DS1302 的时钟特性，关于 RAM 的用法不再讨论。

2. 液晶显示芯片 LCD1602 的简介

液晶显示芯片 LCD1602 内带字符发生器的控制器，因此控制显示字符就比较简单了，可以让控制器工作在文本方式，根据在 LCD 上开始显示的行列号及每行的列数找出显示 RAM 对应的地址，设立光标，在此送上该字符对应的代码即可。其中，英文字母（大写）和数字的地址采用 ASCII 码，A～Z 为 41H～5AH，数字 0～9 为 30H～39H。

LCD1602 的主要技术参数为：显示容量为 16×2 个字符，芯片工作电压为 4.5～5.5V，工作电流为 2.0mA（5.0V），模块最佳工作电压为 5.0V，字符尺寸为 2.95mm×4.35mm（W×H）。

液晶显示模块是一个慢显示器件，所以在执行每条指令之前一定要确认模块的忙标志为低电平，表示不忙，否则此指令失效。要显示字符时先输入显示字符的地址，也就是告诉模块在哪里显示字符，LCD1602 的内部显示地址为第一行 80H～9FH，第二行 C0H～DFH。

CPU 与 LCD1602 的连接除了 8 条并行数据线外，还有三根控制线，其中 E 为使能端，当 E 端由高电平跳变成低电平时，液晶模块执行命令；RS 为高电平，读/写数据，RS 为低电平，读 LCD1602 的状态或写控制命令；R/W 为读/写控制。LCD1602 共有 11 条控制命令，如表 5.8 所示。

表 5.8　LCD1602 的控制命令表

序　号	指　令	RS	R/W	D7～D0	说　明
1	清显示	0	0	00000001	光标复位到地址 00H 位置
2	光标返回	0	0	0000001*	光标返回到地址 00H
3	置输入模式	0	0	000001IS	I：光标移动方向，高电平右移，低电平左移， S：屏幕上所有文字是否左移或右移，高电平表示有效，低电平表示无效
4	显示开/关控制	0	0	00001DCB	D=1/0：整体的显示开/关 C=1/0：控制光标有/无 B=1/0：控制光标闪烁/不闪烁
5	光标或字符移位	0	0	0001RL**	R=1/0：显示移动的文字/光标 L=1/0：右移/左移

续表

序 号	指 令	RS	R/W	D7～D0	说 明
6	置功能	0	0	001KNF**	K=1/0：4 位总线/8 位总线 N=1/0：双行显示/单行显示 F=1/0：显示字符大小 5×10/5×7
7	置字符发生存储器地址	0	0	01+	字符发生存储器地址
8	置数据存储器地址	0	0	1+	显示数据存储器地址
9	读忙标志或地址	0	1	BF	计数器地址
10	写数到 CGRAM 或 DDRAM	1	0	要写的数据内容	
11	从 CGRAM 或 DDRAM 中读数	1	1	读出的数据内容	

3. 8951 控制电路仿真

通过对 DS1302 和 LCD1602 芯片的分析，8951 控制 LCD 显示的实时电子钟的原理图如图 5.24 所示。采用 P1.0 作为 DS1602 的串行数据 I/O 口，P1.1 和 P1.2 作为 DS1302 的控制线。P0 口作为 LCD1602 的并行数据 I/O 口，P2.0～P2.3 作为 LCD1602 的控制线。

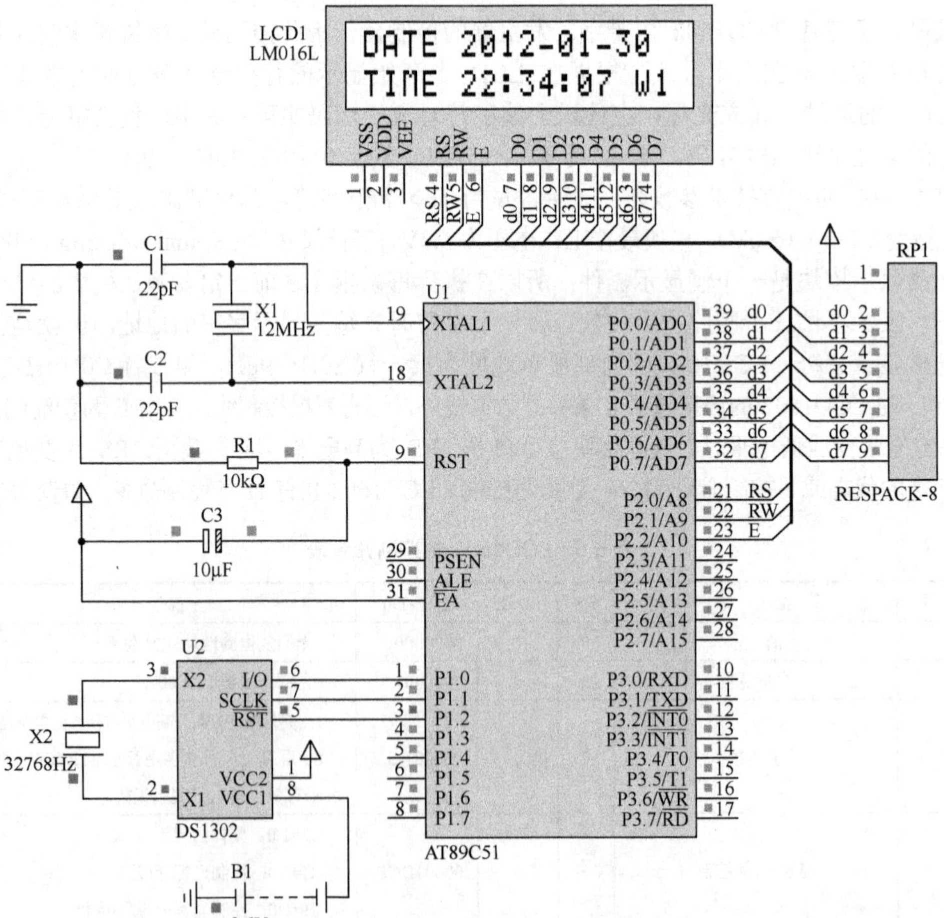

图 5.24　8951 控制 LCD 显示的实时电子钟的原理图

从图中可以看到，第一行显示日期（DATE），第二行显示时间（TIME）。
相应的程序如下：

```
；宏定义：
T_CLK       BIT     P1.1        ；定义 DS1302 硬件引脚
T_IO        BIT     P1.0
T_RST       BIT     P1.2
RS          BIT     P2.0        ；定义 LCD1602 硬件引脚
RW          BIT     P2.1
E           BIT     P2.2
            ORG     0000H
            AJMP    MAIN
            ORG     0100H
MAIN:       LCALL   SET_1302    ；设当前时间，放在 40H～4FH 中
            LCALL   LCD_INI     ； LCD1602 初始化
M1:         LCALL   RD_1302     ；读 DS1302 时间，放在 30H～3FH 中
            LCALL   DA_L        ；转换成日期显示格式，放在 50H～5FH 中
            MOV     3FH,#80H    ；第一行显示
            LCALL   LCD_DISP    ；调显示子程序
            LCALL   TI_L        ；转换成时间显示格式，放在 50H～5FH 中
            MOV     3FH,#0C0H   ；第二行显示
            LCALL   LCD_DISP    ；调显示子程序
            SJMP    M1
SET_1302:                       ； DS1302 设置子程序
            MOV     40H,#00H    ；设秒
            MOV     41H,#34H    ；设分
            MOV     42H,#22H    ；设时（按 24 小时制）
            MOV     43H,#30H    ；设日
            MOV     44H,#01H    ；设月
            MOV     45H,#01H    ；设星期几
            MOV     46H,#12H    ；设年
            LCALL   INI_1302
            RET
INI_1302:   CLR     T_RST       ；DS1302 初始化子程序
            CLR     T_CLK
            SETB    T_RST
            MOV     B,#8EH
            LCALL   WRITE
            SETB    T_CLK
            CLR     T_RST
            MOV     R0,#040H
            MOV     R7,#7
            MOV     R1,#80H
I1:         CLR     T_RST
            CLR     T_CLK
            SETB    T_RST
            MOV     B,R1
            LCALL   WRITE
```

```
            MOV     A,@R0
            MOV     B,A
            LCALL   WRITE
            INC     R0
            INC     R1
            INC     R1
            SETB    T_CLK
            DJNZ    R7,I1
            CLR     T_RST
            CLR     T_CLK
            SETB    T_RST
            MOV     B,#8EH
            LCALL   WRITE
            MOV     B,#80H
            LCALL   WRITE
            SETB    T_CLK
            CLR     T_RST
            RET
WRITE:                              ；写入 DS1302 子程序
            MOV     50H,#8
W1:         MOV     A,B
            RRC     A
            MOV     B,A
            MOV     T_IO,C
            SETB    T_CLK
            CLR     T_CLK
            DJNZ    50H,W1
            RET
READ:                               ；从 DS1302 读入子程序
            MOV     50H,#8
RE1:        MOV     C,T_IO
            RRC     A
            SETB    T_CLK
            CLR     T_CLK
            DJNZ    50H,RE1
            RET

RD_1302:
            MOV     R0,#30H
            MOV     R7,#07H
            MOV     R1,#81H
RD1:        CLR     T_RST
            CLR     T_CLK
            SETB    T_RST
            MOV     B,R1
            LCALL   WRITE
            LCALL   READ
            MOV     @R0,A
```

```
            INC     R0
            INC     R1
            INC     R1
            SETB    T_CLK
            CLR     T_RST
            DJNZ    R7,RD1
            RET
LCD_DISP:                           ；显示子程序
            MOV     R0,3FH
            MOV     R1,#50H
            MOV     R2,#10H
LC1:        MOV     P0,R0
            LCALL   LCD_WRITE
            MOV     P0,@R1
            LCALL   DA_WRITE
            MOV     P0,#10H
            LCALL   LCD_WRITE
            INC     R0
            INC     R1
            DJNZ    R2,LC1
            RET
DA_WRITE:   SETB    RS              ；数据写入 LCD1602 子程序
            CLR     RW
            CLR     E
            ACALL   DELAY
            SETB    E
            RET

LCD_WRITE:                          ；控制命令写入 LCD1602 子程序
            CLR     RS
            CLR     RW
            CLR     E
            LCALL   DELAY
            SETB    E
            RET
DELAY:      MOV     P0,#0FFH        ；等待子程序
            SETB    RW
            CLR     E
            NOP
            SETB    E
            JB      P0.7,DELAY
            RET
DA_L:                               ；转换成第一行的显示值，放在 50H～5FH 中
            MOV     50H,#44H        ；放入字母 DATE 的 ASCII 码
            MOV     51H,#41H
            MOV     52H,#54H
            MOV     53H,#45H
            MOV     54H,#0A0H
```

```
        MOV     55H,#32H
        MOV     56H,#30H
        MOV     A,36H
        ANL     A,#0F0H
        SWAP    A
        ADD     A,#30H
        MOV     57H,A
        MOV     A,36H
        ANL     A,#0FH
        ADD     A,#30H
        MOV     58H,A
        MOV     59H,#0B0H
        MOV     A,34H
        ANL     A,#0F0H
        SWAP    A
        ADD     A,#30H
        MOV     5AH,A
        MOV     A,34H
        ANL     A,#0FH
        ADD     A,#30H
        MOV     5BH,A
        MOV     5CH,#0B0H
        MOV     A,33H
        ANL     A,#0F0H
        SWAP    A
        ADD     A,#30H
        MOV     5DH,A
        MOV     A,33H
        ANL     A,#0FH
        ADD     A,#30H
        MOV     5EH,A
        MOV     5FH,#0A0H
        RET

TI_L:   MOV     50H,#54H        ；转换成第二行的显示值，放在50H～5FH中
        MOV     51H,#49H        ；放入字母TIME的ASCII码
        MOV     52H,#4DH
        MOV     53H,#45H
        MOV     54H,#0A0H
        MOV     A,32H
        ANL     A,#0F0H
        SWAP    A
        ADD     A,#30H
        MOV     55H,A
        MOV     A,32H
        ANL     A,#0FH
        ADD     A,#30H
        MOV     56H,A
```

```
            MOV     57H,#3AH
            MOV     A,31H
            ANL     A,#0F0H
            SWAP    A
            ADD     A,#30H
            MOV     58H,A
            MOV     A,31H
            ANL     A,#0FH
            ADD     A,#30H
            MOV     59H,A
            MOV     5AH,#3AH
            MOV     A,30H
            ANL     A,#0F0H
            SWAP    A
            ADD     A,#30H
            MOV     5BH,A
            MOV     A,30H
            ANL     A,#0FH
            ADD     A,#30H
            MOV     5CH,A
            MOV     5DH,#0A0H
            MOV     A,35H
            ADD     A,#30H
            MOV     5EH,#57H
            MOV     5FH,A
            RET

LCD_INI:    MOV     P0,#01H                 ；LCD1602 初始化子程序
            LCALL   LCD_WRITE
            MOV     P0,#38H
            LCALL   LCD_WRITE
            MOV     P0,#0EH
            LCALL   LCD_WRITE
            MOV     P0,#06H
            LCALL   LCD_WRITE
            RET
            END
```

小　　结

本章主要讨论了单机型智能仪器的人机界面。按键输入是单机型智能仪器最常用的输入方式，因此在 5.1 节中较为详细地介绍了键盘的设置方式和键义的分析方法。键盘通常有独立键盘、编码键盘和矩阵键盘三种。

在工业测控中，最简单的输出显示是采用 LED、LCD 显示器。七段数码管（简称 LED 显示器）有共阴极和共阳极两种，共阴极的 LED 数码管应把 COM 端接地，共阳极的 LED

数码管应把 COM 端接+5V。LED 显示电路有静态显示与动态显示两种。

段码式 LCD 通常由多位字符组成，LCD 的显示驱动方式也有静态驱动和动态驱动两种。常用的 LCD 显示器有段码式 LCD、字符点阵式 LCD、图形点阵式 LCD 三种。

本章通过实例对 LED、LCD 显示器的硬件、软件设置方法进行了讨论，并对在便携式智能仪器中有一定应用市场的微型打印机、语音提示和触摸屏做了介绍。

小型或便携式智能仪器中使用较多的是微型打印机，它通常可以嵌入在智能仪器中。

数字式语音提示是指利用集成芯片储存语音内容，它体积小，调用方便，需要时可以通过微机控制组合语音内容。

触摸屏是一种较新的输入设备，按工作原理可以分成电阻式触摸屏、电容式触摸屏、表面声波触摸屏和红外触摸屏等。

通过本章的学习，要了解常用的人机界面设备及其应用方法，结合各种芯片的资料，设计单片机控制各种人机接口芯片。

习　题　5

一、填空题

1．最简单的键盘是（　　）键盘，可以用微机的输入端口直接连接，（　　）个按键占用一个输入端口。

2．一键多义可以减小（　　），节省（　　）。

3．按键抖动的结果是计算机会把一次按键看成（　　），从而产生错误。

4．CPU 获取按键信息的方法通常有（　　）和（　　）两种方法。

5．LED 是（　　）的简称。

6．LED 有共阴极和共阳极两种，共阴极的 LED 数码管应把 COM 端接（　　），共阳极的 LED 数码管应把 COM 端接（　　）。

7．LCD 是（　　）的简称，其优点包括（　　）、（　　）、（　　）小而（　　）大、体薄物轻等。

8．段码式 LCD 的显示内容有限，要进行较多信息的显示时，可采用（　　）LCD 模块。

9．数字式语音提示是指利用（　　）储存语音内容，它体积小，调用方便，需要时可以通过（　　）组合语音内容。

10. DS1302 是一种（　　）集成芯片，它可以实时输出（　　）。

二、选择题

1．键盘识别的操作步骤不包括（　　）。

A．识键　　B．译键

C．执行　　D．按键

2．单机型智能仪器常用的键盘结构中不包括的是（　　）。

A．独立键盘　　B．矩阵键盘

C．分立键盘　　D．编码键盘

3．两位共阴极七段 LED 分别输入十六进制数 6D 和 3F，则输出数字是（　　）。

A．36　　B．50

C．42　　D．93

4．常用的 LCD 不包括（　　）。

A．段码式 LCD　　B．字符点阵式 LCD

C．图形点阵式 LCD　　D．声音点阵式 LCD

5．触摸屏按工作原理分类，不包括（　　）。

A．电阻式触摸屏　　B．电感式触摸屏

C．表面声波触摸屏　　D．红外触摸屏

6．下列设备中不属于输出设备的是（　　）。

A．段码式 LCD　　B．微型打印机

C．矩阵键盘　　D．语音提示

7．关于 TPμP-TF 系列打印机，以下说法中不正确的是（　　）。

A．有三种不同的打印宽度可供选择

B．不可以直接用单片机控制

C．可以打印汉字

D．可以通过串行口与单片机相连接

8．以下说法中不正确的是（　　）。

A．表面声波触摸屏的第一个特点是抗冲击

B．电阻式触摸屏的主要特点是精确度高，不受环境干扰

C．红外触摸屏的特点是不容易坏，且抗震性强

D．红外触摸屏需要在屏幕上加涂层

9．以下说法中不正确的是（　　）。

A．电阻式触摸屏抗干扰能力差，易受环境干扰

B．电容式触摸屏技术目前在消费类电子产品中应用很广

C．红外触摸屏安装简单，只需在显示器上加上光点距离框

D．电阻式触摸屏是在强化玻璃表面分别涂上两层 OTI 层

10．以下不属于数字式语音芯片的优点的是（　　）。

A．体积小　　B．存储量大

C．可以通过微机控制组合语音内容　　D．调用方便

三、简答题

1．解释键盘识别的各操作步骤的含义（识键、译键、键义分析、执行）。

2．简述编码键盘的构成与特点。

3．简述矩阵键盘的构成与特点。

4．简述 LCD 的工作原理。

5．简述字符点阵式 LCD 和图形点阵式 LCD 的异同。

6．简述红外触摸屏的结构及工作原理。

第6章 智能测控技术

在第1章中已经提到，智能仪器的主要特征就是在仪器中使用了微处理器，通常把智能仪器中由微机系统实现的技术称为智能技术。在测控中所用到的智能技术包括自动校正、标度变换、非线性校正、数字滤波、PID控制等。由于微处理器性能的不断增强，使得可以用软件来弥补硬件性能的不足，从而提高仪器、仪表的测量精度、测量范围和抗干扰的性能。本章将讨论常用的智能测控技术。

6.1 测量误差简述

无论多么精密的仪器，在测量过程中总会出现误差，只是误差的大小不同而已，因此可以用误差来反映仪器的测量精度。本节对误差的概念进行简单的回顾。

在测量技术中常提到的误差有绝对误差、相对误差、引用误差、最大引用误差等，这些概念应该掌握。

6.1.1 误差分类

1. 绝对误差

绝对误差是指仪表的指示值（或称测量值）x 与被测量的真值 x_0 之间的代数差，绝对误差用符号Δ表示：

$$\Delta = |x - x_0| \tag{6.1}$$

绝对误差能说明测量的精度，但是一般在测量时并不知道被测量的真值，一般仪器、仪表把高一级精度的仪器、仪表测出来的值作为真值，或者用多次测量值的算术平均值作为真值，给出仪器、仪表的误差。

2. 相对误差

相对误差是绝对误差与真值 x_0 之比，通常用百分数表示。相对误差 δ 为：

$$\delta = \frac{\Delta}{x_0} \times 100\% = \frac{|x - x_0|}{x_0} \times 100\% \tag{6.2}$$

指示值的相对误差有时能比绝对误差更好地说明测量的精确度。例如，对一个 1000℃的测量值，1℃的绝对误差是很小的，可以忽略不计，但对一个 5℃的测量值，1℃的绝对误差是必须考虑的。用相对误差来描述的话，前者的相对误差为 0.1%，后者为 20%，因此相对误差可以更好地说明测量的精确度。但仪器、仪表的测量值是在一定范围内的，例如 0～1000℃，对这一范围内的测量值，如果仪器、仪表测量的绝对误差不变的话，相对误差变化却很大，究竟取什么作为仪器、仪表的指标呢？

3. 引用误差

引用误差是指仪器、仪表指示值的绝对误差 Δ 与仪器、仪表的满量程 L 之比的百分数，用 q 表示：

$$q=\frac{\Delta}{L}\times 100\,\% \tag{6.3}$$

引用误差 q 用满量程 L（最大指示值）作为分母统一比较，但对一系列不同的测量值，可能绝对误差也不相同，仍有不同的引用误差。因此，一般取引用误差的最大值，即可能出现的最大绝对误差与满量程之比，这样就可以克服上述不足，同时又可以更好地说明仪器、仪表的精度。

4. 最大引用误差

在规定的条件下，当被测量平稳地增加和减小时，测出仪器、仪表的全量程范围内全部指示值的引用误差（实际中可能是抽取主要的点），其中最大值称为仪器的最大引用误差，用符号 $q_{\max}$ 表示：

$$q_{\max}=\frac{\Delta_{\max}}{L}\times 100\,\%=\frac{\left|x-x_0\right|_{\max}}{L}\times 100\,\% \tag{6.4}$$

最大引用误差是表示仪器、仪表测量精度的主要形式，有时称为仪器、仪表的基本误差。再回到相对误差的概念，得到用仪器、仪表进行测量的两条准则。

（1）如果已知待测量值的范围，则选用仪器、仪表时最大量程范围要接近测量值的范围上限。

（2）测量时要选择适当的量程，在满量程的二分之一到三分之二处读数。

非线性刻度的仪表其示值相对误差不能用上述方式计算。例如，对于万用表电阻挡，其最大值是无穷大，因此是不能用式（6.4）来分析的，只有当指示值 $R_x=R_0$（中心值）时，测量误差最小。因此，为了减小误差，一般以指针在中心电阻值的 0.2～2.5 倍为宜。

我国国家标准规定电工仪表的精度等级为：电压表和电流表的精度等级分 0.05、0.1、0.2、0.3、0.5、1.0、1.5、2.0、2.5、3.0、5.0 共十一级；功率表和无功功率表的精度等级分 0.05、0.1、0.2、0.3、0.5、1.0、1.5、2.0、2.5、3.5 共十级；频率表的精度等级分 0.05、0.1、0.15、0.2、0.3、0.5、1.0、1.5、2.0、2.5、5.0 共十一级。这里的 0.1 级表示最大引用误差为 0.1%。

例如，某一温度测量仪器给出测温范围为－55～120℃，精度为 0.1℃，这里的精度就是以绝对误差给出的，表示在整个测量范围中所有测量值的最大绝对误差小于 0.1℃。

又如，某一温度测量仪器给出测温范围为 0～120℃，精度为 0.05%FS（这里 FS 表示 Full Scale 即满量程），这里的精度就是以最大引用误差给出的，表示在整个测量范围中所有测量值的最大绝对误差与满量程值之比小于 0.05%。

再如，数字式仪表，如果不加说明，其精度一般按其量化误差来确定，设某一数字电压表在2V挡时最大显示值为1.999，则其测量精度为0.001/2=0.05%。

6.1.2 误差的性质和原因

为了提高仪器的测量精度，要了解误差产生的原因及其特点，按误差的性质和产生的原因可以把误差分为系统误差、随机误差和粗大误差三类。

1. 系统误差

在一定的条件下，多次重复测量同一变量时其误差的数值保持恒定或遵循某种变化规律，这种因测量仪器、测量原理、测量环境等原因引起的误差称为系统误差。例如，测量放大器的失调电压或失调电流引起的误差、开关接触电势引起的误差等。由于系统误差一般具有一定的规律，产生的原因往往是可知的，或者是能测知的，因此，可以根据其原因采取相应的校正措施进行校正。

系统误差可分为恒定系统误差和变化系统误差。恒定系统误差指的是误差的大小在相同的条件下保持不变，如仪表校准时引起的误差及零点误差是两种最常见的恒定系统误差；变化系统误差是指误差依照某一规律变化的系统误差，按其变化的特点又可分为积累误差、周期性误差及复杂误差。

2. 随机误差

随机误差是指在相同的条件下对一个不变的量重复测量，其测量结果的误差时大时小，时正时负，大小和符号都是无规律地变化的误差。随机误差是由多种因素造成的，不能用实验的方法进行校正和消除。但理论和实验都可以证明，随机误差服从统计规律，具有正态分布的特性。

一般处理随机误差的方法是通过多次测量（一般测量次数在10次以上）后，算术平均值很接近真值，或者说可以取测量值的算术平均值来代替真值。对带有微机的智能仪器来说，显然是可以用软件实现这一点的。因此，智能仪器在克服随机误差、提高测量精度方面较传统的仪器、仪表有优越性。在6.3节中将介绍几种自动校正随机误差的方法。

3. 粗大误差

粗大误差是指在相同条件下多次重复测量同一量时，明显远离测量结果的误差，即超出规定条件下的预期的误差。产生粗大误差（疏失误差）的测量值称为异常值，这些异常值应在计算时剔除，但不是无根据地、人为地随便舍弃。误差理论给出根据统计判据剔除粗大误差的3σ准则。在一般的仪器、仪表测量中，除去粗大误差是操作者的工作，但在智能仪器中却可以利用软件自动剔除粗大误差。在6.4节将介绍用软件编程自动校正粗大误差的方法。

6.2 系统误差的自动校正

仪器、仪表的系统误差是可以通过硬件或软件进行消除或减小的。传统的精密仪器、仪表通过复杂的硬件电路来做到这一点，而智能仪器则设法通过很多软件程序或软、硬件结合的方法来实现自动校正，因此在提高仪器精度和可靠性方面提高了一大步。本节介绍一些常用的消除或减小系统误差的方法。

6.2.1　自校零技术

自校零技术又称零位补偿，是用来消除最常见的恒定或慢速变化的系统误差的方法。如前所述，待测信号从传感器到送入微处理器要经过一系列的电路，由于实际电路中不可避免的一些原因，如接触电势、偏置电流、环境温度等，使得输出信号的零位与输入信号的零位不一致带来测量的误差。这种现象引起的变化十分缓慢，在测量的时间段内认为是恒定不变的，因此可以通过软件进行校零。智能仪器校零的电路如图 6.1 所示。

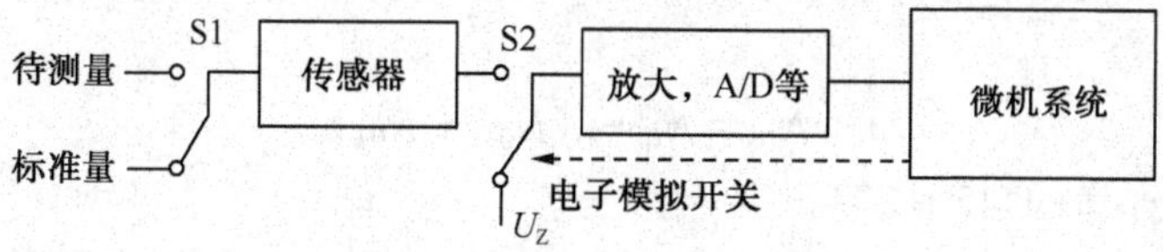

图 6.1　智能仪器校零的电路

一般在仪器设计完成后要校零，即通过传感器测量被测物理量的标准零点 x_0（或下限值，在无法获得标准零点时一般可由至少高一级精度的仪器测量给出）。如图 6.1 所示，切换 S1 接标准量，求出传感器输出量 U_Z（电压或电流，这里设为电压），微机系统获取零点的测量数据 N_0，即有

$$N_0 = k(x_0 + \varepsilon) \tag{6.5}$$

其中，ε 为零点漂移，k 为转换系数（如放大倍数等）。储存 N_0，测量时切换 S1 接待测量，设以后测量时得到的测量数据为 N_x，则与待测量对应的实际测量值 N 为

$$N = N_x - N_0 \tag{6.6}$$

如图 6.2 所示。储存 N_0 并在以后每次测量中减去 N_0，这是克服仪器零点误差最简单的方法。

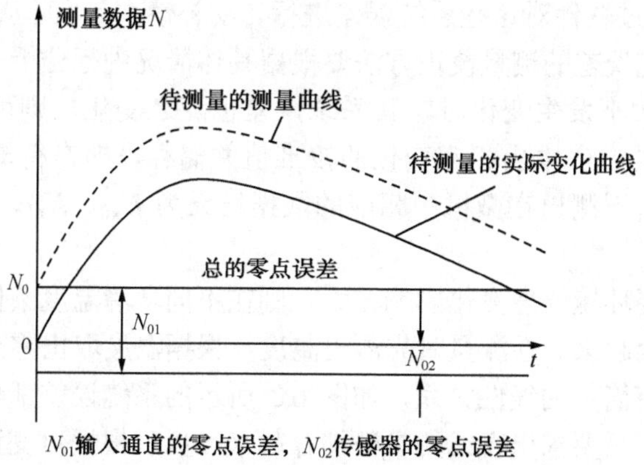

图 6.2　零点漂移现象

测量数据的零点误差 N_0 可以看成是由输入通道的零点误差 N_{01} 和传感器的零点误差 N_{02} 两部分误差叠加形成的，如图 6.2 所示，即

$$N_0 = N_{01} + N_{02} \tag{6.7}$$

这些误差可正可负，在图 6.2 中 N_{02} 为负。

假设传感器的零点误差 N_{02} 在以后的测量过程中始终保持不变，而智能仪器的输入通道部分如放大、A/D 转换等环节因环境温度、电源、通风条件变化等引起的零点误差 N_{01} 会随时间发生缓慢的变化，这种现象称为零点（误差）漂移。

这时可设计一个零点校正电路，在硬件上增加一个可以由微机控制的电子模拟开关 S2。当按下校零键时，S2 开关接通电压 U_z（如图 6.1 所示），U_z 的值一般等于零（或输入通道的下限值），则在智能仪器设计完成后第一次校零时，S1 接标准量，S2 接传感器，测得 N_0，储存；S1 任意，S2 接 U_z，测得 N_{01}，储存。以后每当系统运行自校零子程序时（有许多智能仪器开机后自动进入自校零状态），测出当前与 U_z 相对应的数据 N_{01x}，重新储存零点值 N_{0x}，N_{0x} 为

$$N_{0x} = N_0 + (N_{01x} - N_{01}) \tag{6.8}$$

这样就完成了输入通道的自动校零。

当智能仪器有多测量通道时，可以对多通道逐一校零，存入相应通道的零点值。注意，这种自动校零不能校正因传感器性能不稳定引起的零点漂移，但可以消除智能仪器输入通道的零点漂移。

如果待测量有标准量，如数字电压表待测量为电压，则可以在智能仪器中通过控制 S1 接地（如图 6.1 所示）进行校零。有些非电量测量仪表（如力、位移、速度等）的零基准比较容易得到，则可以不用 S2 开关，直接控制 S1 开关进行零点校正。

精度要求高的智能仪器一般使用一定的期限后要连传感器一起重新校正。

6.2.2 变化系统误差的校正

有些测量系统，在测量的过程中其系统误差是变化的，例如，随着待测量的增加，其系统误差逐渐增加，如图 6.3（a）所示；随着温度的升高，其系统误差逐渐增加，如图 6.3（b）所示。智能仪器可以通过软件对这些系统误差进行自动补偿（校正），从而提高测量的准确性。

对这种变化的系统误差的测量校正方法要根据具体情况进行分析。

（1）当待测量的大小发生变化时，其系统误差也随之变化，则可以通过用高一级精度的仪表进行实验校准的方法求出相应变化的校准值并储存，即在待测量已知的标准信号值分别为 x_0、x_1、…、x_n 下测出在微机中相应的数据结果为 N_{x0}、N_{x1}、…、N_{xn}，供测量校正时用。

（2）若智能仪器受环境温度变化影响较大，则在不同环境温度条件下进行校零，并把零点值与温度的关系储存起来。在测量时先测出温度，根据温度取出零点值进行校零。

（3）若系统变化有简单的线性关系，如图 6.3 所示的系统误差都与自变量成线性关系，则处理相对比较简单，只要求出直线的参数储存起来，以后根据自变量的值求出相应的零点值就可以了。

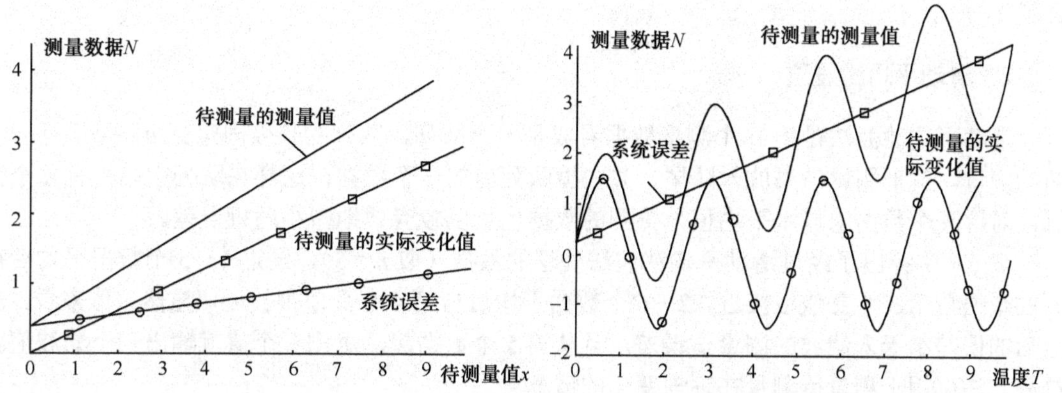

（a）系统误差随待测量而变化　　　　（b）系统误差随温度而变化

图 6.3　变化系统误差示意图

（4）若系统变化比较复杂，通常就需储存多个校正点数据，计算机在测量时，每获得一个测量数据 N 就自动地从相应的存储单元中读取相应的系统误差值，相减后得到经过校正的测量数据。一般来说，校准的点数越多，字节越长，精度就越高，但将大幅度增加储存量，增加成本，所以要适当考虑。

总之，智能仪器在经过自动校正设计后，可以用软件自动根据测量情况进行零点校正及其他相关的补偿，大大方便了操作者，提高了仪器的测量精度，节省了硬件成本。

6.3　随机误差的自动校正

随机误差是测量中不可避免的，一般的仪器、仪表无法克服随机测量误差，然而智能仪器却可以利用微机控制测量速度快的优势，通过用软件进行多次测量求平均值的方法来减小随机误差，这就是所谓的平滑滤波技术。

智能仪器中常用的克服随机误差的滤波方法有以下几种。

1. 算术平均滤波法

克服随机误差最简单的方法是通过在同样条件下多次测量求平均值，减小测量误差。

设对同一个待测量进行了 n 次测量，（扣除了系统误差后的）测量值为 x_1、x_2、…、x_n，则有

$$\overline{x}=\frac{1}{n}\sum_{i=1}^{n}x_i \tag{6.9}$$

统计理论给出：当测量次数 $n\to\infty$ 时，有 $\overline{x}\to$ 真值，测量的随机误差 $\to 0$。算术平均滤波效果主要取决于采样次数，采样次数越多，滤波效果越好，但测量的速度降低了。因此，这种方法只适用于测量慢速变化的信号。

例如，一个测量系统每秒可以完成 10 次测量，即测量一次需要 0.1s（包括 A/D 转换等时间），如果只要求每秒更新一次测量数据，显然可以取 $n=10$，较好地克服了随机干扰。如果待测量 1s 内会发生变化，要求每秒更新 5 次测量数据，则 $n=2$，这种滤波方法就不太适

合了。

2. 滑动平均滤波法

滑动平均滤波法是把 n 个测量数据看成是一个队列，队列的长度固定为 n，每进行一次新的测量，就把测量结果放入队尾，并去掉队列前的一个数据，这样在队列中始终有 n 个数据，对这 n 个数据求算术平均值，得到的数据也可以较有效地减小随机误差。

表 6.1 中列出了经过滑动平均滤波法处理的数据（取 $n=5$），经过 1～5 个数据平均后得到的数据与第 3 个真值很接近，2～6 个数据平均后与第 4 个真值很接近。显然总体来看，滤波后的误差小于未滤波的测量值误差，且从第 5 个数据起，每测一个值就输出一个滤波值。这种方法可用于测量待测量在逐渐变化的情况。

在滑动平均滤波中，n 的选取十分重要，n 选得大，滤波效果好，但实时响应速度减慢，或者说仪器的反应不灵敏。如表 6.1 中就滞后了两次测量时间，在第 n 次测量后输出 $n-2$ 次测量的值；n 取得小，滤波的效果不显著，一般要根据参数变化的速度进行选取。通常，流量测量时取 $n=12$，压力测量时取 $n=4$。

滑动平均滤波法对偶然出现的脉动性误差（粗大误差）抑制效果差。

表 6.1 滑动平均滤波法处理的数据

	真 值	含随机误差的测量值	滤波后的值	备 注
1	1	0.988		
2	1.2	1.207		
3	1.4	1.429	1.393	1～5 行平均值
4	1.6	1.556	1.593	2～6 行平均值
5	1.8	1.784	1.794	3～7 行平均值
6	2	1.989	1.983	4～8 行平均值
7	2.2	2.213	2.194	5～9 行平均值
8	2.4	2.374	2.390	6～10 行平均值
9	2.6	2.613	2.598	7～11 行平均值
10	2.8	2.759	2.789	8～12 行平均值
11	3	3.029	3.001	9～13 行平均值
12	3.2	3.173	3.191	10～14 行平均值
13	3.4	3.434	3.402	11～15 行平均值
14	3.6	3.558	3.601	12～16 行平均值
15	3.8	3.816		
16	4	4.026		

3. 加权滑动平均滤波法

在滑动平均滤波法中，n 越大，则输出信号的滞后越严重，为此可采用加权滑动平均滤波法。这是滑动平均滤波法的一种改进，即对不同时刻的测量数据加以不同的权重系数。通常越接近当前时刻的数据，权重系数越大，以提高系统对当前采样值的灵敏度。权重系数的具体选取有多种方法，这里不再介绍。

4．中值滤波法

中值滤波法的基本思想是连续测量 3 次并储存 3 次的测量值 x_1、x_2、x_3，比较 3 个采样值的大小，将中间的测量值作为有效的测量值，其算法是：如果 $x_1>x_2>x_3$，则取 x_2 作为本次测量有效值储存，将其他两个值丢掉。

这种方法可以有效地克服因偶然因素引起的波动或采样器不稳定引起的脉冲干扰，对温度、液面等变化缓慢的控制参数采用中值滤波法可以收到较好的效果。

6.4　粗大误差的自动校正

粗大误差是指明显与实验结果不符合的数据，在一般仪器、仪表测量中需要人工进行剔除。在智能仪器中则可以确定一些准则，使智能仪器在测量过程中自动剔除粗大误差，提高仪器的测量精度。一般剔除粗大误差的方法有以下几种。

1．3σ准则

3σ准则又称莱特准则，适合与算术平均滤波法结合使用，其步骤为：

（1）对某待测量进行 n 次测量，得到 n 个测量值 x_1、x_2、…、x_n。

（2）按式（6.9）求出其算术平均值 $\bar{x}$。

（3）求出另一个统计量——方差 σ，为

$$\sigma=\sqrt{\frac{1}{n-1}\sum_{i=1}^{n}(x_i-\bar{x})^2} \tag{6.10}$$

统计理论给出，方差σ反映了测量数据的波动范围。由 3σ准则（莱特准则）可知，当测量次数 n 足够多且测量服从正态分布时，在各次测量值中，若有某次测量值与平均值之差的绝对值（称为剩余误差）大于 3σ，则认为该次测量值为坏值，予以剔除。

（4）求出每个测量数据的剩余误差 $v_i=|x_i-\bar{x}|$，并与 3σ 比较，若 $v_i>3\sigma$ 就认为 x_i 为坏值，予以剔除。

（5）对剩下的 $n-1$ 个值，用同样的方法再进行计算和判断，直到无粗大误差值为止。

2．限幅滤波算法

3σ准则与算术平均滤波法一样，有处理速度慢的缺点。限幅滤波法则可以较快地剔除粗大误差。限幅滤波法是根据实际经验判断待测量的最大可能变化范围 e，如果两个连续测量值的差超过了这个范围，就剔除后一个测量值，具体算法为：测量并储存第一个测量值 x_1；从第二个测量值 x_2 开始判断，$|x_2-x_1|<e$ 是否成立，若成立，则 x_2 为有效数据，储存，下次测量值 x_3 与 x_2 比较；若不成立，则不储存，下次测量值 x_3 与 x_1 比较；以此类推。这种方法编程比较容易，响应速度也比较快，关键问题在于变化幅度范围比较难确定。

6.5 标度变换

为了方便操作者，显示类仪器、仪表通常显示实际测量值。例如测量压力，无论采用什么原理，最终在仪表上必须显示压力值。非智能仪器、仪表通过硬件进行转换，再用指针偏转或数字来显示。

例如，测量温度时常采用热电偶或热电阻作为敏感元件，设测量的范围为 0～1000℃，若采用铂-铑-铂 S 形热电偶，则其输出的热电势为 0～16.716mV，经放大后对应为 0～5V 直流电压，用以驱动仪表指针，显示温度值，或者再经 A/D 转换电路转换为数字量，显示数字值。显然，同样的电压值所代表的物理量及其值是不同的。通常采用一定的处理技术将这些数字量转换成具有不同量纲的相应物理量的值，这一技术被称为标度变换。如图 6.4 所示给出了传统显示模拟式仪器、仪表及数字式仪器、仪表的结构框图。

智能仪器则可以利用软件进行标度变换，有时用硬件实现标度变换是十分复杂的，尤其当对标度变换精度要求比较高时，更重要的是一台仪器进行多通道测量时，同样的数字量可以分别表示完全不同的物理量，智能仪器可以用不同的程序进行处理，节省了很多硬件电路。如图 6.5 所示为智能显示仪器的结构框图。

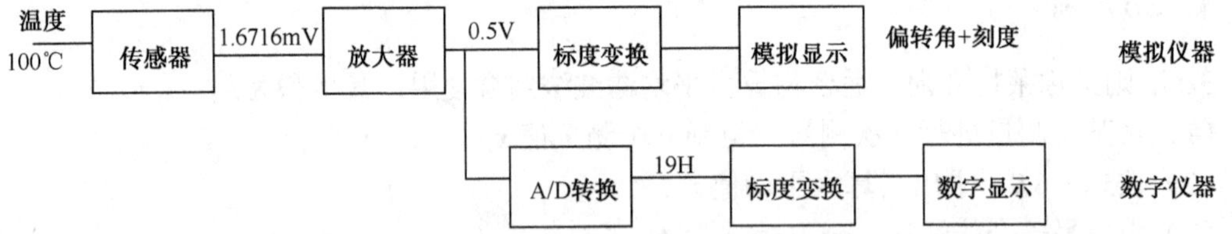

图 6.4　传统显示仪器、仪表的结构框图

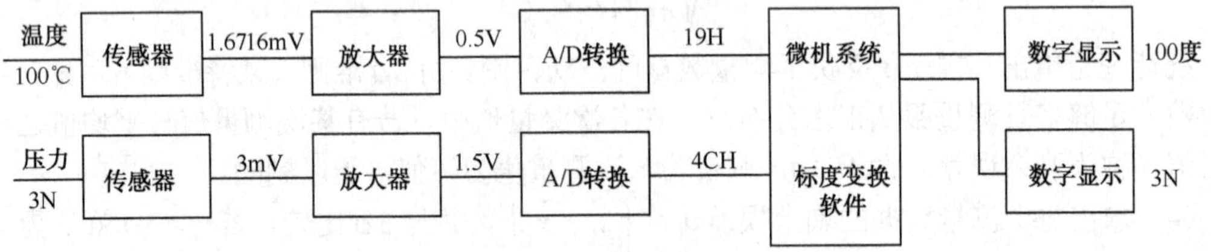

图 6.5　智能显示仪器的结构框图

在图 6.5 中只有两个传感器，在实际中可以有多路输入，必要时 A/D 转换器甚至放大器都可以合用，从而节省硬件。如果采用个人微机系统，显示可以有更好的人机界面，其优越性更加明显。

标度变换的原理为：若被测物理量的变换范围为 A_0～A_M，即传感器测量到的最小值为 A_0，最大值为 A_M，物理量的实际测量值为 A_X，而 A_0 对应的数字量为 N_0，A_M 对应的数字量为 N_M，则 A_X 对应的数字量为 N。若同时再假设包括传感器在内的整个数据采集系统是线性的，则标度变换公式为

$$A_X = A_0 + \frac{(N - N_0)}{N_M - N_0} \times (A_M - A_0) \tag{6.11}$$

即 CPU 读到一个测量值 N，就可以根据上式求出相应的被测量 A_X。

【例 6.1】 如图 6.5 所示，对温度信号有参数：$A_{01}=0$，$A_{M1}=1000$，$N_{01}=0$，$N_{M1}=\text{FFH}$，测得 $N_1=19\text{H}$，则被测量为

$$A_{X1} = A_{01} + \frac{(N_1 - N_{01})}{N_{M1} - N_{01}} \times (A_{M1} - A_{01}) = 98$$

对压力信号有参数：$A_{02}=0$，$A_{M2}=10\text{N}$，$N_{02}=0$，$N_{M2}=\text{FFH}$，测得 $N_2=4\text{DH}$，则被测量为

$$A_{X2} = A_{02} + \frac{(N_2 - N_{02})}{N_{M2} - N_{02}} \times (A_{M2} - A_{02}) = 3.02$$

注意到计算值与被测量值 100 有误差，这个误差是 A/D 转换时引入的，要减小误差，必须提高 A/D 转换器的精度。

对于智能仪器来说，参数均为常数，一般是在校正时存入计算机的。对于多参量的检测，则对应不同的参量，这些数值当然是不同的。如果某些参数还是多挡量程测量，则即使是同一参量，在不同的量程时，这些数值也不相同。在进行标度变换时，要根据需要调用不同的参数。

6.6　非线性校正

一般总希望传感器或仪器、仪表的输入/输出特性是线性的，即输出量与输入量符合直线方程：

$$y = kx + b$$

其中，k 为常数，这样，在传感器的测量范围内输出与输入的关系可以用一条直线来描述。实际中，有部分传感器在一定范围内输入与输出是符合线性关系的，如硅 PN 结测温传感器的输入/输出特性曲线如图 6.6 所示，在 0～200℃范围内，输出电压与温度成线性关系：

$$y = -0.004x + 0.8 \tag{6.12}$$

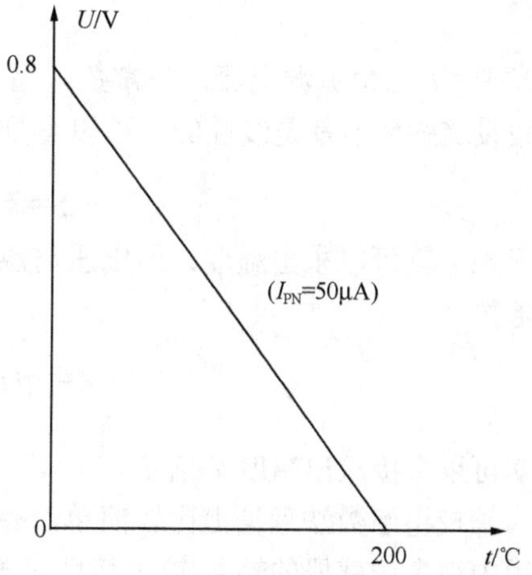

图 6.6　PN 结的 U-t 特性曲线

但实际应用中的传感器大部分是非线性的，传感器的“线性化”处理需要在传感器后面接上校正处理电路。在模拟传感器中有些校正处理电路是相当复杂的，而且要实现很好的线性度也是相当困难的，这样就影响了传感器及传统仪器、仪表精度的提高。

在智能仪器中，有些传感器可以不再加校正处理电路，而是通过软件设计，用校正函数来克服传感器的非线性带来的误差，其原理图如图 6.7 所示。这种软件设计的方法对采集通

道（放大电路，A/D 转换）带来的非线性误差也可以有效地加以处理，从而提高了仪器、仪表的精度。

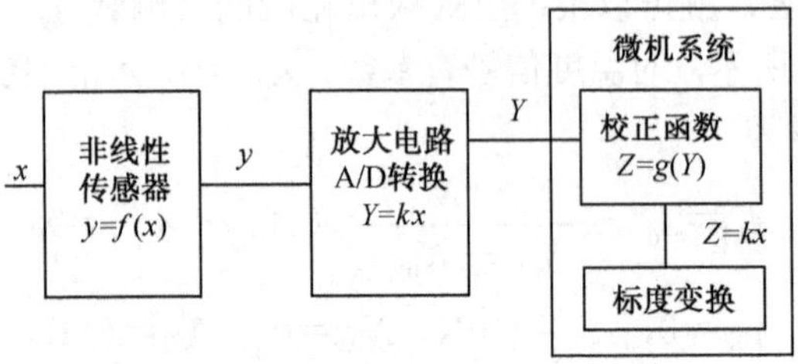

图 6.7　智能仪器中非线性校正原理图

实现非线性校正的方法有多种，常用的有以下几种。

1．校正函数法

如果传感器的输出虽然是非线性的，但却存在一定的函数规律，则采用校正函数法是最方便的，如图 6.7 所示，直接求出校正函数的公式，用软件进行计算处理，使得输出量 Z 与被测量 x 成线性关系。

【例 6.2】　某热敏电阻的电阻值与温度之间的关系为

$$R_T = \alpha \cdot R_{25℃}\, e^{\frac{\beta}{T}} \tag{6.13}$$

式中，R_T 为热敏电阻在温度为 T 时的电阻值，$R_{25℃}$ 为热敏电阻在 T=298.15K（即 t=25℃）时的电阻值。α、β 为常数，在 0～50℃范围内有 $\alpha=1.44\times10^{-6}$，β=4016K（K 为绝对温度温标，绝对温度 T 与摄氏温度 t 的关系为 $T=273.15+t$）。

如果用恒流源给热敏电阻供电，则热敏电阻两端的电压为

$$U_T = I_s R_T \tag{6.14}$$

式中，I_s 为恒流源电流，是常数。通过测量热敏电阻两端的电压 U_T 并进行放大和模/数转换，假设这些环节都是线性的，可以得到

$$Y = kU_T = kI_sR_T = kI_s\alpha \cdot R_{25℃}\, e^{\frac{\beta}{T}} \tag{6.15}$$

读入 Y 就可以求出温度，但电压与温度之间是非线性的关系，所以读入 Y 值以后，通过校正函数

$$Z = g(Y) = \frac{\beta}{\ln(Y) - \ln(kI_s\alpha \cdot R_{25}\ )} = T \tag{6.16}$$

就可以直接求出温度 T 值了。

校正函数法理论上比较简单，有些公式的处理有现成的程序，执行也比较快，但实际应用中很多传感器的输入/输出特性很难用解析式表示出来，因此，也无法找到可以用公式表示的校正函数。还有些传感器的输入/输出特性虽可以用解析式表示出来，但计算太复杂，影响测量速度，这时要考虑采用其他方法。

2．查表法

查表法是将事先计算好或测量出的校正值按一定顺序存放在内存中，形成一个表，根据

测量输入值 Y 直接查出 Z，通常连标度变换都可以一起完成。

表的设计一般有直接查表法和间接查表法两种。

（1）直接查表法。以 Y（二进制数）为地址，Z 为表格内容，这种表适用于 Y 值有限且顺序排列的情况。如用 8 位的 A/D 转换器，Y 最多只有 256 个值，将 256 个字节（或字）的内容储存在表 6.2 所示的表格中，然后按如图 6.8 所示的流程图进行查表，读取 Z。

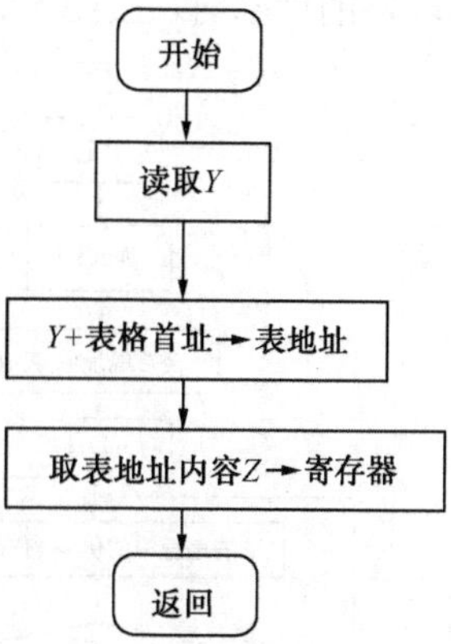

图 6.8 按地址查表流程图

最常用的如根据二进制数查出其 BCD 码显示值，因为显示值与二进制数之间不存在可以用公式表示的换算关系，所以一般都通过列表查询。

Y 的变化范围很大，而 Z 的变化范围有限，但 Y 与 Z 仍一一对应。这时可以把 Z 作为地址，Y 作为内容，相应的查表法有顺序查表法和对分查表法等。

表 6.2 顺序储存表

	内　容
首地址	00H
表地址＝首地址＋1	03H
…	…
表地址=首地址+Y	77H
…	…

【例 6.3】 通过逐点测量得到某传感器的输出电压信号 y 与待测压力信号 x 之间满足如表 6.3 所示的非线性关系，试画出用查表法求出压力值的流程图。

表 6.3 压力与电压关系

压力值（x/N）	电压值(y/mV)
1	0.79
2	1.90
3	3.44
4	5.59
5	8.59
6	12.78
7	18.62
8	26.78

解：因为 Y 是 y 的放大转换值，是不连续的，显然只能把测量值 Y 作为内容，这时的查表可采用顺序查表法，顺序查表法流程图如图 6.9 所示。从表首地址开始取值与 Y 进行比较，其对应的压力值 $Z=1$，若相匹配（考虑到可能有一定的误差，一般认为在 Y 值附近一定的范围内都属于相匹配），可得出测出的压力值，若不匹配，则取表中下一个地址中的值，同时压力值加 1。若到最后也未找到相匹配的值，则用某一不可能出现的值存入，此例中用“-1”。这样执行完查表程序，就查出了压力值。

当表中的内容很多且表格中的内容是单向递增或递减时，可采用对分查表法。

例如，12位A/D转换器的数据表要占用4KB的内存，如果采用顺序查表法且测量值在表格的后部时，按图6.9查表比较慢，这时可用对分查表法。设为递增表，取表格中间值与Y比较，若小于Y，则在表的后一半中，再对分。以此类推，可以很快查到测量值的位置。

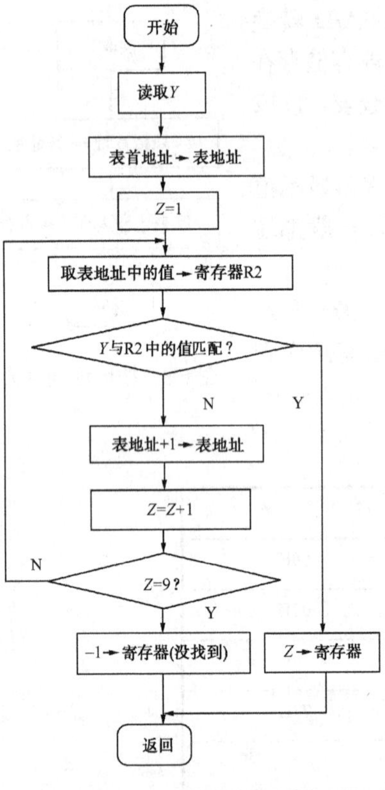

图6.9 顺序查表法流程图

（2）间接查表法。对于Y与Z都不是顺序排列的情况，可以结合这两种表的设计，根据测量值Y求出编号N，再根据N求出Z。

在非线性校正方法中，查表法最简单，准确度也最高，但是需要把大量的数据制成表格并存入计算机中，因此要占用较多的内存。如8位A/D转换器的数据要占用256个字节，12位A/D转换器的数据要占用4KB的内存。若是单片机构成的系统，当传感器较多时，内存是需要考虑的。在PC构成的系统中，则不必考虑内存。但另一个要考虑的问题是查表法必须针对每一个传感器进行校正，当智能仪器因故更换检测传感器时，可能需要重新校正、修订表格。

3. 插值法

查表法会占用太多的内存，且对一些连续变化量的测量要储存所有的数据也是不现实的，所以工业上还经常采用插值法来代替单纯的查表法。插值法有多种，这里仅以线性插值法为例加以说明。

线性插值法实质是将函数分段用直线取代，如图6.10所示，用$n=10$段斜率不同的直线去取代这条非线性曲线。当实测值Y介于两个分段点值Y_i和Y_{i+1}之间时，取出Z_i和Z_{i+1}，然后按公式求出Z：

$$Z=Z_i+M_i(Y-Y_i) \tag{6.17}$$

式中，M_i是第i段直线的斜率，有

$$M_i=\frac{Z_{i+1}-Z_i}{Y_{i+1}-Y_i} \tag{6.18}$$

可以把每段的Z_i、Y_i、M_i按Y值的大小顺序列成三张表，每张表格中只储存$n+1=11$个分段点，由Y求出所在区间号，得到相应的Z_i、Y_i、M_i值，利用公式进行计算，求出校正后的输出值Z。

显然，分段n越多，与函数曲线越逼近，实际求出的Z的精度也就越高，但占内存空间也越大。分段时可以采用等分方法，也可以采用不等分的方法，要根据曲线的实际情况确定，但要使每段因为用直线代替曲线引起的误差都在精度允许的范围内。

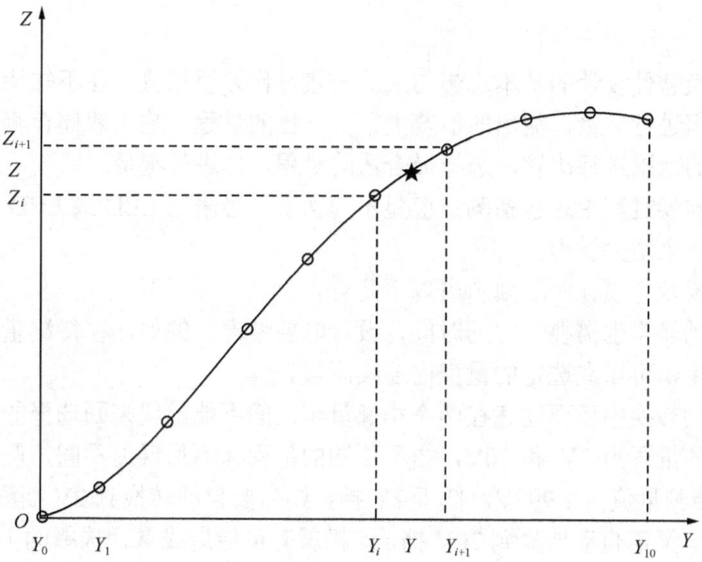

图 6.10　线性插值法示意图

6.7　量程自动转换

在讨论仪器的精度时，测量时适当选取测量的量程范围是相当重要的。智能仪器对同一种测量参数，如电压、温度等，常常有很宽的测量范围并能根据被测量的大小自动选择适当的量程，以保证测量值有足够的分辨率和准确值。这种由计算机软件算法判断并控制系统选择适当量程进行测量的技术就是量程自动转换技术。

量程自动转换技术由三部分组成：硬件结构、软件设计及保护电路。

1．硬件结构

硬件是实现量程自动转换的保证，方法有多种，最常用的是用程控放大器。它通过微机系统控制改变放大器的放大倍数，程控放大器可以用集成的，如图 6.11 所示。微机系统通过改变 A0A1 的组合改变程控放大器的放大倍数，也可以根据要求用电子模拟开关加运算放大器构成，还可以采用非易失性数字电位器和仪表放大器组成高精度、多挡位、低成本的程控放大器等。

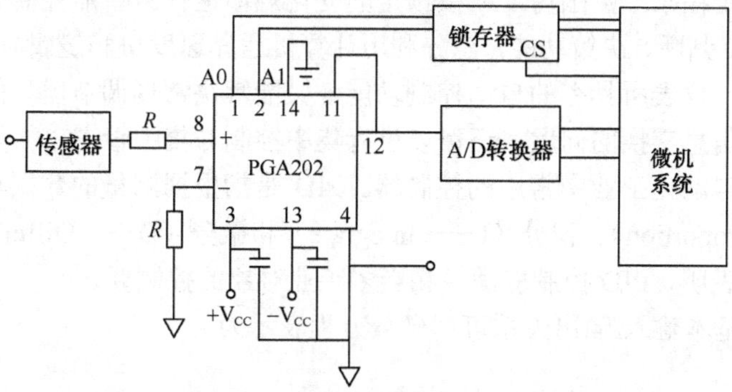

图 6.11　量程自动转换结构图

2. 软件设计

量程自动转换软件设计的基本思想与人的一般操作习惯相符。在不知待测量大小的情况下，选择最大量程进行测量，测出的值若大于下一挡的量程，输出或储存测量值，反之应把测量值与各量程的范围进行比较，选择最合适的量程，再进行测量。

在量程自动转换过程中还包括测量值显示的切换，当采用 LED 或 LCD 数码管显示时，一般是移动小数点来增大量程。

量程自动转换软件设计时还要考虑以下几点。

（1）量程自动转换也需要一定的时间，设计时要考虑。例如，在待测量的变化幅度不会很大的测量过程中，可以在选定的量程内连续测量。

（2）量程自动转换中还要注意在两个相邻量程之间不能出现来回选择的现象。如某数字电压表相邻两挡的量程为 2V 和 20V，由于不同的量程其测量误差不同，假设被测电压真值为 2V，用 20V 挡测量值为 1.999V，低于 2V 挡，则需要自动转换到 2V 挡测量，在 2V 挡测量时又为 2.002V，又需自动转换到 20V 挡，这样就有可能造成量程选择的不确定性。为了解决这个问题，通常结合仪器的测量精度考虑，如选择降低量程时，取 1.95V 作为比较值，这样就可以避免这种来回选择量程（造成死循环或减慢测量速度）的现象出现。

（3）在连续测量过程中，当待测量逐渐增大，超出当前测量的量程时，则立即进入最大量程，再进行量程的自动转换。

3. 保护电路

有自动量程转换功能的智能仪器必须具有过载功能，其最大过载可达仪器的最低量程和最高量程之比。例如有一电压表，其量程为 20mV、200mV、2V 和 20V，则有可能在 20mV 的量程下输入达到 20V，这时电压表应有过载保护，并能迅速自动量程转换。集成程控放大器往往自带保护电路，如果用分立元件组成程控放大器，则要对运算放大器进行输入过压保护。

6.8 PID 控制

在自动化生产过程中，要实现安全、高效、优质生产，必须控制好影响过程顺利进行的有关参数，使其稳定在某一范围内，或按预定的变化规律运行。智能控制是利用微机系统用软件代替人的分析、判断、决策功能，充分利用计算机运算速度快和逻辑判断功能强等优点，既能完成传统仪器、仪表所具有的自动控制功能，又能解决常规调节器只能控制一个参数且无法进行较复杂的信息交换的问题，还可以进行集中控制与集中管理。

PID 控制器是自动化工业中常用的控制器。PID 是指根据测量的数据与设定的数据的偏差按比例（P——Proportion）、积分（I——Integrate）和微分（D——Difference）处理方法进行控制。控制理论表明，PID 控制能满足相当多工业对象的控制要求。

PID 调节器的基本输入/输出关系可用微分方程表示为

$$u(t)=K_{\mathrm{P}}\left[e(t)+\frac{1}{T_{\mathrm{I}}}\int_0^t e(t)\mathrm{d}t+T_{\mathrm{D}}\frac{\mathrm{d}e(t)}{\mathrm{d}t}\right] \tag{6.19}$$

式中，$u(t)$ 为输出信号，$e(t)$ 为调节器的输入偏差信号，$e(t)=r(t)-u(t)$，$r(t)$ 为输入信号，K_{P} 为比例系数，T_{I} 为积分系数，T_{D} 为微分系数，注意到其第一项为比例，第二项为积分，第三项为微分。

传统的 PID 控制器是用模拟电路或数字电路设计的硬件电路，在智能仪器中可以通过软件实现 PID 控制，这里用一个实例来进行说明。

带微机的炉温控制系统框图如图 6.12 所示，系统中采用铂金电阻作为温度检测元件，检测到的炉温信号放大后经 A/D 转换器转换成数字信号送给计算机。计算机按 PID 控制要求进行分析，输出数字控制信号给 D/A 转换器转换成模拟信号，经放大后去控制晶闸管整流装置，控制电阻炉的加热。

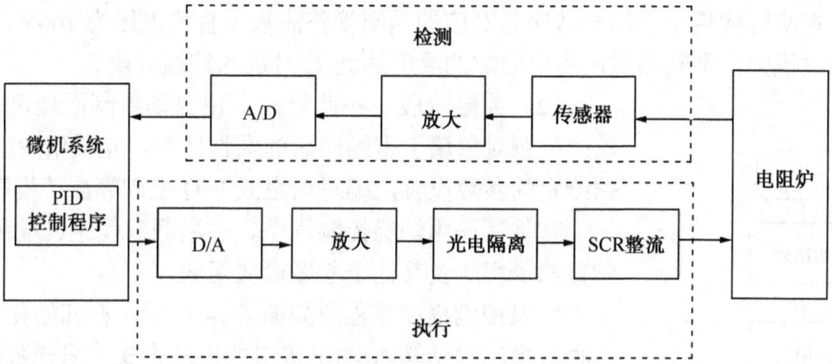

图 6.12　带微机的炉温控制系统框图

一个电炉的炉温控制要求按如图 6.13 所示的曲线规律变化，从加温（$t=0$）开始到 a 点（温度 T_{a}）为自由升温阶段，这时希望升温速度越快越好，当温度达到 T_{a} 后引入 PID 控制，使炉温在满足给定指标的条件下进入保温阶段 bc，保温阶段有设定保温值 T_{b}。但实际温度却在变化中，需要根据给定指标加以控制，保温阶段的时间设定范围为 50～100min，cd 段为自然降温段，无须加热。

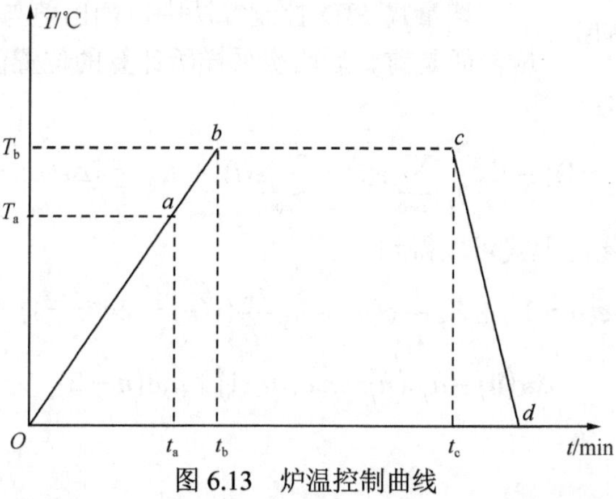

图 6.13　炉温控制曲线

对炉温控制的指标要求如下所述。

（1）炉子保温时，温度的变化范围为 50～100℃，可输入参数 T_b 加以设定。

（2）过渡过程（升温）时间 t_1＜100min。

（3）超调量 σ。升温过程的温度最大值 T_a 和要求保温值 T_b 之差与保温值之比小于 10%。

$$\sigma=\frac{|T_a-T_b|}{T_b}\leqslant 10\% \tag{6.20}$$

（4）静态误差 e_σ。保温段实际温度值 T 与要求保温值 T_b 之差与保温值之比小于±2%。

$$e_\sigma=\frac{T-T_b}{T_b}\leqslant \pm 2\% \tag{6.21}$$

由图 6.13 可知，炉温控制曲线可分成三段，而真正需要控制电阻炉加热的是前两个阶段。

（1）自由升温阶段控制。在这个阶段，希望升温速度越快越好，因此，控制上只要让电阻炉以最大的能力加热，也就是计算机向 D/A 输出最大值。设采用 8 位的 DAC0832，最大值为 FFH，在实际应用中与这一数字量对应的晶闸管整流输出直流电压为 160V。

在这个过程中，不断测量，当电阻炉的温度达到 T_a 时进入控温阶段。

（2）控温阶段。在此阶段，由自动控制原理可知，电阻炉这个控制对象属于带纯滞后的惯性环节，宜采用 PID 控制。根据给定的参数设置，编写增量式 PID 控制算法子程序等。

软件程序由炉温控制程序、中断服务程序、增量式 PID 控制算法子程序及其他子程序模块组成。

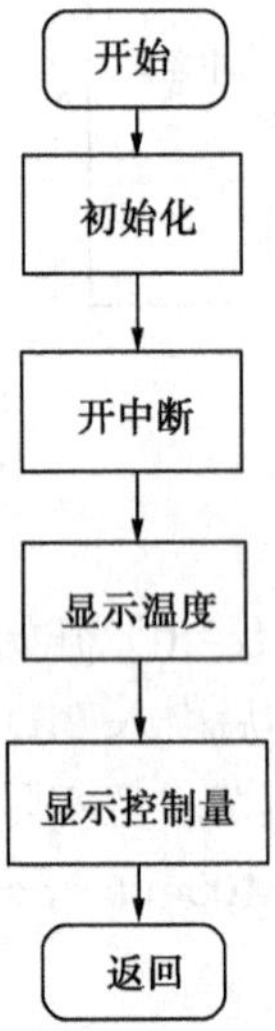

图 6.14　炉温控制程序流程图

炉温控制程序流程图如图 6.14 所示，在初始化模块中设定各种参数，包括输入/输出接口的工作方式、采样数据的存储地址、中断方式选择等，接着开中断等待。当 A/D 转换结束时申请中断，执行中断子程序，对炉温的采样及控制都在中断子程序中进行，中断子程序结束则显示当前温度值及控制输出值。

中断子程序的流程图如图 6.15 所示，它求取当前炉温值 T 与给定保温值 T_b 的差值，判断是否进入控温阶段，若已进入控温阶段，则调用 PID 算法子程序，否则输出 FFH，使晶闸管整流器以全功率给电阻炉加热。

增量式 PID 控制算法中，输出值与执行机构的变化量相对应，即是前、后两次采样所计算的位置值之差，其算式为

$$\begin{aligned}\Delta u(n)&=u(n)-u(n-1)\\&=K_P[e(n)-e(n-1)]+K_P\frac{T}{T_I}\left[\sum_{i=0}^{n}e(i)-\sum_{i=0}^{n-1}e(i)\right]+K_P\frac{T_D}{T}[\Delta e(n)-\Delta e(n-1)]\end{aligned} \tag{6.22}$$

式中，T 为采样时间。化简上式可以得到

$$\Delta u(n)=K_P[e(n)-e(n-1)]+K_P\frac{T}{T_I}e(n)+K_P\frac{T_D}{T}[e(n)-2e(n-1)+e(n-2)] \tag{6.23}$$

$$\Delta u(n)=a_0e(n)+a_1e(n-1)+a_2e(n-2) \tag{6.24}$$

式中，$a_0=K_P\left(1+\frac{T}{T_I}+\frac{T_D}{T}\right)$，$a_1=-K_P\left(1+2\frac{T_D}{T}\right)$，$a_2=K_P\frac{T_D}{T}$

增量式 PID 算法的程序流程图如图 6.16 所示。计算$\Delta u(n)$时只需要保留现在时刻及以前的两个偏差值 $e(n)$、$e(n-1)$、$e(n-2)$，初始化程序置初值 $e(n-1)=e(n-2)=0$，由中断服务程序对过程变量进行采样，并根据参数 a_0、a_1、a_2 及 $e(n)$、$e(n-1)$、$e(n-2)$计算出$\Delta u(n)$。

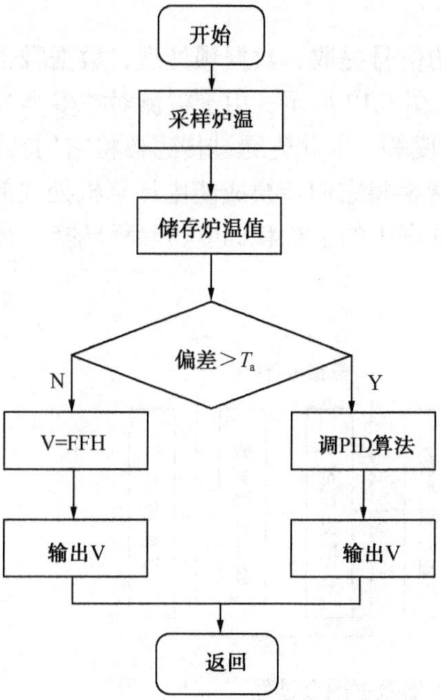

图 6.15　中断子程序的流程图

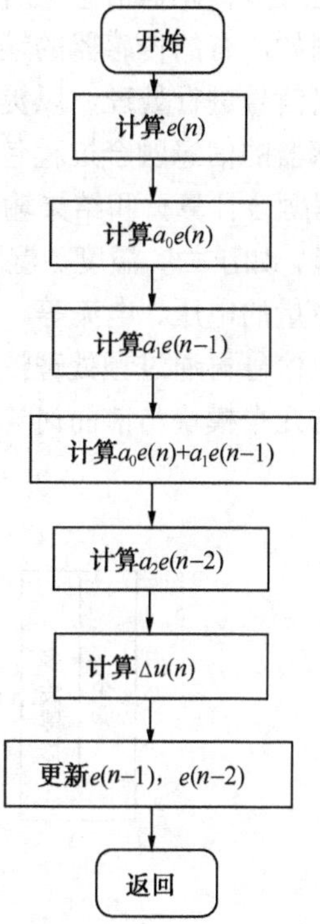

图 6.16　增量式 PID 算法的程序流程图

从这个应用实例中，可以体会到带有微机系统的智能仪器可以用 PID 算法程序来完成控制功能，且必要时可以根据不同的测控对象选用不同的控制算法，还可以对多台设备进行测控，大大节省了硬件开销。

6.9　多传感器信息融合技术简介

信息融合（Information Fusion）是人类模仿自身处理信息的方法提出的技术。根据国内外的研究成果，多传感器信息融合技术比较确切的定义可概括为：充分利用不同时间与空间的多传感器数据资源，采用计算机技术对按时间序列获得的多传感器观测数据，在一定的准则下进行分析、综合、支配和使用，获得对被测对象的一致性解释与描述，进而实现相应的决策和估计，使系统获得比它的各组成部分更充分的信息。

多传感器信息融合与以前的单传感器处理相比，其系统变得更为复杂，数据融合与处理过程中也需要考虑更多的因素。多传感器信息融合在解决检测、跟踪和识别等问题方面具有以下特点。

（1）扩展了时间和空间的覆盖范围。在有若干个传感器受到干扰或不能检测到信号时，或某个目标/事件不在检测范围内时，可通过其他传感器来进行检测作为补偿。

（2）提高了检测的可信度。一种或多种传感器对同一目标/事件加以确认。

（3）提高了测量的灵敏度和仪器的分辨率。

（4）通过多传感器信息融合，可以全面考虑各种因素对待测信号的影响，从而提高测量的精度。例如，有的传感器的输出信号与环境温度有关，则通过对环境温度的测量，对该传感器的输出信号进行处理，以提高测量精度。

多传感器的信息融合过程包括多传感器的信号提取、数据预处理、数据融合中心（特征提取、数据融合计算）和结果输出等环节，如图6.17所示。由于被测对象多半为具有不同特征的非电量，如压力、温度、湿度、色彩、浓度等，因此先通过传感器将它们转换成电信号，通常是模拟量的电压、电流等，再经过A/D转换将它们转换成能由计算机处理的数字量，数字化后的电信号再通过预处理滤去数据采集过程中的干扰和标度、量程转换，最后得到有用的信号。这几个模块与前面讨论的完全相同。

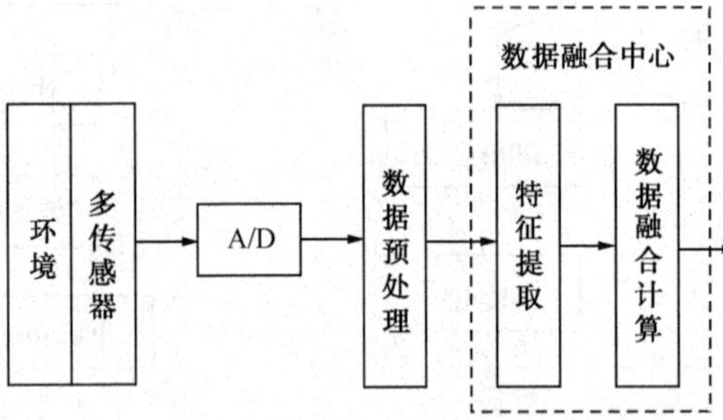

图6.17　多传感器数据融合过程

预处理后的有用信号要经过特征提取，特征可以是被测量的各种物理量，并对其中某一特征量进行数据融合计算。数据融合计算的方法很多，主要有数据相关技术、估计理论和识别技术等。最后输出融合结果。

多传感器信息融合技术的关键是数据转换、数据相关、态势数据库和融合计算等，其中，融合计算是多传感器信息融合系统的核心技术。

（1）数据转换。由于多传感器输出的数据形式、环境描述不同，数据融合中心处理这些不同来源的信息时，首先需要把这些数据转换成相同的形式和描述，然后再进行相关处理。

（2）数据相关。数据融合过程中，数据相关的核心问题是克服传感器测量的不精确性和干扰引起的相关两义性，以便保持数据的一致性。这包括控制和降低相关计算的复杂性，开发相关处理、融合处理和系统模拟算法与模型等。

（3）态势数据库。态势数据库分为实时数据库和非实时数据库。实时数据库的作用是把当前各传感器的测量结果及时提供给融合中心，同时也存储融合处理的最终态势/决策分析结果和中间结果。非实时数据库存储各传感器的历史数据、有关目标和环境的辅助信息及融合计算的历史信息。态势数据库要求容量大、搜索快，开放互联性好，且具有良好的用户接口。

（4）融合计算。融合计算包括：对多传感器的相关测量结果进行验证、分析、补充、取舍、修改和状态跟踪估计；对新发现的不相关测量结果进行分析和综合；生成综合态势，并实时地根据多传感器测量结果通过数据事例计算，对综合态势进行修改；态势决策分析等过程。

6.10　数据处理仿真举例

6.10.1　标度变换仿真举例

仍以测温为例，在第 3 章中已经讨论了 DS18B20 数字式测温芯片与单片机的连接，但测到的是用二进制法表示的温度值，还需要把它转换成实际的温度值，即要做标度变换。在第 6.5 节中已经讨论了标度变换的基本原理，仿真电路如第 3 章的图 3.37 所示，在程序中增加调用温度转换的子程序，并通过主程序调用。

由 DS18B20 芯片资料可知，测量得到的温度值用 16 位符号扩展的二进制补码表示，所以标度变换在本例中只是数据转换。

这里采用了宏定义，使得指令意义比较明确。

```
；宏定义：
T_L             EQU     30H
T_H             EQU     31H
T_NUM           EQU     32H                 ；用 32H 放转换后的值
FLAG0           EQU     00H
FLAG1           EQU     01H                 ；温度值为负的标志
DQ              EQU     P1.0
SKIPDS18B20     EQU     0CCH
STARTDS18B20    EQU     44H
READDS          EQU     0BEH
；主程序：
                ORG     0000H
                SJMP    MAIN
                ORG     0040H
MAIN:           MOV     SP,#60H
                CLR     EA
                CLR     FLAG0
                LCALL   RE_CONFIG
MM1:            LCALL   GET_TEMPER
                LCALL   TEMPER_COV          ；调用温度转换子程序
                LJMP    MM1
；温度转换子程序：
TEMPER_COV:     MOV     A,T_H
                SUBB    A,#0F8H
                JC      TEM0                ；温度值是负的？不是，转
                SETB    FLAG1               ；温度为负，则置标志位
                MOV     A,T_H               ；求补，并仍存在原位置
```

```
                CPL     A
                MOV     T_H,A
                MOV     A,T_L
                CPL     A
                INC     A
                MOV     T_L,A
TEM0:           MOV     A,#0F0H              ；舍去小数点后的温度值
                ANL     A,T_L
                SWAP    A
                MOV     T_NUM,A              ；存放
                MOV     A,T_L
                JNB     ACC.3,TEMPER_COV1    ；小数点后的值四舍五入
                INC     T_NUM
TEMPER_COV1:    MOV     A,T_H                ；高位字节中高五位为符号位
                ANL     A,#07H               ；取高位字节中低三位（数字）
                SWAP    A
                ORL     A,T_NUM
                MOV     T_NUM,A
                LCALL   BIN_BCD
                RET
BIN_BCD:        MOV     DPTR,#TAB            ；采用查表法取值，存为压缩BCD码
                MOV     A,T_NUM
                MOVC    A,@A+DPTR
                MOV     T_NUM,A
                RET
TAB:
        DB 00H,01H,02H,03H,04H,05H,06H,07H
        DB 08H,09H,10H,11H,12H,13H,14H,15H
        DB 16H,17H,18H,19H,20H,21H,22H,23H
        DB 24H,25H,26H,27H,28H,29H,30H,31H
        DB 32H,33H,34H,35H,36H,37H,38H,39H
        DB 40H,41H,42H,43H,44H,45H,46H,47H
        DB 48H,49H,50H,51H,52H,53H,54H,55H
        DB 56H,57H,58H,59H,60H,61H,62H,63H
        DB 64H,65H,66H,67H,68H,69H,70H,71H
        DB 72H,73H,74H,75H,76H,77H,78H,79H
        DB 80H,81H,82H,83H,84H,85H,86H,87H
        DB 88H,89H,90H,91H,92H,93H,94H,95H
        DB 96H,97H,98H,99H
        END
```

仿真结果如图6.18所示。可以看到，+27℃时温度值为01B0H，转换后27存在32H中，01H清零，即20H字节为01H。−22℃时芯片输出为0FEA0H，转换后22存在32H中，同时01H置1，即20H字节为03H。

可见，在编写数据处理子程序时，仍要与硬件相结合，分析各种传感器输出信号的特点，如果传感器的线性度不好或者信号经过多级处理，则编程时要逐点定位，确定表格，才能得到比较好的结果。

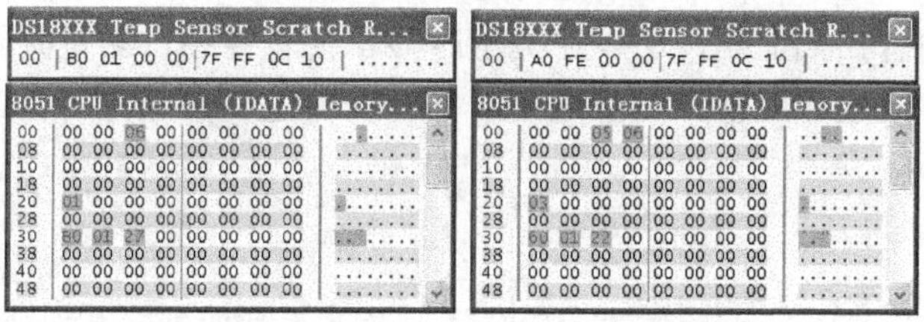

（a）温度为+27℃　　　　（b）温度为－22℃

图 6.18 温度转换仿真结果

本例中为简单起见，温度传感器输出的小数点后的值做四舍五入处理了，这样牺牲了传感器的测量精度，必要的话可以读出小数点后的值。

6.10.2　带自校零技术的模/数转换

自校零技术可以消除最常见的恒定或慢速变化的系统误差，一般智能仪器都带有自校零功能，图 6.19 为最简单的带有自校零功能的电压测量电路。标准电压量从通道 0 输入，用 P1.7 接入的开关控制，要校准时按下开关，则测量从 0 通道输入的电压量（假定传感器输入为 0 时的电压值）并把相应零值的数据存在 32H 中，图中待测量的电压从 ADC0809 的通道 3 输入，测量值自动减去零值后再做标定等变换，这里略去标定，只把测量值转换成 BCD 码并送去显示。

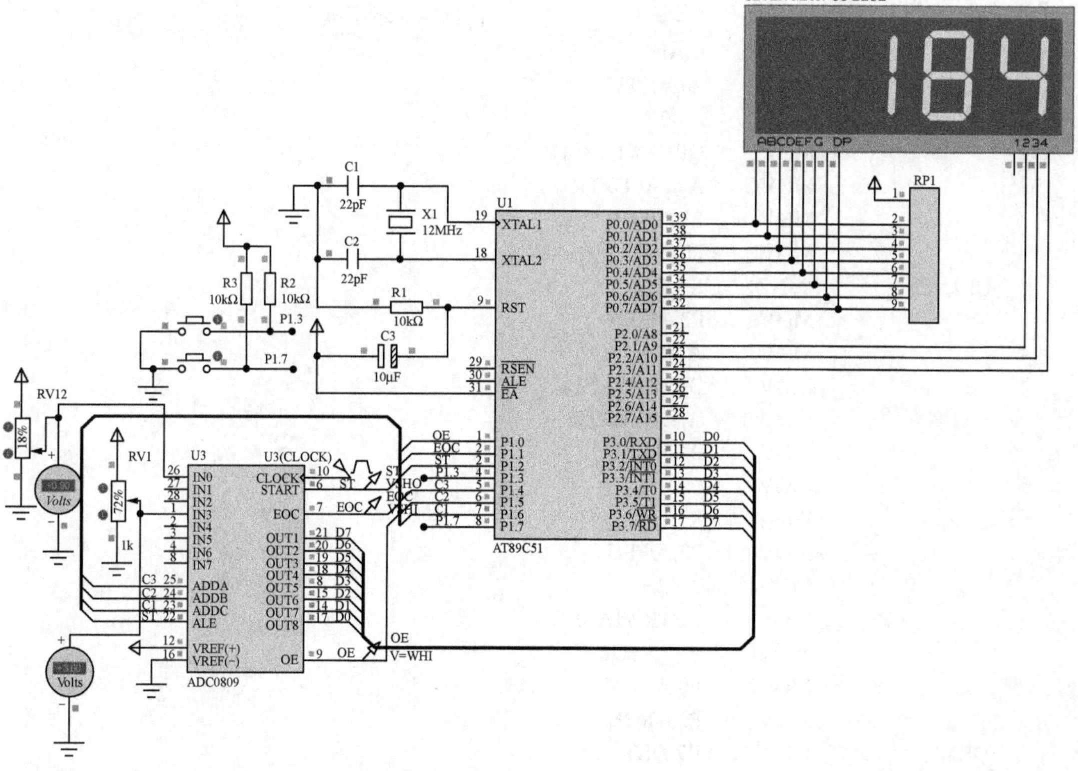

图 6.19　带自校零功能的电压测量电路

因为采用的是动态扫描显示，所以在测量时显示会有停顿，测量完才显示测量数据。该电路还可以扩展成 7 路输入测量电路，并可以通过软件编程对各路输入分别校零。

```
；宏定义：
OE_0809     EQU     P1.0
EOC_0809    EQU     P1.1
ST_0809     EQU     P1.2
A_0809      EQU     P1.4
B_0809      EQU     P1.5
C_0809      EQU     P1.6
KEY_1       EQU     00H
KEY_2       EQU     01H                ；用宏定义可以让程序有更好的通用性
；主程序：
            ORG     0000H
            AJMP    MAIN
            ORG     0060H
MAIN:
            LCALL   R_KEY              ；读键
            JNB     KEY_1,M1           ；测量键输入
            LCALL   GET_V              ；读测量通道电压值
            CLR     KEY_1
M1:         JNB     KEY_2,M2           ；校零键输入
            LCALL   SET_V              ；读与零对应的值
            CLR     KEY_2
M2:         LCALL   DISP               ；调用显示子程序
            SJMP    MAIN
DISP:       MOV     R7,#0FFH
            MOV     A,40H
            MOV     DPTR,#TABLE
            MOVC    A,@A+DPTR
            MOV     P2,#0FDH
            MOV     P0,A
DL1:        DJNZ    R7,DL1
            MOV     P2,#0FFH
            MOV     A,41H
            MOV     DPTR,#TABLE
            MOVC    A,@A+DPTR
            MOV     P2,#0FBH
            MOV     P0,A
DL2:        DJNZ    R7,DL2
            MOV     P2,#0FFH
            MOV     A,42H
            MOV     DPTR,#TABLE
            MOVC    A,@A+DPTR
            MOV     P0,A
            MOV     P2,#0F7H
DL3:        DJNZ    R7,DL3
            MOV     P2,#0FFH
```

```
            RET

V_BCD:      MOV     A,30H        ；把测量值校零后转成 BCD 码子程序
            SUBB    A,32H        ；减去零点值
            MOV     B,#64H
            DIV     AB
            MOV     40H,A
            MOV     A,B
            MOV     B,#0AH
            DIV     AB
            MOV     41H,A
            MOV     42H,B
            RET

SET_V:                           ；读与零对应的值并存入 32H 子程序
            CLR     A_0809       ；给出通道地址
            CLR     B_0809
            CLR     C_0809
            SETB    ST_0809
            NOP
            NOP
            CLR     ST_0809
            NOP
            NOP
BB:         JNB     EOC_0809,BB
            SETB    OE_0809
            MOV     A,P3
            MOV     32H,A        ；32H 放零电压对应值
            RET

R_KEY:      JB      P1.3,RE2     ；读键子程序
            LCALL   YS6MS
            JB      P1.3,RE2
RE1:        JNB     P1.3,RE1
            SETB    KEY_1
RE2:        JB      P1.7,RE4
            LCALL   YS6MS
            JB      P1.7,RE4
RE3:        JNB     P1.7,RE3
            SETB    KEY_2
RE4:        RET

YS6MS:      MOV     R7,#0CH      ；延时子程序
YS5:        MOV     R6,#0FFH
YS4:        DJNZ    R6,YS4
            DJNZ    R7,YS5
            RET
```

```
GET_V:                                  ；测量电压子程序
            SETB      A_0809            ；给出通道地址
            SETB      B_0809
            CLR       C_0809
            SETB      ST_0809
            NOP
            NOP
            CLR       ST_0809
            NOP
            NOP
AA:         JNB       EOC_0809,AA
            SETB      OE_0809
            MOV       A,P3
            MOV       30H,A
            LCALL     V_BCD
            RET

TABLE:      DB 3FH,06H,5BH,4FH,66H,6DH,7DH,07H
            DB 7FH,6FH

            END
```

小　　结

通过本章的学习应掌握测量技术中的基本概念。

绝对误差是指仪表的指示值（或称测量值）x 与被测量的真值 x_0 之间的代数差，常用Δ表示。相对误差是指绝对误差与被测量的真值 x_0 之比，用δ表示。引用误差是指仪器、仪表指示值的绝对误差Δ与仪器、仪表的满量程 L 之比的百分数。

最大引用误差是指在规定的条件下，仪器、仪表的全量程范围内全部指示值的引用误差的最大值，仪器的精度通常用最大引用误差表示。

根据误差的产生原因，误差又可以分为系统误差、随机误差和粗大误差。误差是由测量仪器、测量原理、测量环境等原因引起的。系统误差的数值保持恒定或遵循某种变化规律。随机误差是由多种因素造成的，随机误差服从统计规律，具有正态分布的特性。粗大误差是指在相同条件下多次重复测量同一量时，明显远离测量结果的误差。

仪器、仪表的系统误差是可以通过硬件或软件进行消除或减小的。本章介绍了智能仪器中校正系统误差的方法。智能仪器中常用滤波方法克服随机误差，介绍了算术平均滤波法、滑动平均滤波法、加权滑动平均滤波法和中值滤波法的基本算法。

粗大误差是指在相同条件下多次重复测量同一量时，明显远离测量结果的误差，即超出规定条件下的预期的误差。粗大误差的自动校正方法有 3σ 准则法和限幅滤波算法。

标度变换是指将测量获得的数字量转换成具有不同量纲的相应物理量的值。

智能仪器可以通过软件设计，用校正函数法来克服传感器的非线性带来的误差，这种方法称为非线性校正技术。

量程自动转换是指由计算机软件算法判断并控制智能仪器系统选择适当量程进行测量的技术。

PID 控制是指根据测量的数据与设定的数据的偏差的比例、积分和微分对工业对象进行自动控制的一种方法。

最后，对目前仍处于探索阶段的多传感器信息融合技术做了简单的介绍。

习　题　6

一、填空题

1．仪器的测量精度一般用（　　　）来表示。

2．仪表的指示值（或称测量值）x 与被测量的真值 x_0 之间的代数差称为（　　　）。

3．（　　　）是在一定的条件下，多次重复测量同一变量时误差的数值保持恒定或遵循某种变化规律，其可分为（　　　）和（　　　）。

4．（　　　）误差是指明显与实验结果不符合的数据，在一般仪器、仪表测量中需要人工进行剔除。

5．传感器或仪器、仪表的输入/输出特性是线性的，是指其输出量与输入量可以用（　　　）表示。

6．采用一定的处理技术将数字量转换成具有不同量纲的相应物理量的值，这一技术被称为（　　　）。

7．实现非线性校正的方法有（　　　）、（　　　）、（　　　）。

8．查表法是将（　　　）按一定顺序存放在内存中，形成一个表，根据测量输入值 Y 直接查出 Z，通常连标度变换都可以一起完成。

9．量程自动转换软件设计的基本思想是在不知待测量大小的情况下，选择（　　　）量程进行测量，测出的值若（　　　）下一挡的量程，输出或储存测量值。

10．多传感器的信息融合过程包括（　　　）、（　　　）、数据融合中心和（　　　）等环节。

二、选择题

1．自校零技术的出现是由于实际电路中不可避免的一些原因，使得输出信号的零位与输入信号的零位不一致带来测量的误差，这些原因中不包括的是（　　）。

A．接触电势　　　　B．零位补偿

C．偏置电流　　　　D．环境温度

2．（　　）表示仪器、仪表指示值的绝对误差Δ与仪器、仪表的满量程 L 之比的百分数。

A．绝对误差　　　　B．相对误差

C．引用误差　　　　D．最大引用误差

3．一个完整的 PID 控制环节不包括（　　）。

A．比例环节　　　　B．积分环节

C．微分环节　　D．过程环节

4．按误差的性质和产生的原因分类，不包括（　　）。

A．系统误差　　B．变化误差

C．随机误差　　D．粗大误差

5．以下说法中不正确的是（　　）。

A．随机误差不能用实验的方法进行校正和消除

B．多次重复测量同一变量时其误差的数值保持恒定或遵循某种变化规律的误差为系统误差

C．用软件进行多次测量求平均值的方法可以消除随机误差

D．智能仪器中可以确定一些准则，使智能仪器在测量过程中自动剔除粗大误差

6．智能测量技术中不包括（　　）。

A．非线性校正技术　　B．自动校零技术

C．量程自动转换技术　　D．信号放大技术

7．智能仪器中常用的克服随机误差的滤波方法不包括（　　）。

A．算术平均滤波　　B．滑动平均滤波

C．低通滤波　　D．中值滤波

8．实现非线性校正的方法不包括（　　）。

A．校正函数法　　B．修正系数法

C．查表法　　D．插值法

9．关于量程转换，以下说法中不正确的是（　　）。

A．量程自动转换也需要一定的时间

B．量程自动转换中还要注意在两个相邻量程之间不能出现来回选择的现象

C．在连续测量过程中，当待测量逐渐增大，超出当前测量的量程时，则立即进入比当前量程大一级的量程

D．有量程自动转换功能的智能仪器必须具有过载功能

10．关于PID控制，以下说法中不正确的是（　　）。

A．传统的PID控制器是用模拟电路或数字电路设计的硬件电路

B．在智能仪器中可以通过软件实现PID控制

C．PID是指根据测量的数据与设定的数据的偏差按比例、积分和微分处理方法进行控制

D．PID是指根据测量的数据与设定的数据的偏差按比例和微分处理方法进行控制

三、简答题

1．误差按性质和产生的原因可以分成哪几类？

2．什么是标度变换？

3．简述智能仪器非线性校正的三种方法。

4．什么叫做PID控制？

5．简述多传感器信息融合过程及其关键技术。

第7章

智能仪器中的通信技术

自动测量与控制系统的最大特点是多台智能仪器之间、智能仪器与个人计算机之间、智能仪器与其他设备之间可以不断地交换传输信息，相互协调工作。因此，一般情况下，任何一个微处理器都要与一定数量的部件和外围设备连接，但如果将各部件和每一种外围设备都分别用一组线路与 CPU 直接连接，那么连线将会错综复杂，甚至难以实现。为了简化硬件电路设计，简化系统结构，常用一组线路配置以适当的接口电路，与各部件和外围设备连接，这组公用连接线路被称为总线。采用总线结构便于部件和设备的扩充，尤其制定了统一的总线标准，使得不同设备之间实现互连更加容易。

总线一般可以分成内部总线、系统总线和外部总线。内部总线是微机内部各外围芯片与处理器之间的总线，用于芯片一级的互连；系统总线是微机中各插件板与系统板之间的总线，用于插件板一级的互连；外部总线则是微机和外部设备之间的总线，微机作为一种设备，通过该总线和其他设备进行信息与数据交换，它用于设备一级的互连。这里主要讨论外部总线及其接口标准。

总线标准与接口标准在概念上是有区别的，但很多时候把一些接口标准说成是总线标准。其各自的特点如表 7.1 所示。

表 7.1　总线标准与接口标准特点比较

总线标准特点	接口标准特点
公用性，同时挂接多种不同类型的功能模块	专用性，一般一个接口只接一类或一种设备
在机箱内以总线扩展槽形式提供使用	一般设在机箱外，以接口插头（座）形式提供使用
一般为并行传输	有并行、串行两种传输
定义的信号线齐全，包括分离的数据信号线、地址信号线和控制信号线及电源线	定义的信号线少且不齐全，一般是控制线、数据线、地址线共用

通信系统是传递信息所需的一切技术设备的总和，其构成如图 7.1 所示。外部信息的交换和传输是通过智能仪器的外部总线通信接口，按照一定的通信协议或称通信接口标准进行的。通俗地讲，这种通信协议是一种约定，它包括两种设备互相连接时需要几根线，每根线上的有效高低电平的范围，各有什么含义，数据传输时每秒钟传送多少位二进制数即波特率等。通信接口是各台仪表、仪器之间或仪器与计算机之间进行信息交换和传输的联络装置。

按照不同的通信协议，通信接口主要有5种类型：串行通信接口、并行通信接口、USB接口、现场总线接口和以太网接口。从应用的角度出发，下面从引脚定义、特点、接口电路、使用注意等几个方面对串行通信、并行通信和现场总线进行讨论。

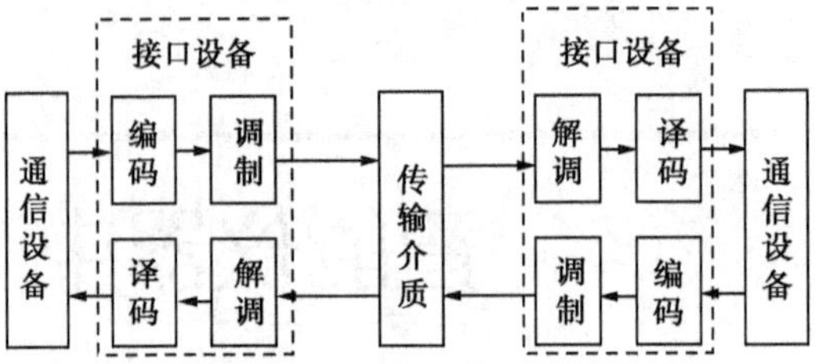

图7.1　通信系统的构成

7.1　串行通信接口

串行通信是指通过一根通信线逐位传输数据。当需要远距离通信时，通常采用串行数据传送方式，常用的串行数据接口标准是RS-232、RS-422和RS-485。这些标准只对接口的电气特性做出规定，而不涉及具体的接插件、电缆或协议，使用时可以根据需要自己编程建立高层通信协议。其优点是开发比较容易，且因为这些串行数据接口标准开发较早，很多现成的仪器包括个人微机都具有这类接口，相互之间容易连接组成系统。缺点是各种智能仪器生产厂家都建立了自己的高层通信协议，或公开或厂家独家使用，有时缺乏通用性，在组成系统时不够方便。

串行口按其接收/发送的功能可分为三类，分别是只能接收或只能发送的单工串行口，既可接收又可发送，但不能同时进行收发的半双工串行口，能同时进行接收和发送的全双工串行口。

7.1.1　RS-232标准及应用

RS-232是串行数据接口标准，最初是由美国电子工业协会EIA（Electronic Industry Association）制定并发布的。RS-232是异步串行通信中应用最早、最广的总线接口之一，一般个人计算机上都留有RS-232接口，许多通用设备中也都有RS-232接口，智能仪器可以通过RS-232接口与之相连。

RS-232标准定义了数据终端设备DTE（Data Terminal End）和数据通信设备DCE（Data Communication End）之间的接口特性，规定采用25针连接器，表7.2列出了DTE各端子的定义。

RS-232标准定义了主、辅两个通信信道，在实际应用中，通常只使用一个主通信信道，因此就产生了简化的RS-232 9针D型插头。图7.2为DTE引脚图，表7.2中标有*号者为主信道，辅助信道的传输速度比主信道低，其他功能与主信道相同。

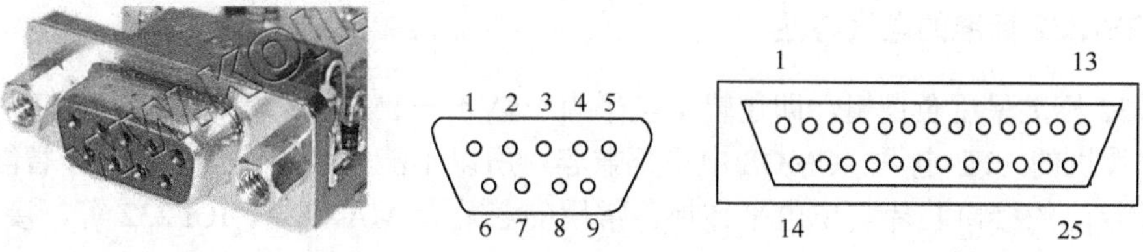

（a）RS-232 9 针插座　　（b）9 针引脚　　（c）25 针引脚

图 7.2　DTE 引脚图

表 7.2　DTE 各端子的定义

9 针	25 针	名　称	功　　能	9 针	25 针	名　称	功　　能
	1	PG	保护地		14	TXD	发送数据
3	*2	TXD	发送数据		*15	TXC	发送时钟
2	*3	RXD	接收数据		16	RXD	接收数据
7	*4	RTS	请求发送		*17	RXC	接收时钟
8	*5	CTS	清除发送		18		空
6	*6	DSR	通信装置准备就绪		19	RTS	请求发送
5	*7	SG	信号公共参考地	4	*20	DTR	数据终端准备就绪
1	*8	DCD	数据载波检测		*21	SQD	信号质量检测
	9		空	9	*22	RI	振铃指示
	10		空		*23	CI	数据信号速率选择
	11		空		*24	TXC	发送时钟
	12	DCD	接收信号检测		25		空
	13	CTS	清除发送（接收）				

1. RS-232 主要接口线

（1）数据线。发送 TXD 和接收 RXD 是一对数据传输线，可以以异步或同步方式传送串行数据信息，常用的传输速率有 50、75、100、150、300、600、1200、2400、4800 和 9600（单位为 bps）。

（2）控制信号线。智能仪器最常用的控制信号线有四根，其中，请求发送 RTS（发送）和清除发送 CTS（接收）是一对应答信号，主要用于半双工通信方式。由于半双工方式通信时，发送和接收数据只能分时进行，因此当 DTE 要发送数据时，先发送 RTS 信号，要求 DCE 往外（远方）发送数据，这时有以下两种情况。

① 当 DCE 处于发送方式时，给 DTE 送 CTS 信号，表示它已响应 DTE 的请求，此时 DTE 才能向 DCE 发送数据。

② 当 DCE 处于接收方式时，它要在接收完毕后转为发送方式，才给 DTE 送 CTS 信号。

DTR 和 DSR 也是一对应答信号，其中，DTR 是终端设备（DTE）如计算机发出的信号，主要通知数据通信设备（DCE）（如 MODEM，调制解调器）计算机已准备好了。DSR 是接收信号，用于通知计算机 MODEM 已准备好了，这些信号在全双工通信方式时可以不用。

2．RS-232标准的电气特性

RS-232标准采用负逻辑，即逻辑1电平为－5V～－15V，逻辑0电平为＋5V～＋15V，与一般单片机的TTL电平、CMOS电平不兼容，所以不能直接相连接。在设计智能仪器时，都要通过专门的接口芯片实现电平转换。常用的芯片有MAX232、ICL232等，接口电路如图7.3所示。

3．用RS-232连接设备的方法

在近距离通信场合，采用全双工通信，可以只用三根线构成两个设备之间的通信连接。这三根线分别是“信号地”、“接收数据”和“发送数据”，如鼠标与主机的通信，单片机系统与个人微机系统的通信等。而一般的终端设备如个人计算机、打印机等，都采用DTE接口。引脚定义如表7.2所示，连接时要注意TXD和RXD要交错连接（如图7.4所示），使信号畅通，这种连接方法的通信距离要小于15m。

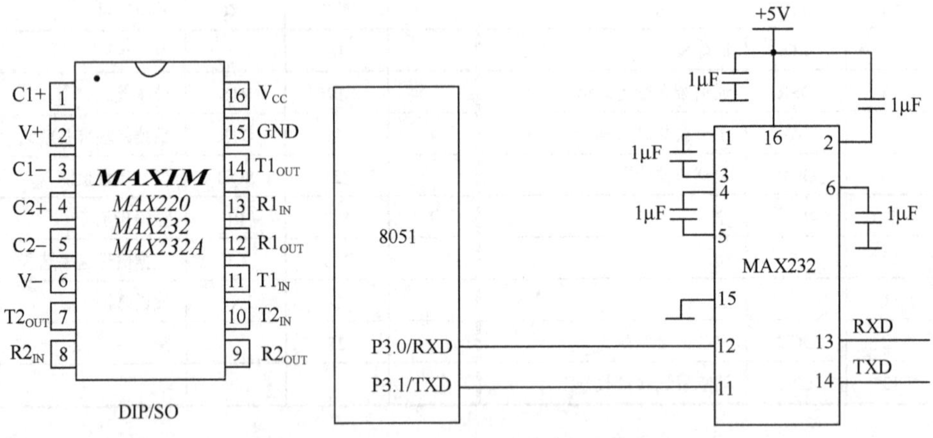

（a）引脚　　（b）与8051接口

图7.3　MAX232的引脚和接口电路

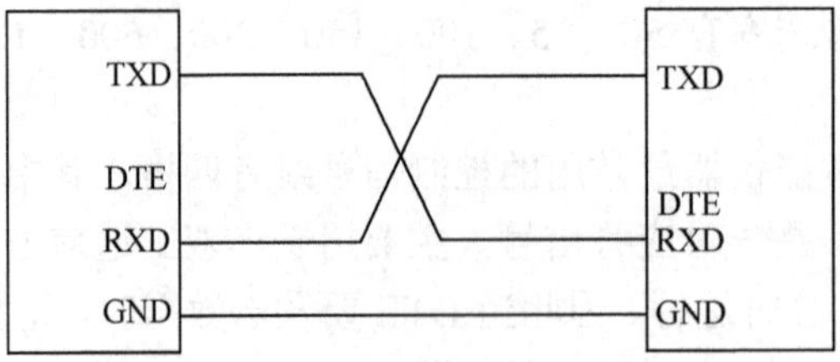

图7.4　RS-232近距离串行通信

两台数据终端设备（DTE）远距离串行通信时，要通过数据通信设备（DCE），如两台个人计算机通信，其连接方法如图7.5所示。

由图7.5可知，为了保证DTE与DCE设备之间能用RS-232总线电缆直接连接，DTE和DCE的引脚定义是不同的。所以，同样是9针引脚，当按DCE设备接法定义时（注意，TXD与RXD、DSR与DTR、RTS与CTS做了交换）称此RS-232接口按DCE方式连接，

有的资料简称 RS-232 DCE 接口。有些便携式智能仪器，为了方便与计算机连接，采用 RS-232 DCE 接口，可以直接插在个人计算机的 RS-232（DTE）接口上。

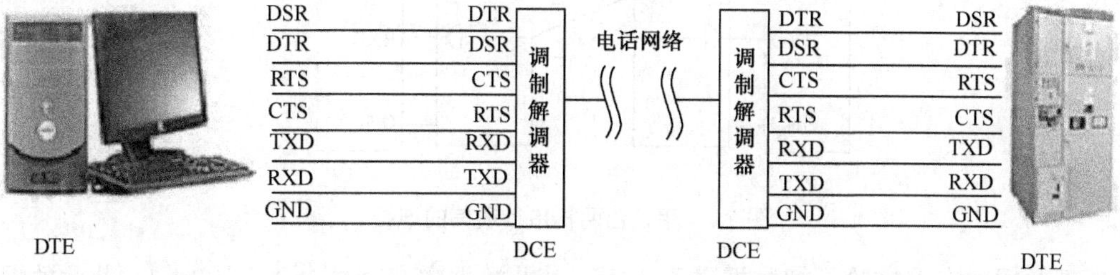

图 7.5　两台数据终端设备（DTE）远距离串行通信

一般的微处理器本身不具备远距离串行通信的接口功能，但可以通过外接一个串行接口电路的方法加以扩展。串行接口电路包括串/并转换电路、时钟同步电路、校验电路及逻辑控制电路等，时序也比较繁杂。串行接口电路有标准的 RS-232 接口集成芯片，如 8250、8251 等。如图 7.6 所示为 MCS-51 系列单片机采用 8250 扩展串行通信功能的电路，其连接比较方便。

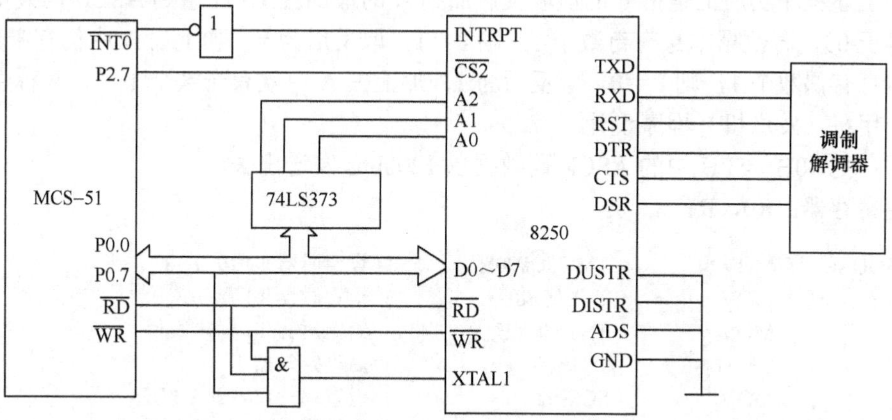

图 7.6　MCS-51 系列单片机采用 8250 扩展串行通信功能的电路

4．单片机串行通信举例

MCS-51 系列单片机具有串行通信功能，既可以两台单片机之间相互通信，也可以与 PC 相互通信，或采用主/从机的方式实现多机通信，这里以两台单片机进行串行通信为例。

【例 7.1】　甲机把内部 RAM 中 40H～5FH 中的测量数据（以 ASCII 码表示）在最高位加上奇校验位后通过串行口发送到乙机中去。已知甲、乙两机的振荡频率均为 f_{osc}＝11.059MHz。

分析：

（1）按要求甲、乙两机应按图 7.7 所示连接。

（2）两机均设置成串行口方式 1 接收/发送状态，即 SCON＝50H。

两机的传输波特率取 1200bps。设两机均用定时器 T1，设置成工作方式 2，则定时器的工作方式控制字 TMOD＝20H，计数初值为 E8H。

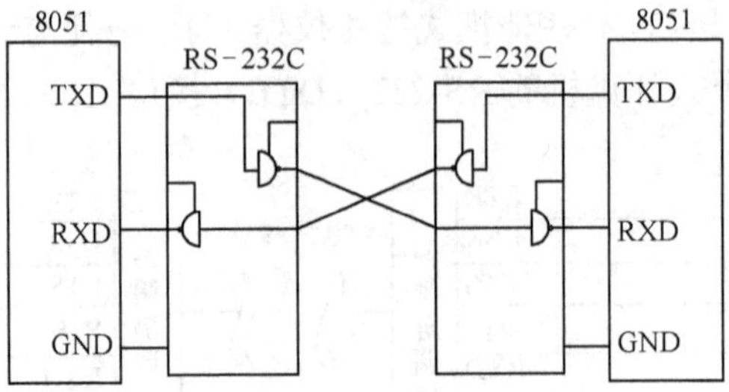

图 7.7　甲、乙两机串行通信的连接

所谓数据的奇偶校验是把数据送入 A 后，若此数据中有奇数个 1，则 P=1，若此数据中有偶数个 1，则 P=0。本例要求采用奇校验位，可以用以下程序实现。

```
MOV     A,#DATA        ；把 ASCII 码数据送到 A 中
MOV     C,P            ；把 P 的值送到 C
CPL     C              ；取反
MOV     ACC.7,C        ；把 C 的值送到 A 的最高位
```

执行上述程序实质上是把 P 的值取反后加到 A 的最高位上（注意到 ASCII 码数据的最高位总是等于 0），若数据本身有奇数个 1，则 P=1，取反后为 0，加上去 A 中仍有奇数个 1，若数据本身有偶数个 1，则 P=0，取反后为 1，加上去 A 中就有奇数个 1 了，故称奇校验。

（3）甲机（发送机）程序设计。

作用：把 40H～5FH 中的 ASCII 码数据以 1200bps 发送出去。

占用寄存器：R0，R1

```
SOUT:   MOV     TMOD, #20H      ；设定时器 1 为方式 2
        MOV     TL1,#0E8H       ；给定时器 T1 赋初值
        MOV     TH1,#0E8H       ；给定时器 T1 赋重载值
        SETB    TR1             ；启动定时器 1
        MOV     SCON,#50H       ；设置串行口方式 1 发送
        MOV     R0,#40H         ；R0 指向发送数据的首地址
        MOV     R1,#20H         ；R1 为字节计数器，发送 32 个字节
LOOP:   MOV     A,@R0           ；以 R0 中的值作为地址，把地址中的内容送 A
        CALL    FA              ；调发送子程序 FA
        INC     R0              ；R0 中的值加 1（指向下一地址）
        DJNZ    R1,LOOP         ；32 个字节全发送完了吗？没有则继续
        RET                     ；全发送完子程序结束
FA:     MOV     C,P
        CPL     C
        MOV     ACC.7,C         ；添加奇校验位
        MOV     SBUF,A          ；发送 A 中的内容
WAIT:   JNB     TI,WAIT         ；等待发送一帧数据结束
        CLR     TI              ；清 TI，为下次发送做准备
        RET
```

（4）乙机（接收机）程序设计。

作用：接收串行口送来的数据，存放在 30H～4FH 中。

占用寄存器：R0，R1

```
SIN:    MOV     TMOD,#20H
        MOV     TL1,#0E8H
        MOV     TH1,#0E8H
        SETB    TR1
        MOV     SCON,#50H
        MOV     R0,#30H
        MOV     R1,#20H
LOOP:   CALL    JIE             ；调接收子程序
        JNC     ERROR           ；若 C=0，则传送出错，转 ERROR
        MOV     @R0,A           ；A 中的数据存入 R0 所指的地址
        INC     R0              ；R0 中的值加 1，为下一次存数据做准备
        DJNZ    R1,LOOP         ；32 个数据接收完否，没接收完继续
        RET
ERROR:                          ；出错处理，如报警，回送出错信息等
        RET
   JIE: JNB     RI,JIE          ；等待接收结束
        CLR     RI              ；为接收下一帧数据做准备
        MOV     A,SB UF         ；接收数据送 A
        MOV     C,P             ；奇偶校验位送 C
        ANL     A,#7FH          ；将 A 的最高位清零，即去奇偶校验位
        RET
```

7.1.2　RS-422/RS-485 标准

RS-422 由 RS-232 发展而来，它是为弥补 RS-232 的不足而提出的。为改进 RS-232 通信距离短、速率低的缺点，RS-422 定义了一种平衡通信接口，将传输速率提高到 10Mbps，传输距离延长到约 1219m（速率低于 100Kbps 时），并允许在一条平衡总线上连接最多 10 个接收器。RS-422 是一种单机发送、多机接收的单向、平衡传输规范，被命名为 TIA/EIA-422-A 标准。为扩展应用范围，EIA 又于 1983 年在 RS-422 基础上制定了 RS-485 标准，增加了多点、双向通信能力，即允许多个发送器连接到同一条总线上，同时增加了发送器的驱动能力和冲突保护特性，扩展了总线共模范围，后命名为 TIA/EIA-485-A 标准。由于 EIA 提出的建议标准都是以“RS”作为前缀，所以在通信工业领域，仍然习惯将上述标准以 RS 作为前缀称谓。

RS-422、RS-485 与 RS-232 不同，数据信号采用差分传输方式，也称做平衡传输。它使用一对双绞线，将其中一线定义为 A，另一线定义为 B。通常情况下，发送驱动器 A、B 之间的正电平在 2～6V，是一个逻辑状态，负电平在－6～－2V，是另一个逻辑状态，另有一个信号地 C。在 RS-485 中还有一个“使能”端，而在 RS-422 中这是可用可不用的。“使能”端用于控制发送驱动器与传输线的切断与连接。当“使能”端起作用时，发送驱动器处于高阻状态，称做“第三态”，即它是有别于逻辑“1”与“0”的第三态。接收器也做与发送端相对的规定，收、发端通过平衡双绞线将 A、A 与 B、B 对应相连。当在接收端 A、B 之间有大于＋200mV 的电平时，输出正逻辑电平，小于－200mV 时，输出负逻辑电平。接收器接收

平衡线上的电平范围通常为 200mV～6V。

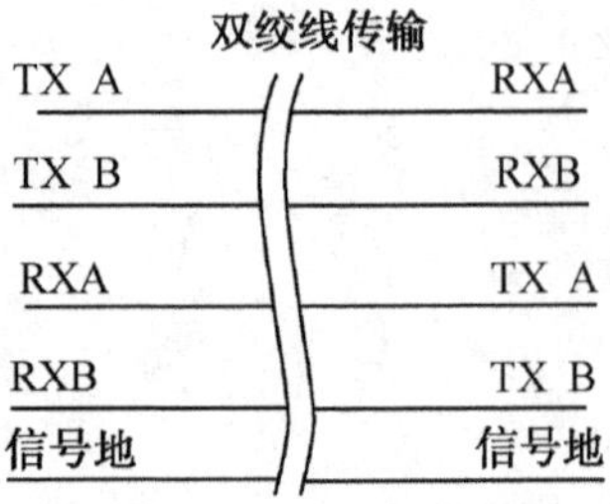

图 7.8　典型的 RS-422 四线接口

RS-422 标准全称是“平衡电压数字接口电路的电气特性”，它定义了接口电路的特性。如图 7.8 所示是典型的 RS-422 四线接口。实际上还有一根信号地线，共 5 根线。RS-422 四线接口由于采用单独的发送和接收通道，因此不必控制数据方向，各装置之间任何必须的信号交换均可以按软件方式（XON/XOFF 握手）或硬件方式（一对单独的双绞线）实现。

由于接收器采用高输入阻抗和发送驱动器比 RS-232 更强的驱动能力，故允许在相同传输线上连接多个接收结点，最多可连接 10 个结点。即一个主设备（Master），其余为从设备（Slave），从设备之间不能通信，所以 RS-422 支持点对多的双向通信。

RS-422 标准给出最大传输距离约为 1219m，最大传输速率为 10Mbps。但使用中要注意平衡双绞线的长度与传输速率成反比，在 100Kbps 速率以下，才可能使用规定最长的电缆长度。一般 100m 长双绞线的最大传输速率仅为 1Mbps。

RS-422 标准常用的接口芯片有 MC3487 和 MC3486，其中 MC3487 为发送器，含有四个发送电平转换接口电路，将 TTL 电平转换成 $+V_T$ 和 $-V_T$ 信号输出，其引脚定义如图 7.9（a）所示。如图 7.9（b）所示为其中 1、2 两个发送输出接口的逻辑电路图，当 1,2EN＝1 时，这两个发送端口工作；当 1,2EN＝0 时，这两个发送端口处于三态（高阻状态）。

MC3486 为接收器，其引脚定义如图 7.9（c）所示。如图 7.8（d）所示为其中 1、2 两个接收输入接口的逻辑电路图，将 $+V_T$ 和 $-V_T$ 信号转换成 TTL 电平输入，同样用 1,2EN 端控制。当 1,2EN＝1 时，这两个发送端口工作；当 1,2EN＝0 时，这两个发送端口处于三态（高阻状态）。

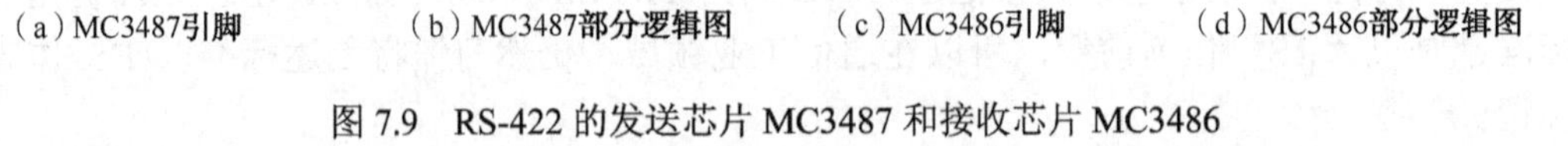

（a）MC3487引脚　（b）MC3487部分逻辑图　（c）MC3486引脚　（d）MC3486部分逻辑图

图 7.9　RS-422 的发送芯片 MC3487 和接收芯片 MC3486

RS-485 是从 RS-422 的基础上发展而来的，所以 RS-485 许多电气规定与 RS-422 相仿，如都采用平衡传输方式，都需要在传输线上接端电阻等。RS-485 可以采用二线与四线方式，二线方式可实现真正的多点双向通信，而采用四线连接时，与 RS-422 一样只能实现点对多的通信，即只能有一个主设备，其余为从设备。但它比 RS-422 有改进，无论四线方式还是二线方式总线上可多接到 32 个设备（后期推出的版本则可多达 64/128/256 点）。

RS-485 接口器件集成电路也有多种，如 MAX481 系列等，其引脚定义如图 7.10（a）所示。其二线方式传输时的连接电路如图 7.10（b）所示。四线传输的接口器件与 RS-422 标准可以兼容，如发送（75174）和接收（75175）芯片，或者集发送、接收在一个芯片中（如

MAX488），如图 7.11 所示。

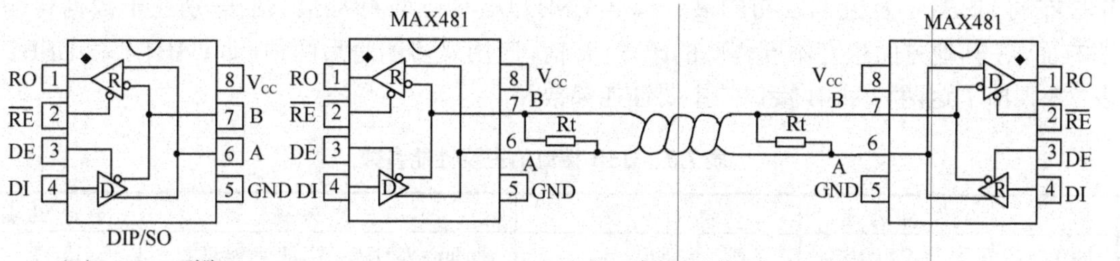

（a）MAX481引脚　　（b）二线方式连接（半双工通信）

图 7.10　RS-485 接口芯片 MAX481

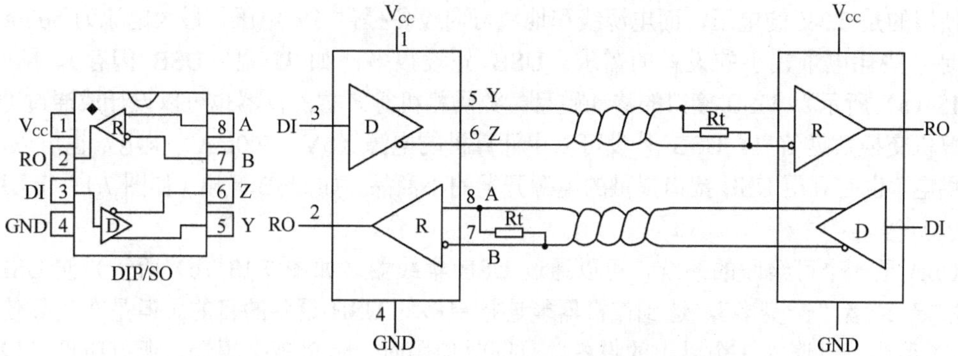

（a）MAX488引脚　　（b）四线方式连接（全双工通信）

图 7.11　RS-485 接口芯片 MAX488

因为 RS-485 具有远距离、多结点及输入线成本低的特点，使之成为工业应用中数据传输的首选标准。许多现场应用的智能仪器采用 RS-485 接口进行通信，有很多自动控制系统中常用的网络，如现场总线 CAN、Profibus、Modbus 等的物理层都是基于 RS-485 总线。

RS-232 与 RS-422、RS-232 与 RS-485 都有现成的转换接口，如图 7.12 所示，在进行智能仪器通信时首先要了解各仪器采用的通信标准，通过适当的转换接口把它们连接在一起。

（a）RS-232/RS-422 转换接口　　（b）RS-232/RS-485 转换接口

图 7.12　转换接口

7.1.3　USB 通用串行总线

USB 的全称是通用串行总线（Universal Serial Bus），它是现在广泛应用于 PC 领域的一种新颖的接口技术。USB发展到今天，总共有三种标准，分别是1996年发布的USB1.0、1998年发布的USB1.1及近期发布的最新标准USB2.0。此三种标准最大的差别在于数据传输速率方面，在其他方面也有不同程度的改进。目前，应用最多的是后两种，即USB1.1和USB2.0。表7.3列出了这两种USB接口的主要性能参数。

表7.3　USB接口的主要性能参数

	传输速率	支持长度	支持系统	支持设备
USB1.1	1.5Mbps	5m	Windows 95 OS/2、Windows 98 以上	127个
USB2.0	480Mbps	5m（Hub 30m）	Windows 98 以上	127个

USB接口的传输线分别由地线、电源线、D+、D−四条线构成，D+和D−是差分输入线，使用的是3.3V的电压，而电源线和地线可向设备提供5V电压，最大电流为500mA，可以满足一些耗电量较小的设备的需求。USB外设很多，如U盘（USB闪存）、MP3（如图7.13（a）所示），USB接口的移动硬盘、数码相机等。智能仪器也可以设计成通过USB口与计算机交换数据信息。USB外设可以用计算机的电源（5V，500mA）供电，也可以用外接电源供电。也有利用USB接口提供的电源开发的小商品，如USB风扇（如图7.13（b）所示）、USB小灯等。

USB是一个可级联的系统，可以通过USB集线器（如图7.13（c）所示）使USB接口"一变二"或者"一变多"，达到使机器能连接更多的USB设备的目的。但是在实际使用中，USB1.1系统一旦连入3个以上的设备并且同时使用时，速度就会很慢，所以所谓"127个"设备支持就更谈不上了。但是USB2.0的480Mbps速率就会大大缓解这个问题。

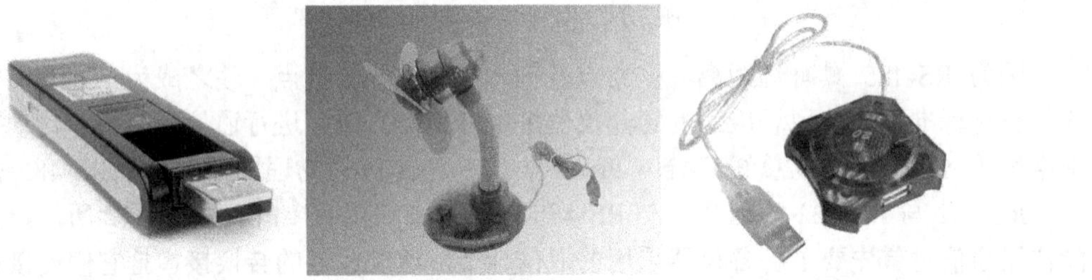

（a）U盘兼MP3　　（b）USB风扇　　（c）USB集线器

图7.13　USB产品

一个USB系统由硬件和软件两部分构成。

1. 硬件部分

USB包括三类硬件设备：USB主机（USB HOST）、USB设备和USB集线器（USB Hub）。在每一个USB系统中，有且仅有一个USB主机，起到管理USB系统的作用。在一个USB系统中，USB设备的数目最多为127个（从数据地址的角度）。USB集线器用于USB设备的扩展。一般来说，USB设备与USB集线器之间的连线长度要小于5m，USB系统的级联不能超过5级。

2. 软件部分

软件部分由主控制器驱动程序、设备驱动程序和USB芯片驱动程序组成。主控制器驱动程序完成对 USB 交换的调度，在主控制器与 USB 设备之间建立通信通道。设备驱动程序是用来驱动 USB 设备的程序，通常由操作系统或 USB 设备制造商提供。如 Windows 2000 以上的操作系统包含多种 USB 设备的驱动程序，一旦接入 USB 设备，就会自动开始搜索并安装相应的驱动程序。USB 芯片驱动程序在设备设置时读取描述寄存器并获取 USB 设备的特征，并根据这些特征组织数据传输。

USB 典型器件分为三种，第一种是专为 USB 应用设计的，内含特别设计的微处理器，如 Cypess 公司的 CY7C63001 系列，CH371/372/375 芯片，FTDI 公司的 FT245BM 等；第二种是建立在通用微处理器基础上的，如 Intel 公司的 8931 系列，是建立在基本的 8051 系列微处理器基础上的；第三种是只处理 USB 通信，需外接微处理器进行控制的，如 NetChip 的 NET2888，NS 公司的 USBN9603/9604 等。

这里以国内某电子有限公司的产品 CH375 为例进行介绍。CH375 是一个 USB 总线的通用接口芯片，支持 USB-HOST 主机方式和 USB-DEVICE/SLAVE 设备方式。

CH375 芯片内部集成了 PLL 倍频器、主/从 USB 接口 SIE、数据缓冲区、被动并行接口、异步串行接口、指令解释器、控制传输的协议处理器和通用的固件程序等。CH375 芯片的引脚排列如图 7.14 所示。

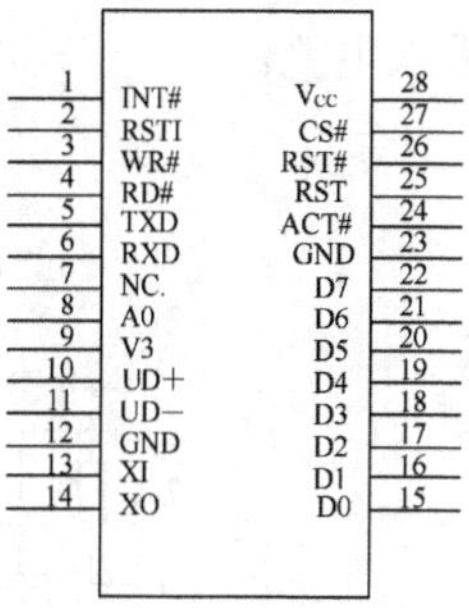

图 7.14　CH375 芯片的引脚

CH375 内置了 USB 通信中的底层协议，具有简单的内置固件模式和灵活的外置固件模式。在内置固件模式下，CH375 自动处理默认端点 0 的所有事务，本地端单片机只要负责数据交换，所以单片机编程十分容易。在外置固件模式下，由外部单片机根据需要自行处理各种 USB 请求，从而可以实现符合各种 USB 规范的设备。CH375 芯片可以通过并行接口与单片机等连接，作为其外设，在本地端，CH375 具有 8 位数据总线和读/写、片选控制线及中断输出，可以方便地挂接到单片机/DSP/MCU/MPU 等控制器的系统总线上。通过 USB 接口将单片机等控制器与计算机或其他 USB 外设连接起来，如图 7.15 所示为 CH375 并行连接的电路简图。

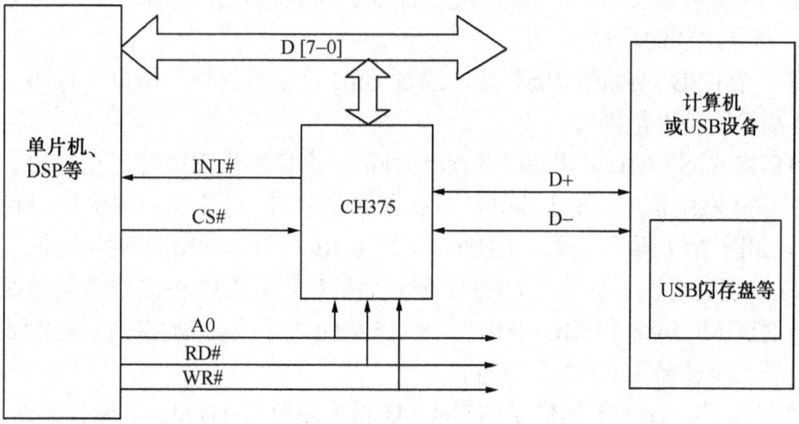

图 7.15　CH375 并行连接的电路简图

在 USB 主机方式下，CH375 还提供了串行通信方式，可以通过串行输入、串行输出和中断输出与单片机/DSP/MCU/MPU 等相连接。

CH375 的 USB 主机方式支持常用的 USB 全速设备，外部单片机可以通过 CH375 按照相应的 USB 协议与 USB 设备通信，CH375 还内置了处理海量存储设备的专用通信协议的固件，外部单片机可以直接以扇区为基本单位读/写常用的 USB 存储设备。

如图 7.16 所示给出了 MCS-51 系列单片机读/写 U 盘的电路原理图。如果 CH375 芯片的 TXD 引脚悬空或者没有通过下接电阻接地，那么 CH375 工作于串口方式。在串口方式下，CH375 只需要与单片机/DSP/MCU 连接 3 个信号线，即 TXD 引脚、RXD 引脚及 INT#引脚，其他引脚都可以悬空。除了连接线较少以外，其他外围电路与并口方式基本相同。由于 INT#引脚和 TXD 引脚在 CH375 复位期间只能提供微弱的高电平输出电流，在进行较远距离的连接时，为了避免 INT#或者 TXD 在 CH375 复位期间受到干扰而导致单片机误操作，可以在 INT#引脚或者 TXD 引脚上加阻值为 1～5kΩ的上拉电阻，以维持较稳定的高电平。在 CH375 芯片复位完成后，INT#引脚和 TXD 引脚能够提供 5mA 的高电平输出电流或者 5mA 的低电平吸入电流。

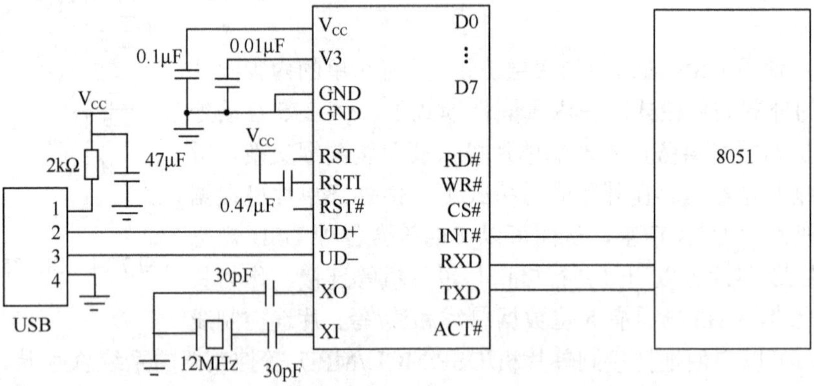

图 7.16　MCS-51 系列单片机读/写 U 盘的电路原理图

在实际应用中往往需要在各种通信接口标准之间互相转换，这时可以利用接口转换芯片，如 CH341 就是这样的芯片。

CH341 是一个 USB 总线的转接芯片，通过 USB 总线提供异步串口、打印口、并口及常用的 2 线和 4 线等同步串行接口。

在异步串口方式下，CH341 提供串口发送使能、串口接收就绪等交互式的速率控制信号及常用的 MODEM 联络信号，用于为计算机扩展异步串口，或者将普通的串口设备直接升级到 USB 总线。如图 7.17 所示为通过 CH341 实现 USB 口与串行口的转换电路。图 7.17 中将 SDA 引脚和 SCL 引脚悬空，从而使 CH341 配置为串口。图 7.17 中右边的信号线对应于常用的串口信号，通过 MC1488 和 MC1489、MAX232/ICL232 或者 MAX213/ADM213 进行电平转换后，可以进一步转换为 RS-232 串口。

在打印口方式下，CH341 提供了兼容 USB 相关规范和 Windows 操作系统的标准 USB 打印口，用于将普通的并口打印机直接升级到 USB 总线。

在并口方式下，CH341 提供了 EPP 方式或 MEM 方式的 8 位并行接口，用于在不需要单片机/DSP/MCU 的环境下，直接输入/输出数据。

各种转换接口如 USB/RS-232，USB/并行打印机，USB/RS-485 等，因应用广泛，已有现成产品可供选购，如图 7.18 所示。

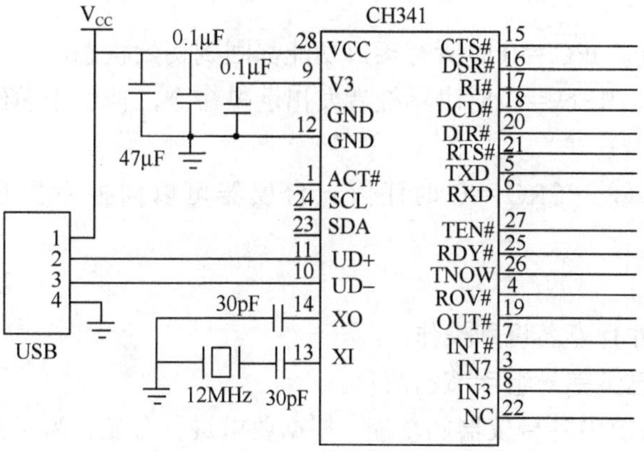

图 7.17　CH341 串口方式电路

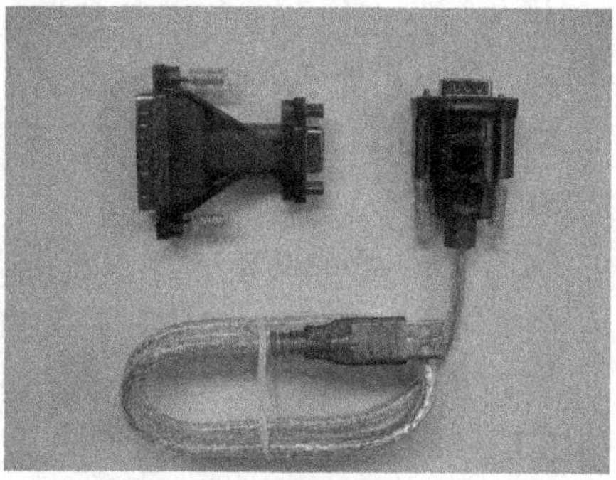

图 7.18　USB/RS-232 转换接口

7.2　并行通信标准 IEEE-488

并行通信接口标准最常用的就是 IEEE（Institute of Electrical and Electronics Engineers，电气和电子工程师协会）在 1975 年确定的 IEEE-488 标准。这个标准最初由美国 Hewlett-Packard 公司研制，通常它又称为通用目的接口总线 GPIB（General Purpose Interface Bus）或仪表总线。

个人计算机一般都有 IEEE-488 接口，称为并行接口。用 IEEE-488 标准总线可以很方便地把智能仪器组合成一个自动测控系统。IEEE-488 接口插座用一条 24 芯的无源电缆进行连接，包括 8 条双向数据通信线、3 条数据传送控制线、5 条接口控制线和 8 条逻辑地线，另外有一个屏蔽引脚端。

用 IEEE-488 接口最多允许 15 台设备相互通信组成系统，每台设备在通信时只能扮演三种角色中的一种，或者说只能以三种工作方式中的一种方式工作。

① 控者——发布控制命令。

② 讲者——发布消息。

③ 听者——接收消息。

一个系统中可以有多个控者和讲者，但在同一时刻只能有一个控者和一个讲者。

（1）8 条数据线为双向数据总线，可用来传送数据（8 位）、地址（8 位）或控制命令（7 位）。

（2）3 条数据传送控制线，用于实现输入设备和输出设备之间的信号交换，提供数据总线上交换的时序。其中：

① NRFD（not ready for data）：未准备好接收数据。

② DAV（data valid）：数据有效。

③ NDAC（not data accepted）：数据未接收完毕。

（3）5条接口管理总线，用于控制接口的状态。

$\overline{\text{ATN}}$（attention）：规定数据DIO线上消息的类型，$\overline{\text{ATN}}$ =0，控者在发布消息；$\overline{\text{ATN}}$ =1，被指定为讲者的仪器发送数据。

$\overline{\text{IFC}}$（information clear）：接口清除线，$\overline{\text{IFC}}$ =0时所有接口功能都回到初始状态。

$\overline{\text{REN}}$（remote enable）：遥控控制线，$\overline{\text{REN}}$ =0时表示控者发出远控命令，使位于总线上的所有仪器均处于远控状态。

$\overline{\text{SRQ}}$（service request）：服务请求线，$\overline{\text{SRQ}}$ =0时任何一台仪器可以向控者发出服务请求。

EOI（end of identity）：结束辨识。

当EOI=1，$\overline{\text{ATN}}$ =0时，控者执行并行点名识别操作。

当EOI=1，$\overline{\text{ATN}}$ =1时，表示讲者已讲完一组字节的消息。

IEEE-488的具体接口设计应先了解系统中各台仪器的功能，根据要求进行分工，为了简化IEEE-488的接口设计，许多厂家设计出符合IEEE-488标准的接口芯片，将其功能集中在一块或两块芯片上。IEEE-488专用的大规模集成芯片有两类，一类完全由硬件完成，另一类主要是用软件编程来完成接口功能。表7.4给出了IEEE-488标准常用的接口芯片。通过选购通用的接口芯片，安装相应的接口软件，再按照接口软件的说明书进行设置。

表7.4 IEEE-488标准接口芯片

生产公司	型号	电源/V	时钟/MHz	波特率	功能	方法
INTEL	8291	5	8	448	讲/听/控	软、硬件
TI	TMS9914	5	5	250	讲/听/控	软、硬件
FAIRCHILD	96LS488	5	10	1	讲/听	硬件
MOTOROLA	MC68488	5	1～15	125	讲/听	软、硬件

7.3 现场总线技术简介

随着自动控制、计算机、通信、网络等技术的发展，我国的工业控制仪器、仪表体系也从基地式气动仪表控制系统、电动单元组合式模拟仪表控制系统发展到由微机控制的智能仪器系统和网络式总线控制系统。前面讨论的各种单机型智能仪器可以通过网络通信构成一个全数字式、双向传输、多分支结构的通信网络，这将使传统的自动控制系统产生一个翻天覆地的变化。

7.3.1 集散控制系统

集散控制系统（Distributed Control System，DCS）又称分散型控制系统，是一种以微处理器为基础对生产过程进行集中管理和分散控制的分布式计算机控制系统。1975年美国Honey公司推出了世界上的第一套集散控制系统TDC-2000，自此，DCS成为过程工业自动化的主流装置，广泛应用于石油化工、电力、轻工、冶金等行业。DCS 的基本思路如下所述。

（1）把集中的计算机控制系统分解为分散的控制系统，有专门的过程分散控制装置，在过程控制级各自完成过程中的部分控制和操作。

（2）从模拟电动仪表的操作习惯出发，开发人与计算机之间良好的操作界面，用于操作人员的监视操作。

（3）为了使操作站与过程控制装置之间建立数据的联系，建立数据通信系统，使数据能在操作人员和生产过程之间相互传递。

DCS 的基本组成部分有以下三个。

（1）面向被控制现场的现场 I/O 控制站。它起到分担整个系统的 I/O 和控制的功能。这样既可以避免由于一个站点失效造成整个系统的失效，提高系统的可靠性，又可以使各站点分担数据采集和控制功能，有利于提高整个系统的性能。

（2）面向操作人员的操作员站。它是处理一切与运行操作有关的人机界面（Human Machine Interface，HMI 或 Operator Interface）功能的网络结点。

（3）面向 DCS 监督管理的工程师站。它是对 DCS 进行离线配置、组态工作和在线系统监督、控制、维护的网络结点，其主要功能是提供对 DCS 进行组态、配置工作的工具软件（即组态软件），并在 DCS 在线运行时实时地监视 DCS 网络上各个结点的运行情况，使系统工程师可以通过工程师站及时调整系统配置及一些系统参数的设定，使 DCS 随时处在最佳的工作状态。

DCS 通信网络示意图如图 7.19 所示。从图 7.19 中可以看到，DCS 的主要特点如下所述。

（1）DCS 是集 4C（Communication、Computer、Control、CRT）技术于一身的监控技术。

（2）从上到下的树状拓扑大系统，其中通信（Communication）是关键。

（3）PID 在中继控制站中，控制站连接计算机与现场仪器、仪表与控制装置。

（4）树状拓扑和并行连续的链路结构，也有大量电缆从控制站并行到现场仪器、仪表。

（5）模拟信号、A/D、D/A 和微处理器的混合系统。

（6）一台仪表一对线接到 I/O，由控制站挂到局域网 LAN。

（7）DCS 是控制（工程师站）、操作（操作员站）、现场仪表（现场测控站）的三级结构。

（8）缺点是成本高，各公司产品不能互换，不能互操作。

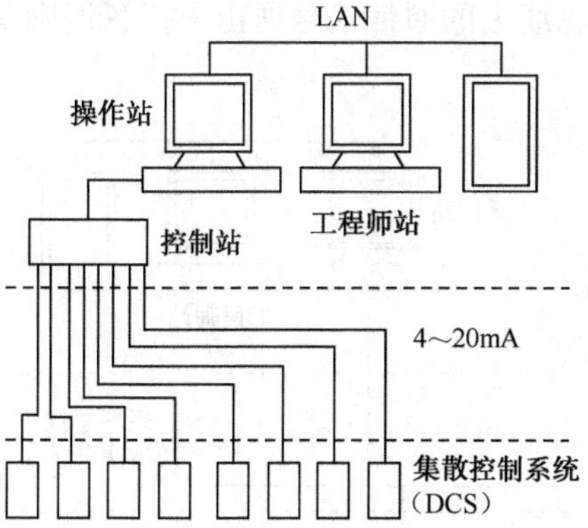

图 7.19　DCS 通信网络示意图

从 DCS 的特点中可以看到，因为 DCS 基本控制功能在过程控制级中，工作站级的主要作用是监督管理，分散控制使得系统由于某个局部的不可靠而造成对整个系统的损害降到很低的程度，加之各种软/硬件技术不断走向成熟，极大地提高了整个系统的可靠性，因而迅速成为工业自动控制系统的主流。

但 DCS 的缺点也是十分明显的。一是它是一种数字—模拟混合系统，DCS 的现场仪表（变送器和执行器）仍然使用传统的模拟仪表，以 4～20mA 电流传递控制信号，这带来一系列问题，包括信号传输可靠性差（与数字通信相比），成本高（每个信号需一条专用信号线，且需要安全栅或隔离电路），必备的数/模、模/数转换环节既难保证系统精度，也增加了成本。二是互换性差，各厂家的 DCS 自成标准，不能互换，这增加了使用者在使用和维修上的困难。

7.3.2 现场总线控制系统

现场总线控制系统（Fieldbus Control System，FCS）是一种基于现场总线技术的计算机控制系统。FCS 是用于现场仪表与控制系统之间的一种全分散、全数字化、智能、双向互连、多变量、多点、多站的通信网络系统。它具有可靠性高、稳定性好、抗干扰能力强、通信速率快、系统安全、造价低廉、维护成本低等特点。现场总线技术使现场级设备的信息作为整个企业信息网的基础，提高了控制系统的信息处理能力和运行可靠性，节省了系统的硬件和布线费用，方便了用户对系统的组态、管理和维护。

FCS 是在 DCS 的基础上发展起来的，两者相比较，FCS 主要有以下特点。

（1）用一对通信线连接多台数字仪器、仪表代替一对信号线只能连接一台模拟仪器、仪表。

（2）用多功能的现场总线智能仪器代替单功能的现场模拟仪器、仪表。

（3）用分散式的虚拟控制站代替集中式的控制站。

FCS 通信网络如图 7.20 所示，现场总线是指安装在制造或过程区域的现场设备与控制室内的自控装置之间的串行、多点、全数字的通信总线。现场总线的结点是现场智能设备或现场智能仪器，现场智能仪器的硬件结构与单机的智能仪器结构基本相同，如图 7.21 所示，但增加了现场总线接口部分，且通常由现场总线供电，具有相当好的安全性。现场总线接口的主要功能除供电以外，还有调制、解调功能。调制是指把微处理器输出的代表被测量信息等的数字量转换并调制成现场总线上的通信信号送出去；解调则是把来自现场总线上的信号进行解调传送到微处理器中。

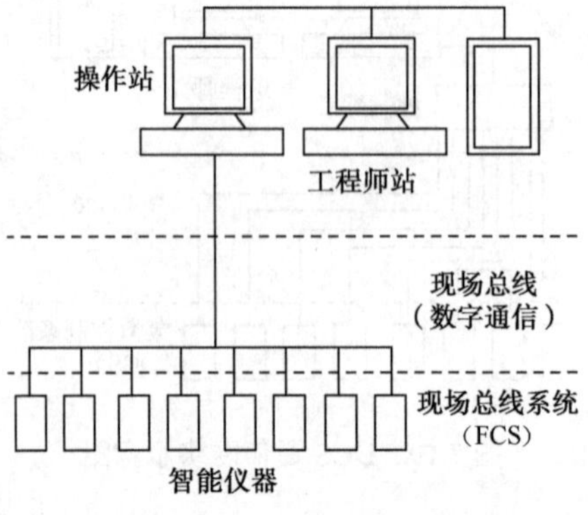

图 7.20　FCS 通信网络

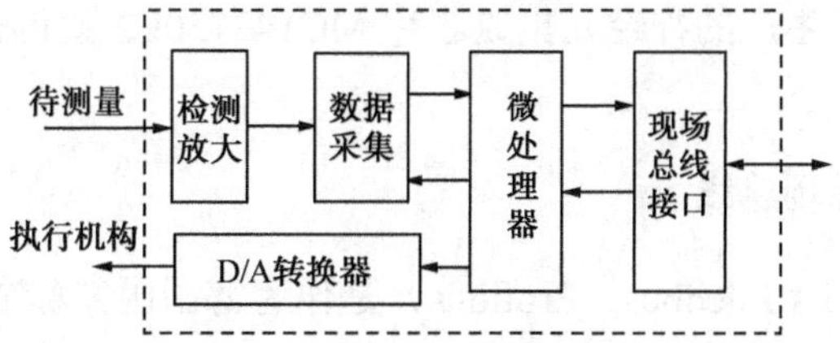

图 7.21　现场智能仪器的硬件结构框图

7.3.3　常用现场总线

现场总线问世于 20 世纪 80 年代，最早由国际电工委员会（IEC）于 1985 年着手制定国际性现场总线标准，并提出标准命名为“Fieldbus”。现场总线迄今为止还没有统一的国际上公认的标准。较流行的现场总线主要有 FF、LONWorks、Profibus、CAN、HART 等几种。

1. FF（基金会现场总线）

基金会现场总线（Foundation Fieldbus，FF）以 ISO/OSI 开放系统互连模型为基础，取其物理层、数据链路层、应用层为 FF 通信模型的相应层次，并在应用层上增加了用户层。

基金会现场总线分低速 H1 和高速 H2 两种通信速率。H1 的传输速率为 3125Kbps，通信距离可达 1900m（可加中继器延长），可支持总线供电，支持本质安全防爆环境。H2 的传输速率分为 1Mbps 和 25Mbps 两种，其通信距离为 750m 和 500m。物理传输介质可支持双绞线、光缆和无线发射，协议符合 IEC1158-2 标准。其物理媒介的传输信号采用曼彻斯特编码，每位发送数据的中心位置或是正跳变，或是负跳变。正跳变代表 0，收方既可根据跳变的极性来判断数据的“1”、“0”状态，也可根据数据的中心位置精确定位。

为满足用户需要，Honeywell、Ronan 等公司已开发出可完成物理层和部分数据链路层协议的专用芯片，许多仪表公司已开发出符合 FF 协议的产品。

2. LONWorks （局域操作网络）

局域操作网络（Local Operating Net Works，LONWorks）是由美国 Echelon 公司推出并由它与 MOTOROLA、TOSHIBA 公司共同倡导，于 1990 年公布形成的。它采用 ISO/OSI 模型的全部七层通信协议和面向对象的设计方法。通过网络变量把网络通信设计简化为参数设置，其通信速率从 300bps 至 1.5Mbps 不等，直接通信距离可达 2700m（78Kbps，双绞线 ），支持双绞线、同轴电缆、光纤、射频、红外线、电源线等多种通信介质，并开发相应的本质安全防爆产品，被誉为通用控制网络。

LONWorks 技术所采用的 LONTalk 协议被封装在称之为 Neuron 的芯片中并得以实现。集成芯片中有三个 8 位 CPU，一个用于完成开放互连模型中第 1～2 层的功能，称为媒体访问控制处理器，实现介质访问的控制与处理；第二个用于完成第 3～6 层的功能，称为网络处理器，进行网络变量处理的寻址、处理、背景诊断、函数路径选择、软件计时和网络管理，并负责网络通信控制、收发数据包等；第三个是应用处理器，执行操作系统服务与用户代码。芯片中还具有存储信息缓冲区，以实现 CPU 之间的信息传递，并作为网络缓冲区和应用缓冲区。如 MOTOROLA 公司生产的神经元集成芯片 MC143120E2 就包含了 2KB RAM 和 2KB E^2PROM。

3．Profibus（过程现场总线）

过程现场总线（Process Filedbus，Profibus）是作为德国国家标准 DIN19245 和欧洲标准 EN50170 的现场总线。

Profibus 现场总线由三个兼容的部分组成，分别是 Profibus-DP、Profibus-FMS 和 Profibus-PA。DP 型用于分散外设之间的高速传输，适用于加工自动化领域的应用，使用 Profibus-DP 模块可取代 24V DC 或 4～20mA 并行信号传输。FMS 意为现场信息规范，适用于纺织、楼宇自动化、可编程控制器、低压开关等一般自动化的应用。而 PA 型则是用于过程自动化的总线类型。过程现场总线（Profibus）通信系统如图 7.22 所示。该项技术是由以西门子公司为主的十几家德国公司、研究所共同推出的。它采用了 OSI 模型的物理层、数据链路层，由这两部分形成了其标准第一部分的子集，DP 型隐去了第 3～7 层，而增加了直接数据连接拟合作为用户接口，FMS 型只隐去了第 3～6 层，采用了应用层，作为标准的第二部分，PA 型的标准目前还处于制定过程中，其传输技术遵从 IEC1158-2（H1）标准，可实现总线供电与本质安全防爆。

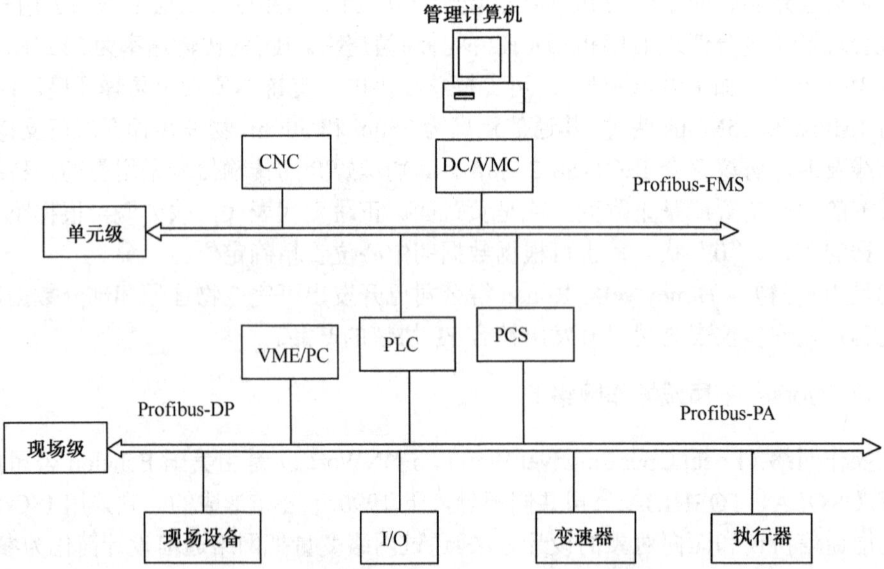

图 7.22　过程现场总线（Profibus）通信系统

Profibus 支持主/从系统、纯主站系统、多主多从混合系统等几种传输方式。传输速度为 9.6Kbps～12Mbps。Profibus 提供了三种数据传送类型，分别是用于 DP 和 FMS 的 RS-485 传输，以及用于 PA 的 IEC 1158-2 传输和光纤传输。

4．CAN（控制网络）

CAN 是控制网络 Control Area Network 的简称，最早由德国 BOSCH 公司推出，用于汽车内部测量与执行部件之间的数据通信。其总线规范现已被 ISO 国际标准组织制定为国际标准 ISO 11898 标准，得到了 Motorola、Intel、Philips、Siemens、NEC 等公司的支持，已广泛应用于离散控制领域。

CAN 协议也是建立在国际标准组织的开放系统互连模型基础上的，不过，其模型结构只有 3 层，只取 OSI 底层的物理层、数据链路层和顶上层的应用层。其信号传输介质为双绞线，通信速率最高可达 1Mbps，直接传输距离最远可达 10 km，可连接设备最多可达 110 个。

CAN 的信号传输采用短帧结构，每一帧的有效字结点数为 8 个，因而传输时间短，受干扰的概率低。当结点严重错误时，具有自动关闭的功能，从而切断该结点与总线的联系，使总线上的其他结点及其通信不受影响，具有较强的抗干扰能力。

CAN 支持多主方式工作，网络上任一结点均可在任意时刻主动向其他结点发送信息，支持点对点、一点对多点和全局广播方式接收/发送数据。

它采用总线仲裁技术，当出现几个结点同时在网络上传输信息时，优先级高的结点可继续传输数据，而优先级低的结点则主动停止发送，从而避免了总线冲突。已有多家公司开发生产了符合 CAN 协议的通信芯片，如 Intel 公司的 82527 芯片，Motorola 公司的 MC68HC05X4 芯片，Philips 公司的 82C250 等。还有插在 PC 上的 CAN 总线接口卡，具有接口简单、编程方便、开发系统价格便宜等优点。

5. HART（可寻址远程传感高速通道）

HART 是 Highway Addressable Remote Transducer 的缩写，最早由 Rosemount 公司开发并得到 80 多家著名仪表公司的支持，于 1993 年成立了 HART 通信基金会。这种被称为可寻址远程传感高速通道的开放通信协议，其特点是在现有模拟信号传输线上实现数字通信，属于模拟系统向数字系统转变过程中工业过程控制的过渡性产品，因而在当前的过渡时期具有较强的市场竞争力，得到了较好的发展。

HART 通信模型由三层组成：物理层、数据链路层和应用层。物理层采用 FSK 技术在 4～20mA 模拟信号上叠加一个频率信号，频率信号采用 Bell 202 国际标准；数据传输速率为 1200bps，逻辑“0”的信号频率为 2200Hz，逻辑“1”的信号频率为 1200Hz。

HART 能利用总线供电，可满足本质安全防爆要求。但严格来说，HART 协议不能算做总线，只是提供了一种智能工业终端的通信协议和接口标准。

如表 7.5 所示为上述现场总线产品及特性的比较。有观点认为，因为 FF 基金会几乎集中了世界上主要自动化仪表制造商，因此 FF 基金会现场总线将成为主流发展趋势。但所有的现场总线基金会会员在研制符合 FF 标准的同时，都同时推出了采用 LONWorks 技术的应用，由此可见 LONWorks 技术的生命力十分顽强。在离散制造加工领域，由于行业应用的特点和历史原因，其主流技术会有一些差别。Profibus 和 CAN 在这一领域具有较强的竞争力。它们已经在这一领域形成了自己的优势。由于 HART 建立在目前广泛采用的模拟系统之上，它可以充分照顾到现有设备和已有投资的效益，技术上也充分考虑连续过程使用环境的需要，是一种过渡产品。

表 7.5　几种现场总线产品及特性比较

	FF	LONWorks	Profibus	CAN	HART
系统类型	总线	网络	总线	总线	总线
OSI 层次	1，2，7	1～7	1，2，7	1，2，7	1，2，7

续表

	FF	LONWorks	Profibus	CAN	HART
介质访问	主从，令牌	CSMA/CA	主从，令牌	CSMA/CA	主从，令牌
通信介质	双绞线，光纤，电缆，无线	双绞线，电缆，光纤，电力线，无线	双绞线，光纤	双绞线，光纤	电源信号线
寻址方式	单点，多点，广播	广播	单点，多点，广播	单点，多点，广播	单点，多点，广播
最大结点数	32	2^{48}	128	110	15
总线供电	不是	是	是	不是	是
本质安全性	是	是	是	是	是
开发工具	有	有	有	有	—

7.3.4 现场总线智能仪器

随着计算机技术、微处理技术及通信技术的不断发展，仪器、仪表行业也正在发生着日新月异的变化，智能仪器向现场总线智能仪器方向发展。所谓现场总线智能仪器（简称现场仪器）指的是符合现场总线标准的智能仪器。

由于现场智能仪器具有良好的发展前景，使得世界上各大仪器、仪表公司都想制定自己的现场总线标准，抢占市场，所以出现了多种现场总线标准。为了制定统一的国际现场总线标准，1999 年 7 月，国际电工委员会（IEC）在加拿大渥太华召开了工作会议，讨论制定单一标准的多功能的现场总线标准。2000 年 1 月 4 日通过的新标准 IEC61158 采用的 8 种类型包括：

TYPE1　IEC61158 技术报告（即 FF 的 H1）
TYPE2　ControlNet（美国 Rockwell 公司支持）
TYPE3　Profibus（德国 Siemens 公司支持）
TYPE4　P-Net（丹麦 Process Data 支持）
TYPE5　FF HSE（即 FF 的 H2）
TYPE6　Swift Net（美国波音公司支持）
TYPE7　World Fip（法国 Alstom 公司支持）
TYPE8　Interbus（德国 Phonenix Contact 公司支持）

加上 IEC TC17B 通过的三种现场总线国际标准和 ISO 11898 的 CAN 标准，国际公认的标准有 12 种之多。在确定 FCS 系统时，首先要确定采用的现场总线标准类型，并选购能与之匹配的现场仪器、仪表和对已有的设备、系统进行接口改造。

现场总线与各种总线之间的转接也有现成的产品。例如，PLC 及一般采用单片机构成的智能仪器都有串行通信 RS-232 接口，如图 7.23 所示为 RS-232 与 CAN 的转接插头。再如，现场总线与 PCI 的接口卡，如图 7.24 所示，这些接口卡支持 Profibus、CAN 等现场总线与 PCI 接口，使个人计算机等设备可以接入现场总线控制系统。

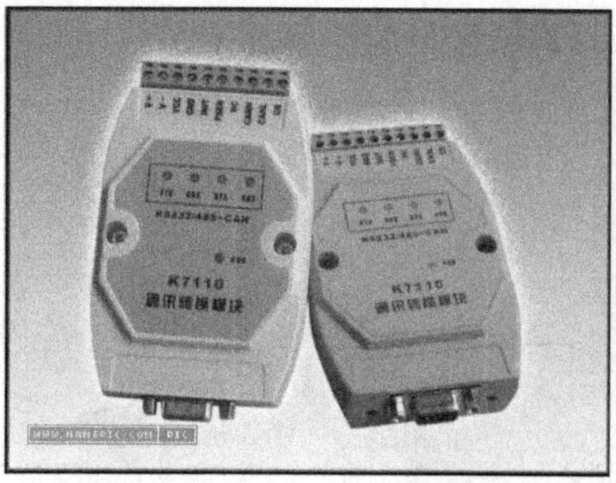

图 7.23　RS-232 与 CAN 的转接插头

图 7.24　现场总线与 PCI 的接口卡

采用以现场仪器为基础的现场总线控制系统是自动化工业发展的方向，它将在很多方面带来好处。

（1）将完全取代 4～20mA DC 联络信号，实现传输信号数字化，从而易于现场布线，减少现场配线费用。

（2）现场总线技术可将一些如控制、报警等分析功能下放到现场处理，简化上层系统。

（3）自动控制系统从封闭式系统向开放式系统转变。

FCS 要求现场仪器、仪表具备以下特点。

（1）智能化功能。FCS 要求现场仪器、仪表带有微机系统，尽最大可能保证现场的工作稳定进行，能够自动进行非线性校正、温度补偿等。

（2）控制功能。FCS 系统将许多控制功能从控制室移到现场仪器、仪表中自动进行，大量过程检测与控制信息就地采集，就地处理，就地使用。

（3）带有总线接口。现场仪器、仪表之间要完成闭环控制功能，组成闭环控制的信息传递就是通过各自的接口经现场总线传输的，现场仪器、仪表也可以通过现场总线和控制室中的上位机进行通信。

7.4　单片机通信仿真举例

单片机之间的通信设计也可以通过仿真来进行验证，可以在 Proteus 仿真软件的源代码载入窗口中分别载入两个单片机的程序，然后进行调试。

7.4.1　单片机点对点传送数据

【例 7.2】 甲机内部 ROM 中的表格传送到乙机中，这里甲机先把表格传到内部 RAM40H～4FH，通过调用【例 7.1】中的子程序把内部 RAM 中 40H～4FH 中的测量数据（这里放 A～G，以 ASCII 码表示）在最高位加上奇校验位后通过串行口发送到乙机中去。

单片机点对点传送数据的电路原理图如图 7.25 所示，其中 U1 为甲机，U4 为乙机，U2 和 U3 均为串行通信接口芯片 MAX232，在源代码载入窗口中分别为甲机指定程序

EX7-1A.ASM，为乙机指定程序 EX7-1B.ASM，然后全部编译通过后，再进行仿真。

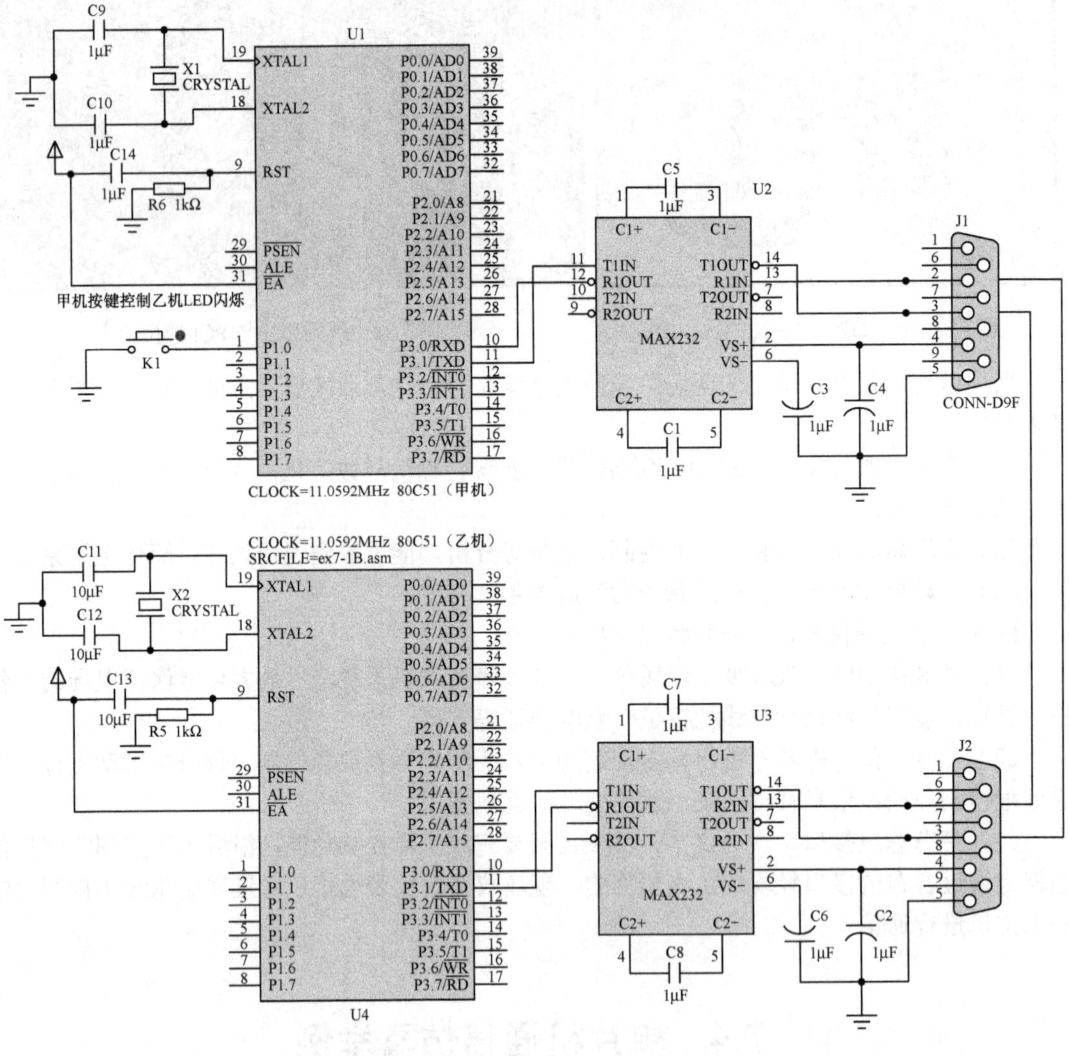

图 7.25　单片机点对点传送数据的电路原理图

子程序的分析在【例 7.1】中已经讨论了，这里给出主程序，分别调用 SOUT 子程序和 SIN 子程序即可。

甲机的主程序如下：

```
        ORG     0000H
        AJMP    MAIN
        ORG     0100H
MAIN:   MOV     DPTR,#DATA_TAB
        MOV     R1,#40H
        MOV     R2,#010H
        MOV     A,#00H
M1:     MOVC    A,@A+DPTR
        MOV     @R1,A
```

```
        INC     DPTR
        INC     R1
        CLR     A
        DJNZ    R2,M1
        LCALL   SOUT            ；调用发送子程序
        SJMP    $
```

乙机的主程序如下：

```
        ORG     0000H
        AJMP    MAIN
        ORG     0100H
MAIN:   LCALL   SIN
        SJMP    $
```

仿真调试时，可以同时调用 U1 和 U4 的源代码窗口，观察程序的运行过程。例如，从两个单片机的内部 RAM 观察窗（如图 7.26 所示）中可以看到数据从 U1 传送到了 U4。

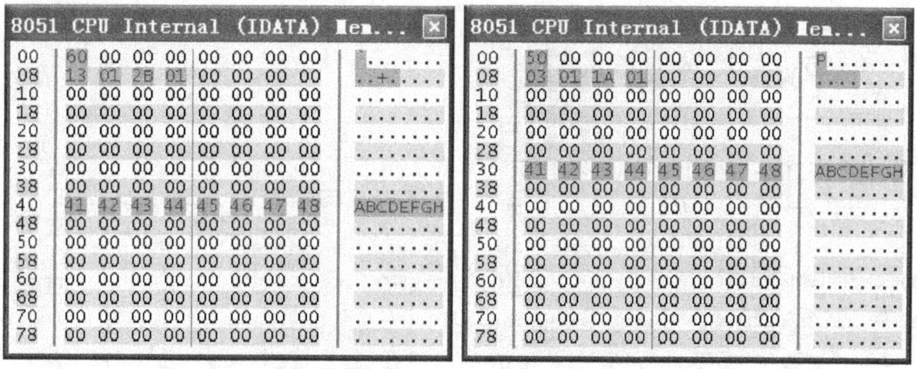

（a）U1 的内部 RAM　　　　（b）U4 的内部 RAM

图 7.26　单片机的内部 RAM 观察窗

7.4.2　单片机双向通信仿真

一般情况下，单片机除了通信外，还有主要的测控任务要完成，而且实际应用中往往是双向通信，所以这里讨论两个单片机利用中断实现采用方式 1 实现点对点的双向通信，线路的连接、方式设置和波特率的计算与上例相同。

为了在仿真时能看到效果，设计的单片机双向通信仿真电路如图 7.27 所示。U1 为甲机，U4 为乙机，当甲机按下按键时，可以看到甲机和乙机的 LED 发光管按同样的规律发光，当乙机按下按键时，可以让甲机连接的 LED 数码管显示乙机按键按过的次数。

因为不知道什么时候需要通信，所以要采用串行通信中断的方式，发送是主动的，可以由主程序在需要时调用，接收是被动的，放在中断处理子程序中。

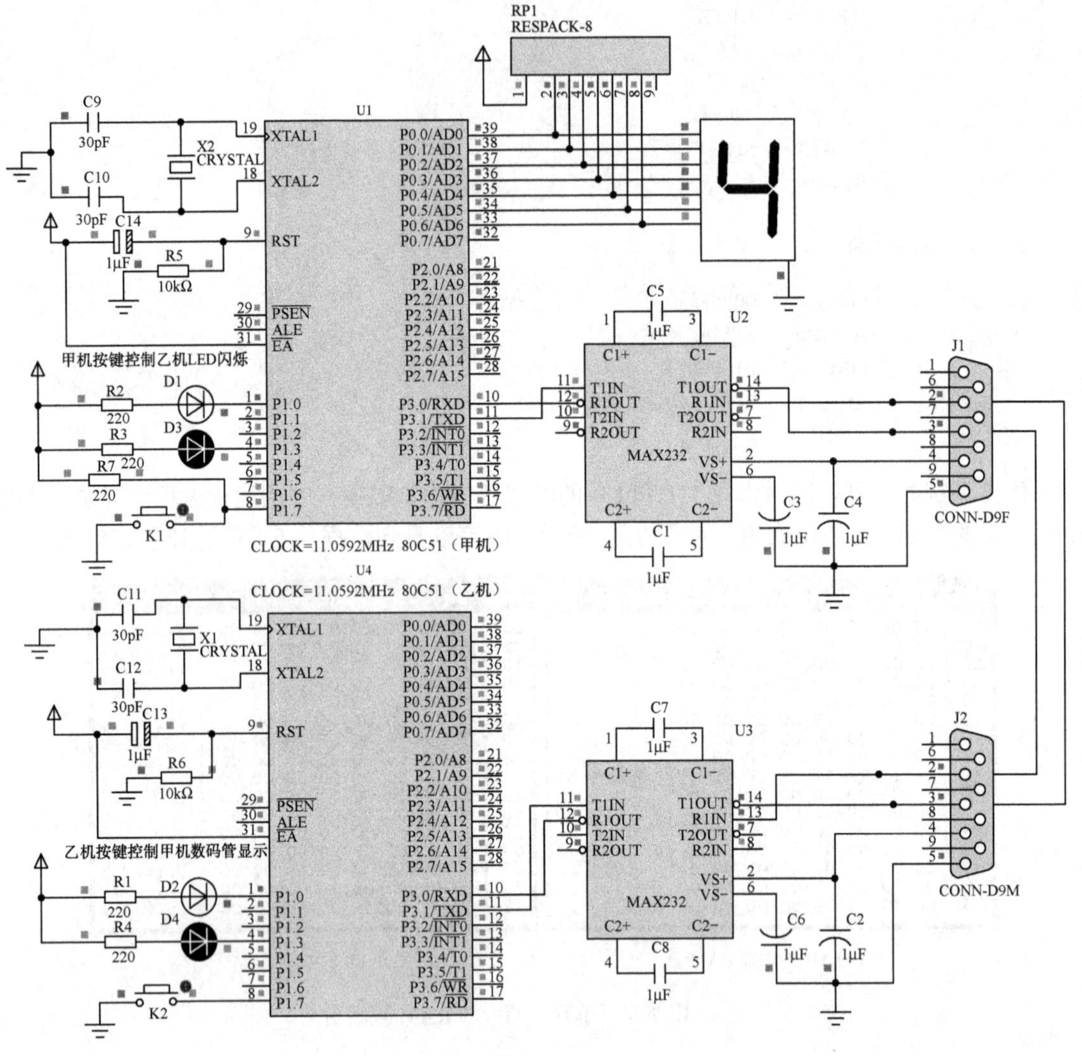

图 7.27　单片机双向通信仿真电路

最简单的情况是，甲、乙两机都用内部 RAM 中的 31H 存放甲机的键值，32H 存放通信值，33H 存放乙机的键值，甲、乙两机用 LED 显示甲机的键值，甲机用数码管显示乙机的键值，如果甲机有键输入，就主动发给乙机，乙机中断开放，接收到数据时，修改 31H 中的值。如果乙机有键输入，就主动发给甲机，甲机的中断也是开放的，接收到数据时，存放在 33H 中。双向通信时，甲机的程序为：

```
            ORG     0000H
            AJMP    MAIN
            ORG     0023H
            AJMP    SIN
            ORG     0100H
MAIN:       MOV     TMOD,#20H       ；设定时器 1 为方式 2
            MOV     TL1,#0E8H       ；给定时器 T1 赋初值
            MOV     TH1,#0E8H       ；给定时器 T1 赋重载值
```

```
            SETB    TR1             ；启动定时器 1
            MOV     SCON,#50H       ；设置串行口方式 1 发送
            MOV     PCON,#80H       ；设置 SMOD=1
            SETB    EA              ；开中断
            SETB    ES              ；串行中断允许
            CLR     00H             ；有键输入标志
            MOV     31H,#00H        ；甲机的键值，送发光二极管
            MOV     32H,#00H        ；接收到的值
            MOV     33H,#00H        ；乙机的键值，送 LED 数码管显示
M1:         LCALL   XS1             ；调发光二极管显示子程序
            LCALL   DISP            ；调数码管显示子程序
            MOV     A,32H           ；乙机传送的值
            JZ      M3              ；没有传送值
            MOV     33H,A           ；传来的值送到数码管
            MOV     A,#00H
            MOV     32H,A           ；32H 清空
M3:         LCALL   READ_K          ；读键
            JNB     00H,M1          ；没键输入到 M1，循环
            INC     31H             ；发光二极管的值加 1
            CLR     00H
            MOV     A,31H           ；把键值发给乙机
            LCALL   SOUT
            SJMP    M1              ；到 M1，循环

SOUT:       MOV     SBUF,A          ；发送子程序
WAIT:       JNB     TI,WAIT
            CLR     TI
            RET

XS1:        MOV     A,31H           ；发光二极管显示子程序
            CPL     A
            MOV     C,ACC.0
            MOV     P1.0,C
            MOV     C,ACC.1
            MOV     P1.3,C
            RET

READ_K:     JB      P1.7,RE2        ；读键子程序
            LCALL   YS6MS
            JB      P1.7,RE2
RE1:        JNB     P1.7,RE1
            SETB    00H
RE2:        RET

SIN:        CLR     RI              ；串行中断，接收子程序
            MOV     A,SBUF
            MOV     32H,A
            RETI
```

```
YS6MS:    MOV     R7,#0CH           ；延时子程序
YS5:      MOV     R6,#0FFH
YS4:      DJNZ    R6,YS4
          DJNZ    R7,YS5
          RET

DISP:     MOV     A,33H             ；数码管显示子程序
          MOV     A,33H
          CJNE    A,#0AH,DISP1
          MOV     A,#00H
          MOV     33H,A
DISP1:    MOV     DPTR,#TABLE
          MOVC    A,@A+DPTR
          MOV     P0,A
          RET
TABLE:    DB      3FH,06H,5BH,4FH,66H,6DH,7DH,07H
          DB      7FH,6FH,77H,7CH,39H,5EH,79H,71H
          END
```

乙机的程序为：

```
          ORG     0000H
          AJMP    MAIN
          ORG     0023H
          AJMP    SIN
          ORG     0100H
MAIN:     MOV     TMOD,#20H         ；设定时器 1 为方式 2
          MOV     TL1,#0E8H         ；给定时器 T1 赋初值
          MOV     TH1,#0E8H         ；给定时器 T1 赋重载值
          SETB    TR1               ；启动定时器 1
          MOV     SCON,#50H         ；设置串行口方式 1 发送
          MOV     PCON,#80H         ；设置 SMOD=1
          SETB    EA                ；开中断
          SETB    ES                ；串行中断允许
          CLR     00H               ；有键输入标志
          MOV     31H,#00H          ；甲机的键值，送发光二极管
          MOV     32H,#00H          ；接收到的值
          MOV     33H,#00H          ；乙机的键值
M1:       LCALL   XS1               ；调发光二极管显示子程序
          MOV     A,32H             ；甲机传送的值
          JZ      M3                ；没有传送值
          MOV     31H,A             ；传来的值送到 31H，让发光二极管显示
          MOV     A,#00H
          MOV     32H,A             ；32H 清空
M3:       LCALL   READ_K            ；读键子程序
          JNB     00H,M1
          INC     33H
          MOV     A,33H
```

```
          CJNE    A,#0BH,DISP1        ；判断乙机的键值大于 11 吗？
          MOV     A,#01H              ；大于 11，改为 1（因为数码管只让它显示到 9）
DISP1:    MOV     33H,A               ；重存键值
          CLR     00H
          MOV     A,33H               ；把键值发给甲机
          LCALL   SOUT
          SJMP    M1

SOUT:     MOV     SBUF,A              ；发送子程序
WAIT:     JNB     TI,WAIT
          CLR     TI
          RET

XS1:      MOV     A,31H               ；发光二极管显示子程序
          CPL     A
          MOV     C,ACC.0
          MOV     P1.0,C
          MOV     C,ACC.1
          MOV     P1.3,C
          RET

READ_K:   JB      P1.7,RE2            ；读键子程序
          LCALL   YS6MS
          JB      P1.7,RE2
RE1:      JNB     P1.7,RE1
          SETB    00H
RE2:      RET

SIN:      CLR     RI                  ；串行中断，接收子程序
          MOV     A,SBUF
          MOV     32H,A
          RETI

YS6MS:    MOV     R7,#0CH             ；延时子程序
YS5:      MOV     R6,#0FFH
YS4:      DJNZ    R6,YS4
          DJNZ    R7,YS5
          RET
          END
```

如果两个 MCS-51 单片机系统相距很近，可以直接采用这种方法进行相互通信和传送测量数据等。这里因为硬件的安排上，甲机和乙机的接法基本相同，所以乙机的程序与甲机的程序差不多，只是没有外接数码管，它自己的键值并不显示。为程序简单起见，双方没有进行数据校验，也没有做呼叫连接。由于 MCS-51 系列单片机的串行通信是双工的，且中断系统只提供了一个中断矢量入口地址，所以实际编程时中断和查询要相结合，可以通过呼叫应答来保证两机的通信有效。

小　结

总线是指一组配置以适当的接口电路，与各部件和外围设备连接的共用连接线路。总线一般可以分成内部总线、系统总线和外部总线。内部总线是微机内部各外围芯片与处理器之间的总线，用于芯片一级的互连；系统总线是微机中各插件板与系统板之间的总线，用于插件板一级的互连；外部总线则是微机和外部设备之间的总线。

串行通信是指通过一根通信线逐位传输数据。当需要远距离通信时，通常采用串行数据传送方式，常用的串行数据接口标准是RS-232、RS-422和RS-485。

RS-232标准采用负逻辑，即逻辑1电平为－5V～－15V，逻辑0电平为＋5V～＋15V，与一般单片机的TTL电平、CMOS电平不兼容，所以不能直接相连接，在设计智能仪器时都要通过专门的接口芯片实现电平转换。

RS-422定义了一种平衡通信接口，将传输速率提高到10Mbps，传输距离延长到约1219m（速率低于100Kbps时），并允许在一条平衡总线上连接最多10个接收器。RS-422是一种单机发送、多机接收的单向、平衡传输规范，被命名为TIA/EIA-422-A标准。

RS-485是从RS-422基础上发展而来的，RS-485可以采用二线和四线方式，二线方式可实现真正的多点双向通信，而采用四线连接时，与RS-422一样只能实现点对多的通信，即只能有一个主设备，其余为从设备。

USB的全称是通用串行总线，它是现在广泛应用于PC领域的一种新颖的接口技术。USB接口的传输线分别由地线、电源线、D＋、D－四条线构成，D＋和D－是差分输入线，使用的是3.3V的电压，而电源线和地线可向设备提供5V电压，最大电流为500mA，USB 2.0的传输速率可达480Mbps。

并行通信标准IEEE-488接口插座用一条24芯的无源电缆进行连接，包括8条双向数据通信线，3条数据传送控制线，5条接口控制线和8条逻辑地线，另有一个屏蔽引脚端。

集散控制系统DCS又称分散型控制系统，是一种以微处理器为基础对生产过程进行集中管理和分散控制的分布式计算机控制系统。

现场总线系统FCS是用于现场仪表与控制系统之间的一种全分散、全数字化、智能、双向互连、多变量、多点、多站的通信网络系统。较流行的现场总线主要有FF、LONWorks、Profibus、CAN、HART等几种。

习　题　7

一、填空题

1．外部总线是（　　）与（　　　）之间的总线。

2．通信接口主要有5种类型，分别是（　　　）、（　　　）、（　　　）、（　　　）和（　　　）。

3．RS-232是（　　　）标准，最初是由美国电子工业协会（EIA）制定并发布的。

4．最简单的RS-232连接需要（　）根线，这几根线分别是（　　　　　　　　　　　）。

5. RS-422、RS-485 与 RS-232 不一样，数据信号采用（　　　　），也称做（　　　　），它使用一对（　　　　）。

6. USB 的全称是（　　　　　　），它是现在广泛应用在 PC 领域的一种新颖的接口技术。

7. DCS 全称（　　　　　　），又称（　　　　　　），是一种以微处理器为基础对生产过程进行集中管理和分散控制的分布式计算机控制系统。

8. FCS 全称（　　　　　　），是一种基于（　　　　）技术的计算机控制系统。

9. 基金会现场总线分（　　　　）和（　　　　）两种通信速率。

10. HART 是（　　　　　　　　）的简称，是现场总线的一种。

二、选择题

1. 总线一般可以分成（　　）。

A. 内部总线、系统总线和外部总线

B. 内部总线、外部总线和硬件总线

C. 内部总线、系统总线和硬件总线

D. 外部总线、系统总线和硬件总线

2. 串行口按其接收/发送的功能分类，不包括（　　）。

A. 单工串行口　　　　B. 半双工串行口

C. 全单工串行口　　　D. 全双工串行口

3. 个人计算机一般都有 IEEE-488 接口，称为（　　）。

A. 串行接口　　　　B. 并行接口

C. 串并两用接口　　D. 以上都不对

4. 关于 USB 接口，以下说法中不正确的是（　　）。

A. USB 接口的传输线分别由地线、电源线、D+、D－四条线构成

B. 在一个 USB 系统中，USB 设备的数目最多可以有 127 个

C. USB 的全称是通用串行总线

D. 在一个 USB 系统中，USB 主机最多可以有两个

5. 下列程序中不属于 USB 软件组成部分的是（　　）。

A. 主控制器驱动程序　　B. 设备驱动程序

C. 应用程序　　　　　　D. USB 芯片驱动程序

6. 关于 IEEE-488 标准总线，以下说法中不正确的是（　　）。

A. 它含有 8 条双向数据通信线

B. 它含有 6 条逻辑地线

C. 它含有 3 条数据传送控制线

D. 它含有 5 条接口管理总线

7. DCS 的基本组成部分不包括（　　）。

A. 面向被控制现场的现场 I/O 控制站

B. 面向操作人员的操作员站

C. 面向编程人员的程序控制站

D．面向DCS监督管理的工程师站

8．与DCS相比较，FCS的主要特点不包括（　　）。

A．是模拟信号、A/D、D/A和微处理器的混合系统

B．用一对通信线连接多台数字仪器、仪表代替一对信号线只能连接一台模拟仪器、仪表

C．用多功能的现场总线智能仪器代替单功能的现场模拟仪器、仪表

D．用分散式的虚拟控制站代替集中式的控制站

9．HART通信模型分层不包括（　　）。

A．线路层　　B．物理层

C．数据链路层　　D．应用层

10．以下不属于现场总线的是（　　）。

A．FF　　B．Profibus

C．CAN　　D．DCS

三、简答题

1．简述RS-232的电气特性。

2．简述USB接口的电气特性。

3．简述FCS相对于DCS的特点。

4．简述两个单片机相互通信电路的构成。

第 8 章

智能仪器的设计与实例

本章主要讨论与智能仪器设计有关的几个问题，包括智能仪器设计与开发的过程，硬件、软件的设计，智能仪器的调试方法及自检，最后给出三个单机型智能仪器的实例。

8.1 智能仪器的设计

智能仪器的出现使仪器的设计进入了一个新的阶段。因为在智能仪器中通过采用微处理器，可以使许多原来要由硬件电路实现的功能现在可以用软件来实现，再加上集成电路技术的发展，使得智能仪器的结构变得更为简单，功能却得到增强，仪器的测量范围与测量精度也有了很大的提高。

8.1.1 智能仪器的设计步骤

由于智能仪器中的许多功能既可以由硬件实现，也可以由软件实现，且硬件、软件的设计中也是有很多器件、很多算法可以选择，所以智能仪器设计的第一步是总体设计，即首先要明确设计的要求，据此确定系统的总体方案，使智能仪器根据实际需要采用先进技术，进行标准化、系统化设计，使其具有较高的性价比，且可靠、安全、便于操作。

智能仪器的设计步骤如图 8.1 所示。

（1）总体设计。在总体设计中，要确定系统的规模大小，根据待测信号的通道数、精度要求、要求实现的功能等确定微处理器的类型、输入/输出通道数、数据存储方式及存储量、通信方式、模块数等。

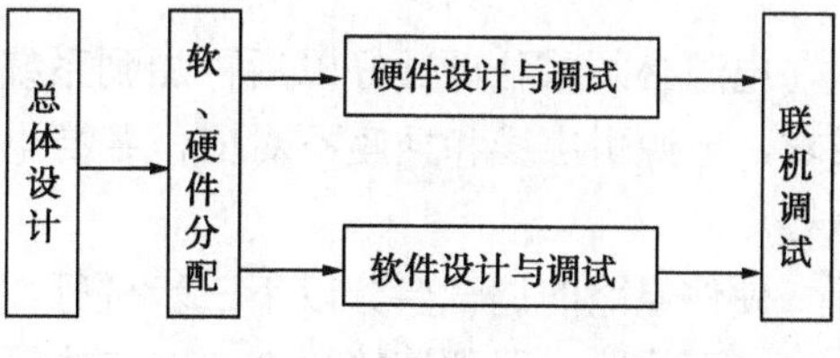

图 8.1 智能仪器的设计步骤

（2）软、硬件分配。在确定总体方案后，再进一步进行软、硬件的搭配。一般来讲，硬件速度快，但应变灵活性小，投资大；软件的功能比较灵活，投资小，但处理速度比较慢。

（3）软件、硬件的设计与调试。软件、硬件的设计、调试可分开进行，或分模块进行，也可以相互交叉进行，利用仿真软件进行综合调试，也是很好的方法。

（4）联机调试。将软件、硬件进行联机调试，一般采用带仿真器的 PC 开发系统可以逐步排除故障，获得高效率的调试结果。

8.1.2 硬件设计与调试

系统硬件的设计，主要是根据应用系统的规模大小、控制功能及复杂程度、实时响应速度及检测控制精度等专项指标和性能指标决定。

在前几章中已分别讨论了智能仪器的微处理器及其选择，输入通道及其实现方法，输出通道及其实现方法和人机界面。硬件系统设计时可以采用模块化的方式，注意各模块的接口性能，并要对各个模块进行分别调试，排除故障。

智能仪器中常见的硬件故障有以下几种类型。

1．逻辑错误

硬件的逻辑错误是由于设计错误和加工过程中工艺性错误造成的。这类错误包括错线、开路、短路、相位错误等几种，其中短路是最常见的也是较难排除的故障。智能仪器往往体积小，印制电路板布置密度高，因而很容易出现由于焊接等工艺原因造成引线之间短路的问题。开路则往往是由印制电路板的金属化孔质量不好或接插件接触不良引起的。

2．元器件失效

元器件失效可能有两个原因：一是器件本身已损坏或性能差，如电阻或电容的型号、参数不正确，集成电路已损坏，器件的速度、功耗等技术参数不符合要求等；二是由于组装错误而造成的元器件失效，如电容、二极管、三极管的极性错误，集成块安装的方向错误等。

3．可靠性差

系统不可靠的因素很多，如金属化孔、接插件接触不良或虚焊等会造成系统时好时坏，经不起震动；内部和外部的干扰、电源纹波系数过大、器件负载过大等会造成逻辑电平不稳定；另外，走线和布局的不合理等也会引起系统可靠性变差。

4．电源故障

电源必须单独调试好以后再加到系统的各个部件中。电源的故障包括电压值不符合设计要求，电源引出线和插座不对应，各挡电源之间短路，变压器功率不足，内阻大，负载能力差等。

硬件电路的调试要分以下三步进行。

（1）线路、器件连接检查。在完成硬件电路的全部焊接工作后，先不通电，用万用表等工具，根据硬件电路电气原理图和装配图仔细检查硬件线路的正确性，并核对元器件的型号、规格和安装是否符合要求。应特别注意电源的走线，防止电源之间的短路和极性错误，并重点检查扩展系统总线（地址总线、数据总线和控制总线）是否存在相互之间的短路或与其他信号线的短路。

（2）电位检查。给硬件电路接上电源，但不输入信号，检查各插件引脚的电位。仔细测量各点电位是否正常，尤其应注意单片机插座上各点的电位，若有高压，联机时将会损坏仿真器。

插入集成电路芯片的操作必须在断电的状态下进行，特别要注意芯片的方向，不要插反。通电后如果发现某器件太热或冒烟，必须马上断电。

（3）信号输入测试。在条件许可的情况下，可以给硬件电路加上一定的输入信号，用万用表、示波器等仪器进行测试。测试通过后，再利用开发机输入简单的测试程序进行调试。

8.1.3　软件设计及调试

根据硬件系统的设计确定各存储器件、输入/输出口的地址、控制线及其测控要求后进行软件系统的设计。软件系统的设计同样可采用模块化设计的方法，要注意各模块子程序的入口参数和出口参数及调用时的现场保留。一般是先编制程序的框图，然后根据框图用汇编语言或高级语言来编写程序。

软件设计编程包括以下几个方面。

（1）自顶向下设计，即把整个设计分成层次，上一层的程序块调用下一层的程序块。

（2）模块化编程，每一模块相对独立，其正确与否不影响其他的模块。

（3）结构化编程，尽量避免使用无条件转移语句，而是采用若干结构良好的转移与控制语句。

模块化程序设计要求把一个长的复杂的系统任务分成若干个模块，以便分别进行独立设计、编程和调试，最终配置在一起，由主模块调用。这样，因为每个模块在逻辑复杂性上都相对简化，程序短小，可以简化程序设计，也可以利用现成的子程序，提高编程效率。

智能仪器系统软件的一般结构如图 8.2 所示，由主程序、人机界面管理模块、外设中断管理模块及各种功能模块和数据表格模块构成。

主程序是整个仪器的核心，上电复位后仪器首先进入主程序。主程序中完成仪器的各可编程器件的初始化和自检，然后进行循环等待键盘或外设的中断并调用相应的管理程序，完成相应的功能，完成后返回到主程序中。

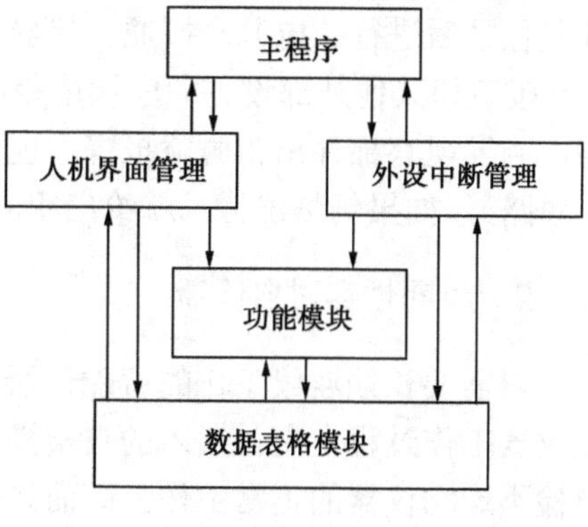

图 8.2　智能仪器系统软件的一般结构

调试软件可以利用开发系统。现在很多单片机都有软件模拟开发系统，即在计算机上利用模拟软件实现对单片机的硬件模拟、指令模拟、运行状态模拟，从而完成应用软件开发的全过程。

用于 MCS-51 系列单片机的模拟开发调试软件很多，例如 SIM51。这个软件无须任何在线仿真器，就可以在个人计算机上直接开发和模拟调试 MCS-51 单片机的软件程序。其硬件模拟是在计算机内部模拟单片机的功能，虚拟的单片机输入端由个人计算机的键盘按键设定，输出状态则显示在个人计算机屏幕上指定的某个窗口区域。SIM51 模拟调试软件的功能很强，有单步调试、设断点、跟踪、检查和修改等功能，是比较实用的模拟开发软件。

Proteus 软件可以结合硬件设计和软件程序进行仿真调试，功能非常强，在前几章的仿真举例中已经对它做了一些介绍，可以看到它同样可以进行单步调试、设断点、跟踪、检查和修改等，而且还可以结合虚拟仪器进行测量、分析，并设计出电路的印制电路板，是智能仪器设计分析的很有用的工具。

调试完毕的软件可以利用 EPROM 编程器（也称 EPROM 写入器）将程序固化在 EPROM 存储器中。如果采用内部含有 Flash 存储器的单片机，如与 8051 兼容的 AT89 系列单片机，则可以反复擦写，可以在系统开发过程中十分方便地对程序进行修改。

8.2 智能仪器的自诊断

自诊断技术是智能仪器中特有的智能技术。它是指智能仪器利用软件程序对自身硬件进行检查，及时发现系统中的故障并根据故障程序采取校正、切换、重组或报警等技术措施。自诊断程序可以减少仪表带病运行的概率，提高系统的可靠性。自诊断程序也可以在联机调试时作为智能仪器的测试程序。

8.2.1 智能仪器自诊断方式

智能仪器一般有以下三种自诊断方式，可以根据需要设计一种或全部。

1. 开机自诊断

开机自诊断是指对仪器正式投入运行之前进行的全面测试。开机自诊断在仪器接通电源或复位之后进行。电源一接通，仪器就自动运行测试程序，按显示器、CPU、ROM、RAM、I/O 接口和其他外部设备顺序调用相应的诊断程序。自检中如果没有发现问题就进入工作状态，当发现有部件出错时就报警，也有的自诊断程序发现错误时，自动复检一次（取决于设计思路），如果仍然出错，就给出相应的错误代码，以帮助操作者进行故障定位。

2. 周期性实时自诊断

对需要长期连续工作的智能仪器，周期性实时自诊断很有用处。周期性实时自诊断是指在仪器工作过程中定时插入的自检操作。这种操作可以保证仪器不必中断测控过程，周期性自检不影响仪器的正常工作，因而只有当检测过程中出现故障并报警时操作者才会发现。

在智能仪器工作期间，对仪器内部进行部分测试，即将部分诊断程序（如对 RAM、ROM、CPU 诊断）设置为仪器中级别最低的中断服务程序，在不影响仪器工作的前提下进行实时诊断。如发现故障且复检后仍有错，则用相应的指示灯或错误代码通知用户。

仪器实时自诊断功能是非常必要的，因为在实际的工作中，受元件老化、温度变化等各种因素的影响，使得电路元器件随时都有可能发生故障，如果不能及时给出相应的故障指示，就会使用户不能完全相信显示结果是否正确。当仪器用于过程控制时，后果将更加严重。所以，自诊断程序应在不干扰仪器正常工作的前提下具备实时诊断功能。

3．键控自诊断

键控自诊断也称人工调节自诊断，即在仪器的面板上设有“自检”之类的按键，检修和操作人员需要对仪器进行测试时，通过按压该键启动自诊断过程，仪器根据用户发出的命令进行一次或多次全部诊断或部分诊断，以帮助操作人员进行故障定位。

自检过程中，如果检测仪器出现某些故障，应该以适当的形式发出指示，智能仪器一般都借用本身的显示器，以文字或数字形式显示“错误代码”。操作人员根据错误代码查阅仪器操作手册便可确定故障内容。仪器除了给出故障代号外，往往还给出指示灯的闪烁或者音响报警，以提醒操作人员注意。

8.2.2　智能仪器的自诊断项目

智能仪器的自诊断程序通常是以仪器中常用芯片作为诊断对象，也就是说，自诊断程序应能对仪器中常用的 CPU 芯片、ROM 芯片、总线、显示器、键盘和输入/输出通道等进行诊断。

1．CPU 的自诊断

CPU 是微机系统的核心，如果 CPU 出现故障，则系统就不能正常工作，显然 CPU 的自诊断是最为困难的。

专业的 CPU 测试程序是根据 CPU 的结构特点编写而成的，由于 CPU 的故障存在随机性，需经过足够的测试才能证明 CPU 的可靠性。一般情况下可认为用户系统的自诊断程序就是 CPU 的测试程序，如果系统能正确地运行完自检程序，则可以认为 CPU 自身也是正常的。

2．EPROM 的自诊断

EPROM 是用于存放程序常数和表格的载体，在长期的使用过程中，其存储的信息可能发生变化。如 EPROM 的窗口没有封好，经外界光线的长期作用就会改变其存储的信息，E^2PROM 存储的信息也可能受电的干扰而发生意外的改变，ROM 信息的变化无疑会造成原设计程序的错误，并以软件故障的形式反映出来，使系统无法正常运行。

由于 ROM 是只读的，对其进行自诊断只需判断从 ROM 中读出的数据是否正确即可。具体的诊断方法有多种，常见的有“检校和”（奇/偶检验法），单字节累加位法，双字节累加位法等。

检校和法是比较常用的 ROM 自诊断方法，具体实施步骤为：当写入程序代码和数据表格时，在 ROM 中保留一个单元（通常是紧接着有效信息后的一个），用于存放所有有效代码的检校和（加法和或异或和）。加法和是有效代码的对应位进行不进位加法的值，应将其取补存放；异或和是有效代码的异或值，直接存储。在自诊断时，将有效代码和检验和逐一读出，同时按写 ROM 时相应的运算规则计算其检校和。若 ROM 中的数据正确，则加法和的值应为全 1，而异或和的值应为全 0，否则即是 ROM 的内容已发生变化。

3．RAM 的自诊断

RAM 是智能仪器的重要组成部分，RAM 中频繁地发生着信息的交换，RAM 结构复杂且处于动态的工作状态，是微机系统中出现故障频率较高的单元。以下介绍固定模式和游动模式两种 RAM 自诊断方法。

（1）固定模式测试。固定模式测试是将某数写入被测试的 RAM 单元中，然后再从中读出并与原始数据进行比较，以此来判断 RAM 的写入和读出的可靠性。为检查字节单元的各个位之间的影响，应将可能出现的每一种数据组合都进行一次测试，如 8 位 RAM 字节所有的数据组合为 00～FFH，实际系统中也常用 0AAH 和 55H 这两个 0 和 1 间隔的数进行检查，可发现最易出现的相邻位关联的故障。这种方法的不足之处是没有检查 RAM 单元之间的影响。

（2）游动模式测试。游动模式测试是先将所有需测试的 RAM 的单元初始化为全 1 或全 0，再将一个数据送入一个被测单元，并检查其他单元是否受到该次写入的影响。然后将该单元的数据读出并与原始数据比较，以检查该单元自身的情况及是否受到其他单元的影响，如果该单元检查无误，则将其恢复为初始值，检测其他单元，如此直到所有 RAM 单元通过检查。

与固定模式相似，送入 RAM 中的数据应考虑所有可能的组合状态，通常选择有代表性的几种数据进行测试，如 AAH、55H 或反码连续测试等。反码连续测试是使一个单元在很短的时间内被写 1 和写 0，可检查出因寄生电容影响较大造成的隐含故障。

4．数据采集通道的诊断

智能仪器的数据采集通道一般是由 A/D 转换器和多路模拟开关构成的。如图 8.3 所示为一种对数据采集通道进行自诊断的方案，系统占用多路模拟开关的一路通道，接一个已知的模拟电压，其等效电压的数值一般为通道的中心值。进行自诊断时，系统对该已知电压进行 A/D 转换，若转换的结果与预定值相符，则认为采集通道正常；若有少许偏差，则说明数据通道发生漂移，可求出校正系数供实际测量时进行补偿；若偏差过大，则判断为故障。

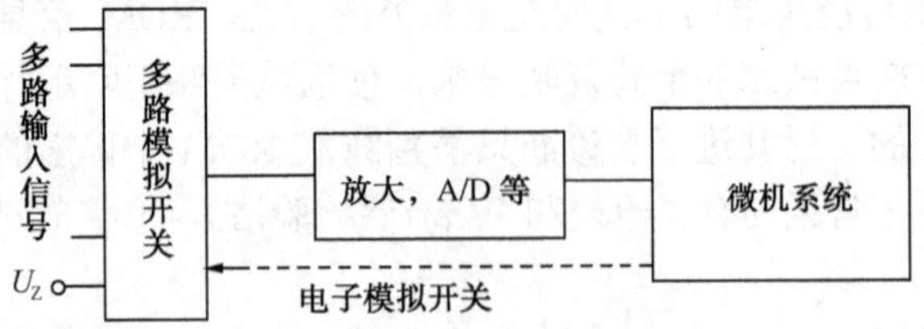

图 8.3　数据采集通道的诊断

更周密的自诊断方案需要用两路模拟开关：一路如前所述接基准电压信号，另一路接采集通道的等效信号。通过对两路信号的自诊断测试，不但可以进行故障诊断，还可以进行零点漂移和增益漂移的补偿。将这种思路和方法推广到整个测量通道，就是第 6 章中讨论的智能仪表的自校正技术。

5. 模拟输出通道的诊断

智能仪器的模拟输出通道一般由 D/A 转换器完成。D/A 通道诊断的目标是为了确保模拟输出量的准确性，而要判断模拟量是否准确又必须将该输出转换为数字量，CPU 才能进行判断。因此，模拟输出通道的自诊断离不开数据采集环节。

8.3　实例 1　智能化真有效值数字电压表

作为单机型智能仪器实例，智能化真有效值数字电压表以 MCS-51 单片机为核心，能够测量任意波形信号的真有效值。它具有键控或定时自动校准、手动或自动量程转换、仪表故障自检、测量数据存储等功能，还能对测量数据进行平均值、最大值、最小值、相对误差等运算处理，全部功能采用键盘控制。

8.3.1　系统硬件的构成

智能化真有效值数字电压表是标准的单机型智能仪器，其结构框图如图 8.4 所示，由输入处理、有效值/直流变换、A/D 转换、人机界面及微机系统构成。下面对其硬件结构进行分析。

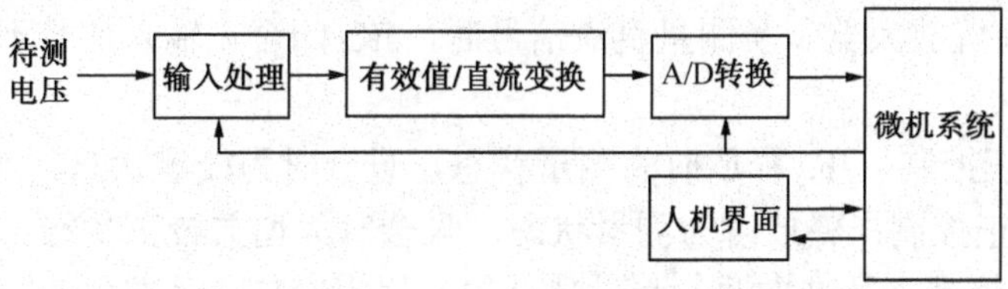

图 8.4　智能化真有效值数字电压表结构框图

1. 输入处理电路

输入处理电路的作用是将不同量程的被测电压规范到 A/D 转换器所要求的电压值。在智能化真有效值数字电压表中采用 ICL7135 作为 A/D 转换器(在第 3 章中已提到 ICL7135 要求输入电压范围为 0～2V)。这个智能化数字电压表的输入处理电路由输入衰减器、前置放大器、真有效值/直流转换器、量程转换控制及自动校准切换等电路组成，如图 8.5 所示。MCS-51 单片机通过接口芯片 8155 对输入电路进行控制。

由 9MΩ、900kΩ、90kΩ、10kΩ组成分压电路，对输入电压信号进行衰减。继电器 JK_1、JK_2、JK_3 全部释放时，输入信号经过 1/1000 的衰减输入到放大器的输入回路，此时若输入电压为 2000V，则送给前置放大器的电压为 2V，考虑到其他因素（如绝缘性能等），仪器允许的最大量程为 1000V。继电器 JK_1 闭合，而 JK_2、JK_3 释放时，输入信号经过 1/100 的衰减输入到放大器的输入回路，此时的量程为 200V。继电器 JK_1、JK_2 闭合，而 JK_3 释放时，输入信号经过 1/10 的衰减输入到放大器的输入回路，此时的量程为 20V。继电器 JK_1、JK_2、JK_3 全部闭合时，输入信号直接输入到放大器的输入回路，此时的量程为 2V。

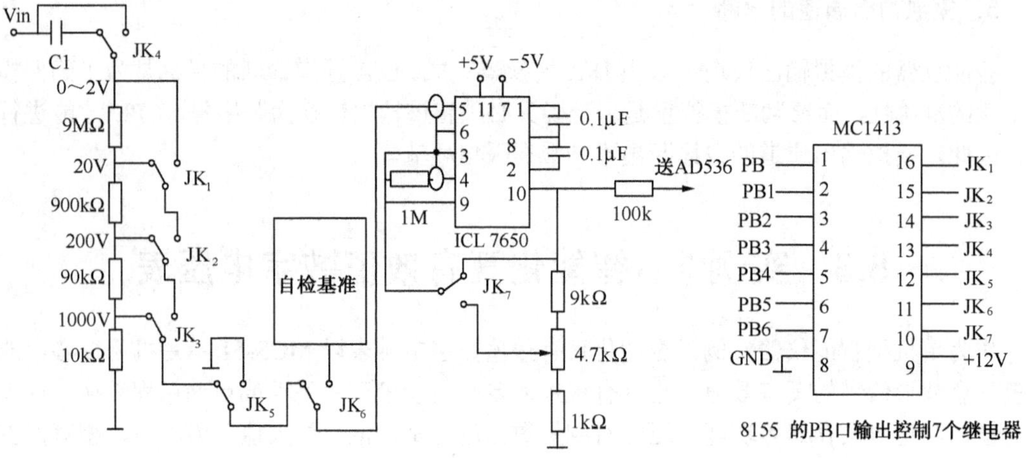

图 8.5 输入处理电路

前置放大器采用 ICL7650，从图 8.5 中可知，其放大倍数由 JK_7 控制。在 2～1000V 量程时 JK_7 释放，这时放大倍数等于 1。JK_7 闭合时通过调节电位器使得 ICL7650 的放大倍数为 10，此时若继电器 JK_1、JK_2、JK_3 也全部闭合，则输入信号被放大了 10 倍，即此时的量程为 0.2V。

继电器 JK_4 控制了交流/直流测量转换，当测量交流信号时，JK_4 释放，输入信号经过隔直流电容 C_1 进入前置放大器。当测量直流信号时，JK_4 闭合，输入信号不经过电容直接送入前置放大器。

JK_5 为零点校正控制，JK_5 释放时为测量状态，吸合时为校零状态。

JK_6 为增益校正控制，释放时为测量状态，吸合时为增益校正状态。增益校正采用正、负增益分别校准，校准有基准电源，为一独立的高稳定度自校基准电源。

继电器 JK_1～JK_7 由 MC1413 驱动，MC1413 的输入接 8155 的 PB 口。

2．单片真有效值/直流值转换器

前置放大器 ICL7650 的输出信号为直流或任意波形的交流信号，但 A/D 转换芯片只能把直流电压转换成数字信号，所以在这个智能化数字电压表中采用美国 AD 公司生产的真有效值/直流值转换集成芯片 AD536A 作为转换器。该芯片可对任意输入波形的信号进行模拟计算输出其平均值，从而实现真有效值/直流值的转换。

AD536A 的输入电压最高可达±25V，可超过其电源电压，输出也有短路保护，在电源电压下降时也不影响其测量精度。最大可测量的有效值电压为 7V，无须外加任何补偿电路就可以实现高精度的测量。

AD536A 有多种封装形式，如图 8.6 所示为其双列直插型封装引脚图。AD536A 的使用十分方便，可以用双极性电源供电（范围为±3V～±18V），也可以用单极性电源供电（+36V）。在本例中，AD536A 的电路如图 8.7 所示，只要在它的 1 脚（V_{IN}）接来自前置放大器 ICL7650 的输入电压，就能在其 6 脚（V_{OUT}）得到正比于输入信号真有效值的直流电压。

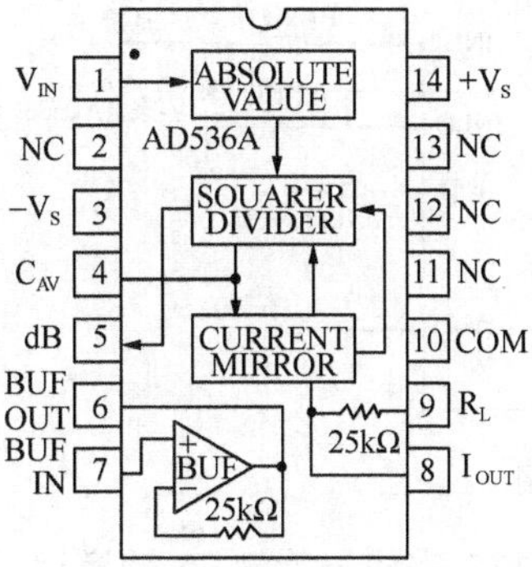

图 8.6　AD536A 的引脚图

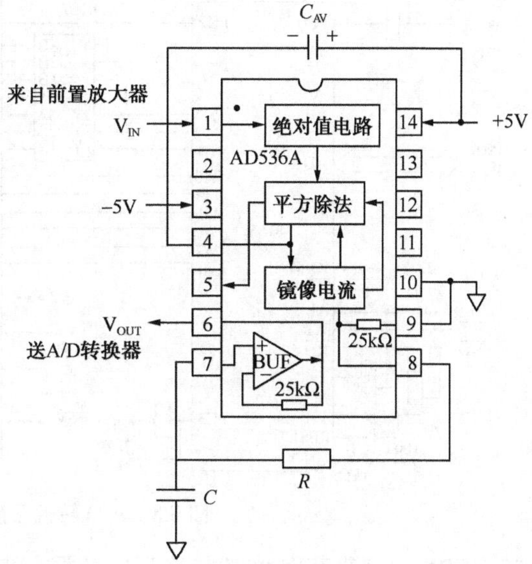

图 8.7　AD536A 的电路

如果输入信号变化很慢，则输出将精确地跟踪输入值，即如果输入直流值，输出也为直流电压；如果输入信号频率比较高，则其输出的平均值等于有效值。这时可能有两种误差：平均误差（即直流误差）和纹波误差。平均误差的大小取决于输入信号的频率和外接滤波电路 C_{AV} 的值。对低频测量信号，C_{AV} 过小可能影响测量精度，要通过查阅手册选择 C_{AV}，一般 C_{AV} 至少为 0.22μF。

纹波电压是指输出信号（理想情况下为直流）中的交流成分。通过加大 C_{AV} 可以减小输出纹波电压，但同时使稳定时间相应加长。要减小纹波电压，最好的方法是加滤波电路。图 8.7 中由电阻 R 及电容 C 构成低通滤波电路，滤去输入直流信号中的纹波电压（高频信号）。

3. A/D 转换电路

A/D 转换器采用 $4\frac{1}{2}$ 位高精度的双积分集成 ADC 芯片 ICL7135。在这里，它把 AD536A 送来的信号转换成数字信号送给 MCS-51 单片机进行处理，在微机系统中采用了扩展输入/输出端口芯片 8155 与 ICL7135 直接相连，如图 8.8 所示。

在信号输入端口，通过 8155 的 PC3 和一个非门控制场效应管 K_{21} 和 K_{22} 的通断。设置场效应管 K_{21} 和 K_{22} 是用于控制 A/D 转换器是否进入自检状态。当 K_{21} 断开，K_{22} 导通时，A/D 转换器与自检用的 A/D 基准信号相连接，这时进入 A/D 转换器的自检状态。自检时，7135 的输入是其本身的基准电压，为 1V，是满量程值 2V 的一半，所以其理想输出值应为 10000。如果读出的 A/D 转换值偏差太大，则说明 7135 工作失常。

当 K_{22} 断开，K_{21} 导通时，进行正常测量转换状态。8155 的 PA 口设置为选通输入方式以读取 A/D 转换器的输出数字值。PC0～PC2 为 PA 口的控制信号，8155 的定时器作为方波发生器，8031 的晶振频率取 12MHz，8155 定时器的输入时钟频率为 2MHz，经 16 分频后，定时器输出 125kHz 的方波，作为 7135 的时钟脉冲。

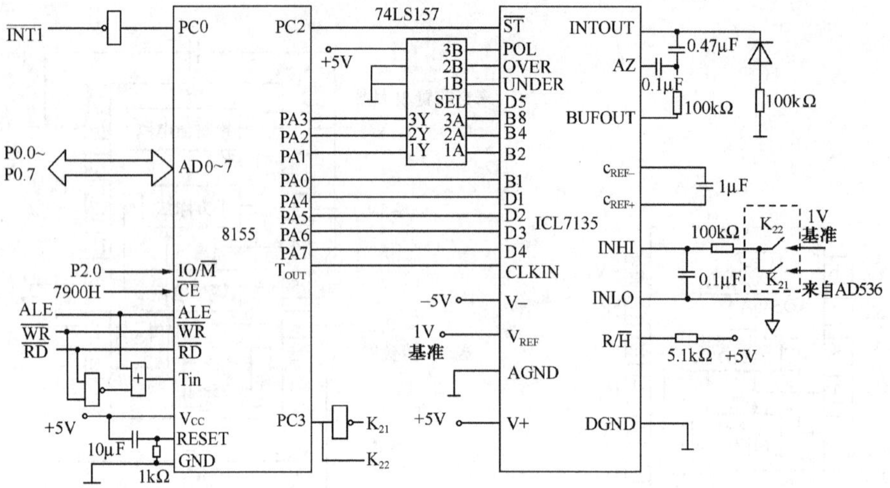

图 8.8　A/D 转换器接口电路

8155 的 PA 口用来获取数/模转换后的数据。当 ICL7135 完成一次 A/D 转换后，产生 5 个数据选通脉冲，分别将各位的 BCD 码结果和位标志 D1～D5 输入 PA 口。PA 口每接收一个数据后，中断标志线 PC0 从低电平变为高电平，经非门使 8031 的外部中断输入口 $\overline{\mathrm{INT1}}$ 为低电平，向 CPU 申请中断，CPU 响应中断后，读入 8155 的 PA 口数据。

4. 人机界面图

如图 8.9 所示为采用 8279 芯片组成的键盘、显示器接口电路。这种接口由 8279 完成对键盘及显示器的管理，可少占用 CPU 的时间，从而使单片机能有更多的时间进行数据处理及其他工作。这是比较经典的单片机键盘、显示器接口电路。

图 8.9 中键盘的行线接 8279 的 RL0～RL3，SL0～SL2 经 74LS138（1）译码，输出键盘的 8 条列线。SL0～SL2 又经 74LS138（2）译码，并通过 75451 驱动后，输出到各位显示器的公共阳极。BD 控制 74LS138 的译码，当位切换时，BD 输出低电平，使译码器输出全为高电平。实际上仪表只用了 16 个按键，RL2、RL3 行线上并未接按键。

8279 与单片机采用中断输入方式进行通信，当有键被按下时，8279 的 IRQ 端产生中断请求信号，单片机 8031 响应中断后，读取 8279 的 FIFO（First In First Out，先进先出缓冲器）中的键码值。

5. 单片机系统

智能化数字电压表采用 MCS-51 单片机构成其专用单片机系统，如图 8.10 所示。在 8031 单片机外扩展了一片程序存储芯片 E^{2}PROM 2864、一片数据存储芯片 RAM 6264 和一片 I/O 接口芯片 8155。单片机 8031 的 P0 口输出的低 8 位地址信号线，经 74LS373 锁存后送至 2864 和 6264 的低 8 位地址端 A0～A7，P2 口输出的高位地址信号 P2.0～P2.4 送至 2864 和 6264 的 A8～A12，8155 的 AD0～AD7 直接与 8031 的 P0 口相连。由图 8.10 中的地址分配，可以得到各存储器和 I/O 的地址如下：

EPROM 2864（共 8KB）：0000H～1FFFH

RAM 6264（共 8KB）：4000H～5FFFH

8155 的命令口～C 口地址：7900H～7903H

8155 的定时器地址：7904H（低）7905H（高）

8155 的 RAM 地址：7800H～78FFH

8279 的数据口地址：7000H

8279 的命令口地址：7001H

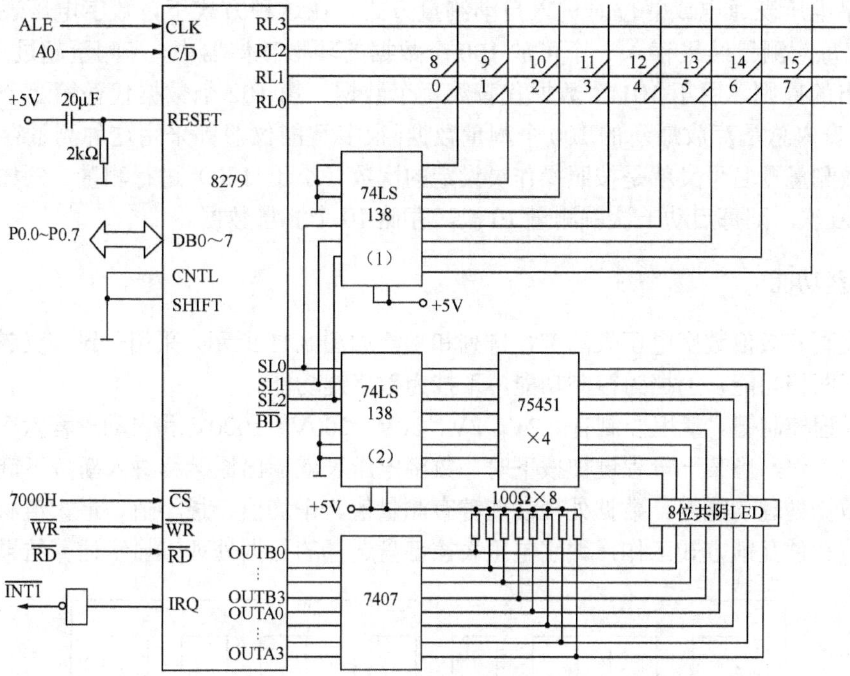

图 8.9　键盘、显示器接口电路

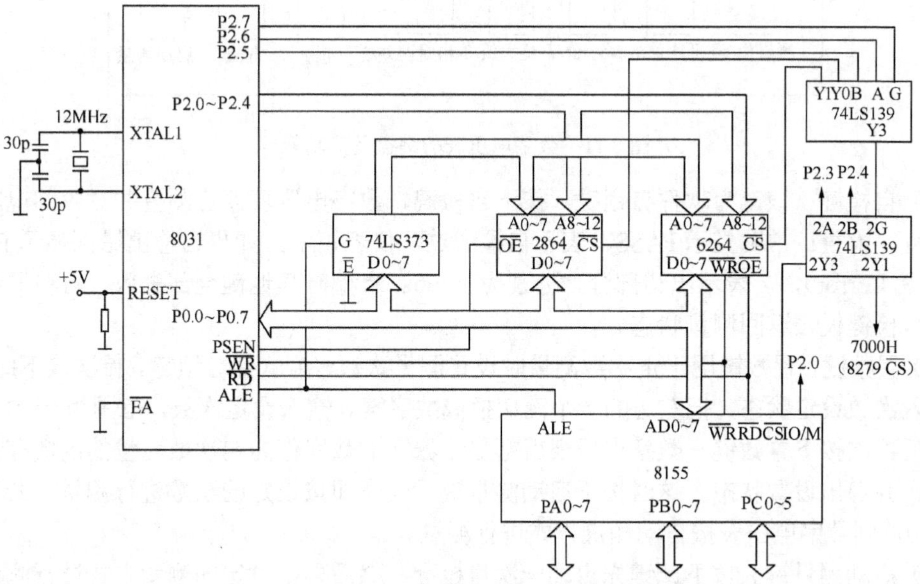

图 8.10　智能化数字电压表单片机系统电路

8.3.2 系统监控程序

智能仪器的监控程序用于管理整个仪器工作，又称管理程序。智能化真有效值数字电压表的全部功能都是在硬件的支持下，由监控程序来实现的。本例的数字电压表有两种测量方式，即自动测量方式和定次数测量方式。

当数字电压表通电或复位时进入自动测量方式，在这种方式下，数字电压表自动进行测量，并把每次测量结果存入一个可放 100 个数据的环形存储器中，当测量超过 100 次后，按先进先出的原则，用第 101 个数据代替第 1 个数据，第 102 个数据代替第 2 个数据，依此类推，仪表内总是存放最新的 100 个测量数据（很多智能仪器都采用这种测量存储方式）。

定次数测量顾名思义就是按照操作员设定的次数（小于 100）进行测量。例如，操作员设定测量 10 次，则每启动一次就测量 10 次，存储 10 个测量数据。

1．键盘功能

智能化真有效值数字电压表的键盘排列和功能如图 8.11 所示，采用一键双义键盘，按键具有上、下两挡功能，上挡为控制功能，下挡为数字键功能。

（1）量程控制键。量程控制有 0.2V、2V、20V、200V、1000V 和自动量程六个键。按软件互锁方式工作，当某一量程键被按下时，数字电压表就退出原量程进入新按下键的量程。

（2）数据处理功能键。数据处理功能键有测量值、平均值、最小值、最大值和相对误差五个键。按软件互锁方式工作，数字电压表按键盘选择的数据处理键显示运算结果。

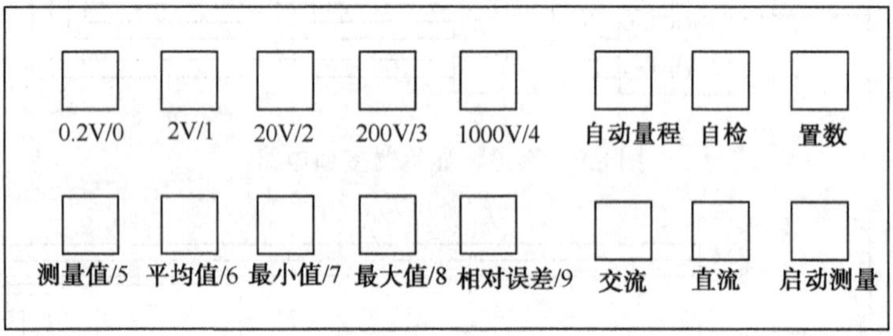

图 8.11 数字电压表的键盘及其功能

（3）自检键。该键为软件自锁键。按下自检键，数字电压表停止测量并对内部电路进行一次检查，检查正常则显示 PASS，表示自检通过，仪表正常。如果自检出错则显示 ERR *n*，表示出错（Error），*n* 表示出错部分，分别为 1～5。自检时其他键全部失效，自检通过后再次按下自检键仪表返回测量状态。

（4）置数键。置数键用于定次数测量时设置测量次数，为软件自锁键。首次按下此键时，仪表进入次数设定状态，把左边的十个键切换成数字键。输入设定次数，范围为 0～100，设置完毕后再次按下置数键，数字电压表就把显示器上的数字作为定次数测量的次数存入内部存储器，并退出设置状态。这时按下启动测量键，仪表即按设定的次数进行测量。若设定的次数为 0，则数字电压表按自动测量方式进行测量。

（5）启动测量键。按下此键先启动一次自校准，然后再按设定的测量方式进行测量。在自动测量方式下，按下此键等于启动一次自校准，然后返回原测量状态，并不影响原存储的测量数据。在按次数测量方式下，按下此键先启动一次自校准，然后返回原测量状态，按设定的测量次数，重新进行一次测量存储，刷新数据存储区中的测量数据。

2．数字电压表

智能化真有效值数字电压表的监控程序由整机初始化程序、测量主程序和键盘控制程序三部分组成，其中，键盘控制程序由键盘中断启动，整个程序采用模块化设计，其总体框图如图 8.12 所示。

开机或复位后，数字电压表首先进入整机初始化模块，完成仪表的硬件、软件的初态设置，即为自动测量方式，1000V 自动量程及数据处理功能为“测量值功能”，并对数字电压表进行一次自检和自校准参数的测量。接着进入测量主程序模块。

在测量主程序中，按要求不停地测量输入端的电压信号，获取 A/D 转换的测量数据并存储、处理和显示，反复进行。

当操作员按下按键时，键盘接口产生中断，使程序进行键盘控制程序（虚线框部分），通过读取 8279 FIFO 中的键值并按键义转移到相应的子程序。当该键的子程序结束时退出键盘中断服务程序，进行测量状态或暂停（如按下置数键等），等待下一个键输入。

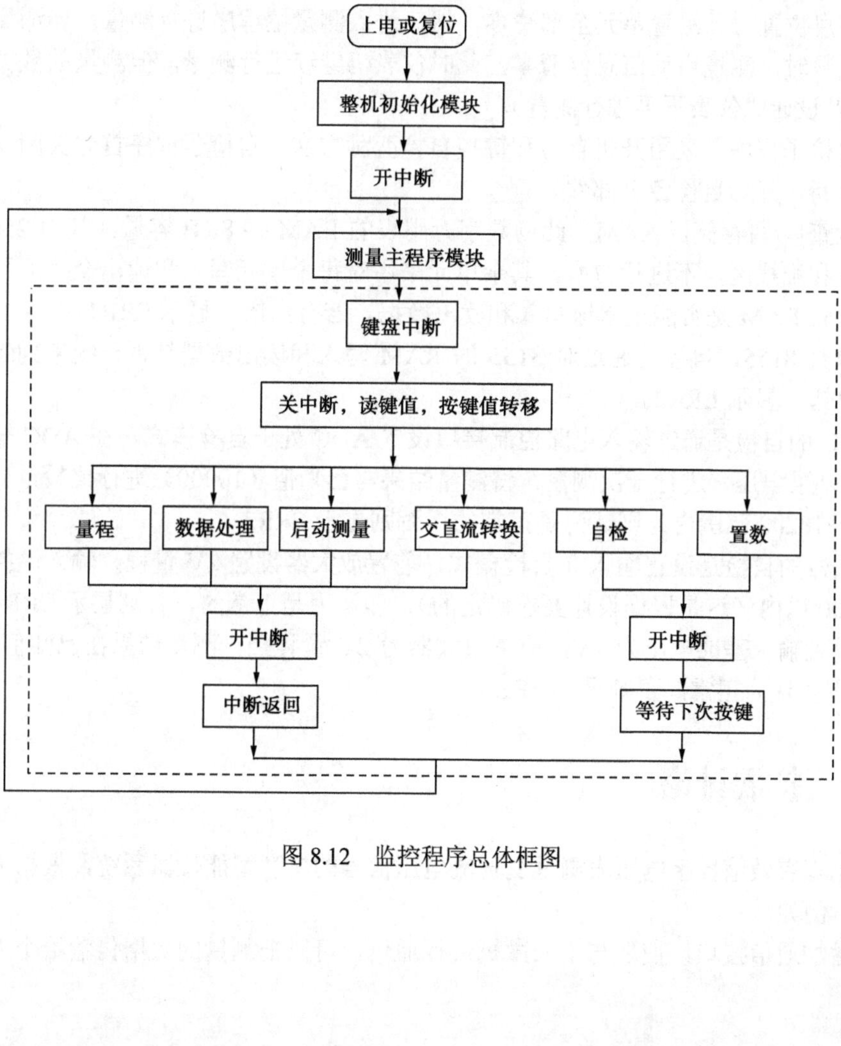

图 8.12　监控程序总体框图

3. 主要功能模块简介

（1）整机初始化模块。当数字万用表接通电源或复位后，立即进入整机初始化程序模块。在这个模块程序中，完成设置栈底，信息存储器全部清零，预置键盘接口、ADC 接口中 8279 和 8155 的工作方式，自校计数器置初值，平均值、最大值、最小值存储单元置初值，建立初始测量状态为 1 000V 自动量程，并对仪表的主要部件进行开机自检，测取零位和增益校准参数等工作。

（2）测量主程序模块。进入测量主程序模块，首先调用测量程序，在约定的输入数据存储器中得到测量结果的十进制数据。然后调用自校准程序，消除放大器和模/数转换器的零点漂移和增益不稳定的影响。当键盘设置为自动量程时，测量程序调用自动量程选择子程序，自动完成升量程或降量程的操作，然后根据不同的测量方式将测量结果存入数据区并进行相应的数据处理。

自动测量方式时，测量标志位清零（默认），测量数据存放在环形数据区并进行平均值、最大值、最小值实时数据处理。当测量次数为 100 时，测量数据重新从数据区的首地址开始存入，这是一种软件控制的环形存储器。

定次数测量方式时，测量标志位置 1，预置测量次数存入内存单元，按测量启动键后，测量启动信息位置 1，测量单元全部清零，然后进入测量主程序进行测量。当测量次数等于预置测量次数时，测量启动信息位清零，此时仪表仍继续进行测量，但测量的数据不再保存（这里也可以设计成仪表不再进行测量）。

（3）自检子程序。采用开机自检和键控自检两种方法，自检子程序首先关闭 ADC 与键盘接口的中断，开始自检各个部件。

首先检查读/写存储器 RAM，此例数字万用表的 RAM 共 8KB 容量，其中 256B 用于存储测量信息和堆栈区，不进行自检，其余单元采用对每个单元写入和读出全“0”和全“1”信息，来检查 RAM 是否能正常地写入和读出数据。若有出错，显示 ERR1。

接着检查 8155，自检是通过对 8155 的 RAM 写入和读出数据是否一致来判断其是否正常的，若出错，显示 ERR2。

对 ADC 的自检是通过输入电路控制接口设置 ADC 处于自检模式，在 ADC 输入端加上一个 1V 的基准电压，进行一次测量，将测量结果与已知值（10000）进行比较，如果测量结果在 9800～10200 范围内，则认为是正常的，否则显示 ERR3。

对放大器的自检是设置输入 0 自检模式，前置放大器设置 2V 量程，输入端接地，测量结果在±400 以内（这是根据设计要求确定的），即认为是正常的，否则显示 ERR4。

最后设置输入基准电压为 1V，前置放大器为 2V 量程挡，测量结果在已知值（10000）的±5%范围内认为正常，否则显示 ERR5。

8.3.3 扩展讨论

智能化真有效值数字电压表测量交直流电压信号的典型智能仪器系统，根据需要还可以进行扩展，例如：

（1）增加通信接口，使之与个人微机进行通信，可以把测量的数据传输给个人微机，便于进一步处理与保存。

（2）通过在输入端接入不同传感器，把各种物理量转换成交直流电压信号并进行测量处理，可以扩展其使用范围。

（3）通过在输入端口加程控多路模拟开关切换，可以扩展成多路测量的智能仪器。

8.4　实例 2　智能电子计数器

电子计数器是数字信号处理仪器，可用来测量信号的频率和周期。在自动控制系统中也常要用到电子计数器，与其他智能仪器一样，电子计数器也有通用计数器和专用计数器之分。通用计数器一般具有多种测量功能，多种用途，可用来测量频率、周期、时间间隔、频率比、累加计数、计时等，配上相应的插件还可以测量电压幅度、相位等。一般把具有测频和测周两种以上功能的电子计数器都归类为通用计数器。专用计数器是指专门用于测量某单一功能的电子计数器。这种专用计数器通常根据实际需求进行设计，在某些指标上有特殊的要求，如时间计数器的测时分辨率要求很高，可达 ns 级；再如专用于测高频或微波频率的测频仪，要求抗干扰能力很强；还有主要用于工业自动化控制中的可逆计数器、预置计数器和差值计数器等。

作为实例，这里分析一个以 ICM7226 为基础的测量频率高达 100MHz 的智能频率计。

8.4.1　硬件构成

智能频率计整机框图如图 8.13 所示，它主要由微机系统、输入通道、计数器及人机界面四部分构成。

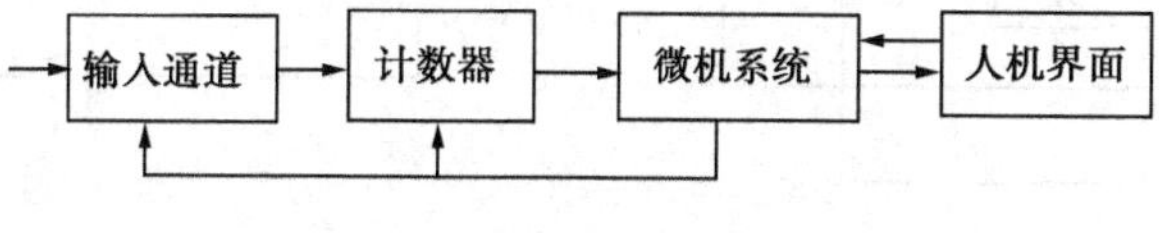

图 8.13　智能频率计整机框图

1．计数器

智能频率计的测量核心部件是计数器，这里选用 ICM7226 集成芯片。ICM7226 只需加上少量外围元件，就可以构成功能齐全的 8 位通用计数器，并可以输出 8 位 BCD 码计数值或直接驱动 8 位共阴或共阳的 LED 显示。测频范围从直流到 10MHz，只需要单一＋5V 电源供电，可以用做频率计数器、单位计数器、测量周期、测量频率比、测量时间间隔等。

ICM7226 内部框图如图 8.14 所示。它由一个 10MHz 的时基振荡器、一个 5 位十进制分频器、8 位十进制的主计数器和锁存器、段译码驱动器及 8 位的位扫描器、控制逻辑电路等组成。

只需在 ICM7226 的 35、36 引脚之间接入石英晶体及电容，通过芯片内部集成的运算放大器等电路就构成了内部的时基振荡器。通过调节电容使振荡器的输出频率严格等于 10MHz，这个振荡信号还可以通过 38 脚输出，供外部电路使用。如果需要，也可以直接从外部输入（33 引脚）1MHz 的标准振荡信号。

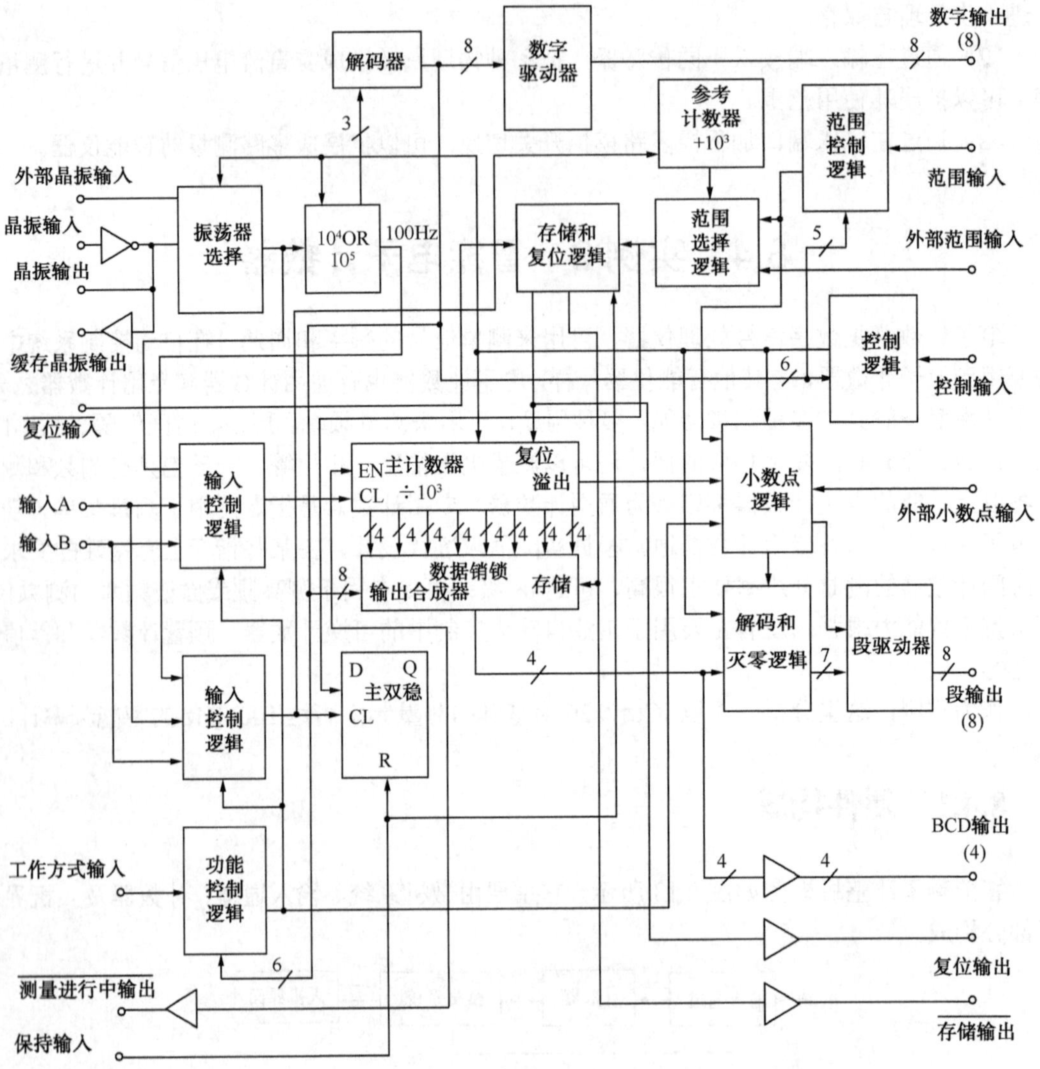

图 8.14　ICM7226 内部框图

ICM7226 含有时基分频器，可以从时基振荡器产生的 10MHz（或 1MHz）的时基信号中或者从外接的振荡频率基准（由 33 脚输入）中分频产生一个十分稳定的 100Hz 的低频基准信号，作为频率测量的标准。

ICM7226 有五种不同的工作方式可供选择，通过将控制输入端（1 脚）与相应的位扫描器信号输出端 D1、D2、D3、D4、D8 相连，就可以得到不同的工作方式选择。表 8.1 列出了这五种工作方式的用途与连接方式。

表 8.1　ICM7226 的工作方式

工作方式	用途	连接方式
外接振荡器方式	常用于内部振荡信号稳定度不能满足要求的测试中	控制端（1 脚）接 D1（8 脚） 35 脚与 36 脚短接，33 脚接外部振荡信号

续表

工作方式	用　途	连接方式
1MHz 晶振方式	用于高频振荡器晶振为 1MHz 的场合	控制端（1 脚）接 D2（9 脚）
外接小数点方式	控制输出小数点，小数点位置取决于 20 脚与 D1～D7 的连接	控制端（1 脚）接 D3（10 脚）
显示熄灭方式	熄灭所有 LED 显示器	控制端（1 脚）接 D4（11 脚）
显示测试方式	各位显示管均显示“8”	控制端（1 脚）接 D8（16 脚）

ICM7226 的 4 脚为功能选择端，有六种测量功能可供选择，只要将 4 脚分别接在位扫描器信号输出端 D1、D2、D3、D4、D8，就可使仪器实现相应的频率测量、频率比（f_A/f_B）测量、自检、累加计数、时间间隔测量和周期测量等。表 8.2 为这六种测量功能时信号的输入方式。注意，A 端的最高输入频率为 10MHz，B 端的最高输入频率为 2MHz。

表 8.2　各种功能模式的输入

功　能	主计数器	参考计数器
测频率	A 通道输入	100Hz
测周期	振荡器输入	A 通道输入
测频率比（f_A/f_B）	A 通道输入	B 通道输入
时间间隔（A→B）	振荡器输入	A 通道输入、B 通道输入
连续计数器	A 通道输入	不用
自检	振荡器输入	100Hz

在周期和时间间隔测量中，采用 10MHz 基准，可获得 0.1μs 的分辨率。在平均周期及平均时间间隔的测量中，分辨率甚至可以达到 ns（10^{-9}）级。在频率测量模式中，有 0.01s、0.1s、1s 和 10s 四种测量时间选择。若选择 10s，频率测量分辨率达到 0.1Hz。还可以用信号实现门控测量时间及预置计数值。

ICM7226 可以直接输出 BCD 码或直接驱动（25mA）8 个数码管显示测量值，其中 ICM7226A 外接 8 个共阳 LED，ICM7226B 外接 8 个共阴 LED。在不显示时，数字驱动器和段码驱动器都关断。

ICM7226 的 3 脚为状态输出端。当该输出端处于低电平时，表明它正在进行测量；当该输出端为高电平时，表明内部已停止测量，正在进行测量结果的存储和电路的复位等。这个过程一般约需 0.2s 的时间。在累加计数的模式中，计数器不停计数，显示器连续显示。

如图 8.15 所示为 ICM7226A 组成的 10MHz 通用计数器。它具有体积小、成本低的特点，但也有一些值得改进的地方：一是 ICM7226 要求输入的脉冲信号满足 TTL 电平，如果输入的信号不能满足这个要求，则要进行放大整形处理；二是上限频率太低，只有 10MHz；三是当被测信号频率很低时，会产生很大的量化误差。

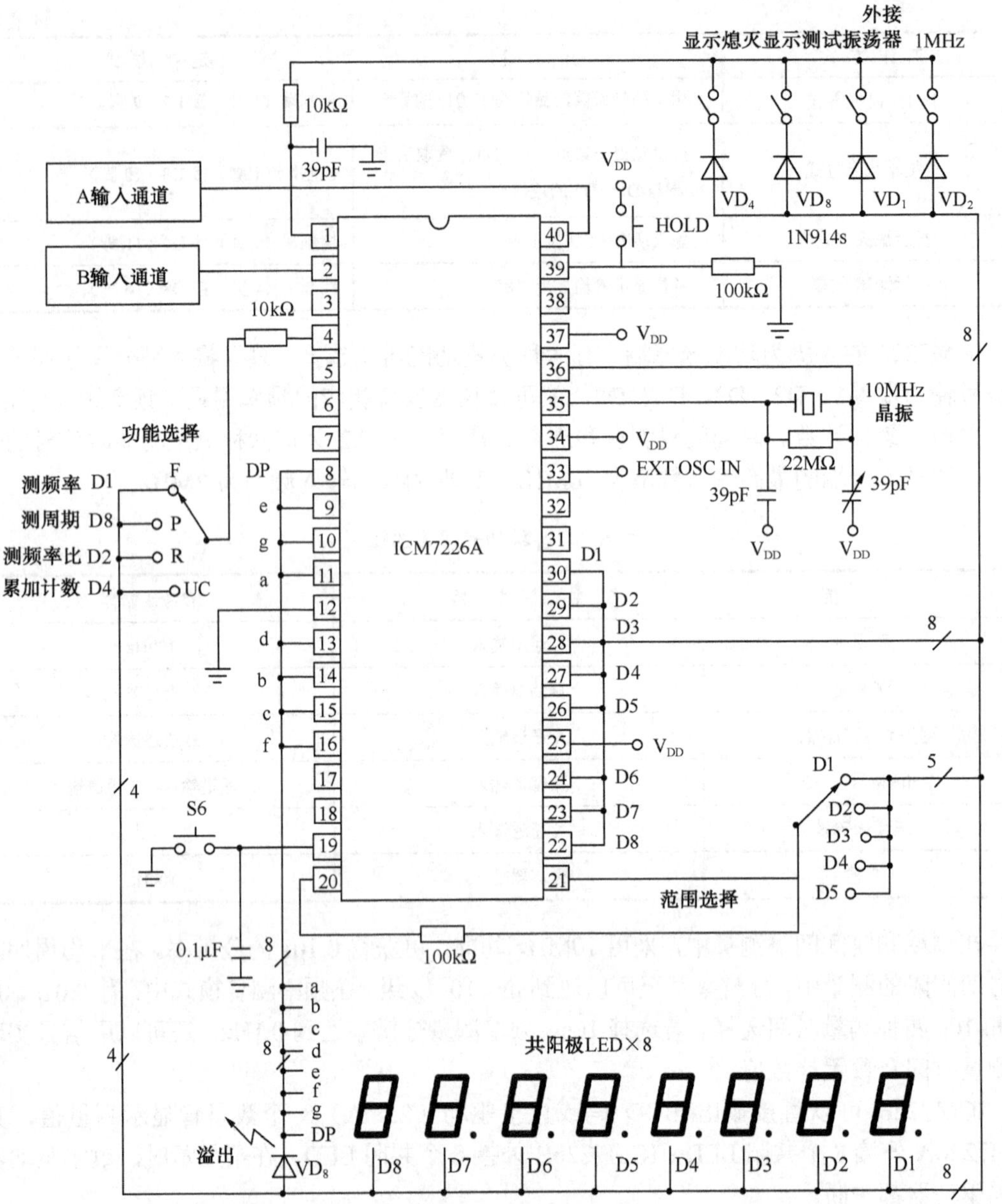

图 8.15 由 ICM7226A 组成的 10MHz 通用计数器

2. 输入通道

因为计数器要求输入脉冲信号满足 TTL 的电平要求，所以要对输入信号做适当的处理，其次是通过分频电路来扩展其测频范围。在本例中，测量频率范围为 0～100MHz。为简单起见，本例只讨论频率测量。

100MHz 频率计的电路原理图如图 8.16 所示，输入通道采用施密特反相器 74LS14 对输入信号进行整形并转换成 TTL 电平脉冲信号。测量 100MHz 信号时，接入一个 10 倍分频集成电路（74LS196），用 74LS153 集成电路的一组数据选择器 A 进行选取，74LS153 的另一组数据选择器 B 控制 ICM7226 处于测频还是测周功能。

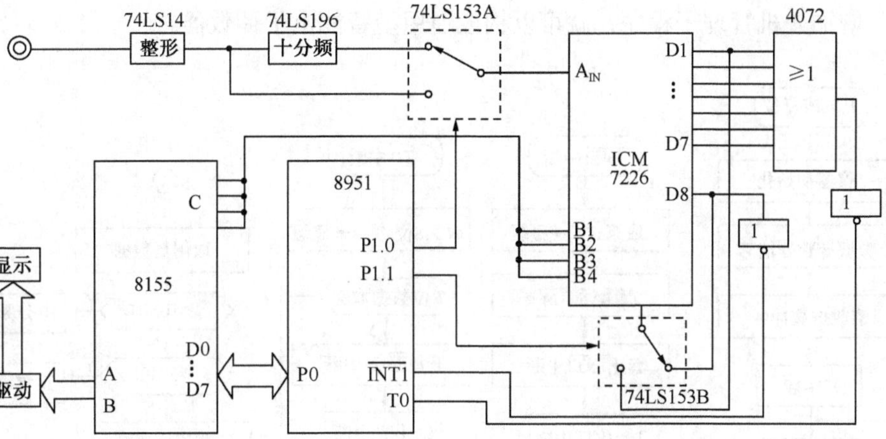

图 8.16　100MHz 频率计的电路原理图

3．微机系统和人机界面

采用 MCS-51 系列单片机构成最小系统，并用 8155 扩展输入/输出端口，用 8155 的 PC 口接收频率计送来的 BCD 码读数值，PA 口和 PB 口用于驱动显示器。

采用微处理器对 ICM7226 进行控制，可在很大程序上克服其不足之处。在本例中，主要是采用高、中、低频分段测量的方法，即先进行一次测量，根据测量获得的频率信号做判断，当 $f_x \geqslant 10$MHz（即溢出）时，则先将被测信号进行一次预分频，然后再进入 ICM7226 测量；如果 10MHz$\geqslant f_x \geqslant$3140Hz，则将 ICM7226 的功能改为测周，先测出被测信号的周期，然后再用软件将其换算成频率再送去显示。这里，3140Hz 是 ICM7226 的中界频率。

8.4.2　软件构成

智能电子频率计的软件比较简单，其主程序如图 8.17（a）所示。仪器上电复位后，首先执行主程序，主程序在完成仪器初始化后打开中断，以随时检测 $\overline{\text{INT1}}$ 中断请求和 T0 的中断请求，然后根据测量的结果决定 74LS153 两组数据选择开关的位置。这样，智能电子计数器不停地测量，8031 不断地进行判断，根据每次判断的结果自动控制数据选择开关 A、B 的位置，并显示所接收到的测量数据。

在测量程序初始化时，先将数据开关预置接入 10 分频器，ICM7226 置测频功能，对被测信号进行测量。

$\overline{\text{INT1}}$ 中断子程序（如图 8.17（b）所示）主要完成第一位数据的读取和处理，该过程结束时，开放 T0 中断并关闭 $\overline{\text{INT1}}$ 中断。

T0 中断子程序（如图 8.17（c）所示）首先完成第 2～8 位 BCD 码数据的读取和处理，每中断一次，顺序读取一位数据，7 位数据全部读取完后，再根据所测频率进行判断转入不同的测量模式，并开放 $\overline{\text{INT1}}$ 中断，关闭 T0 中断。

本例为智能频率计，所以没有控制按键输入，只要上电就不停地测量并显示。如果要构成通用电子计数器，只要对硬件电路稍做修改，增加一些控制键输入，并对软件做一些相应的调整，增加人机管理子程序，就可以构成通用型智能电子计数器。

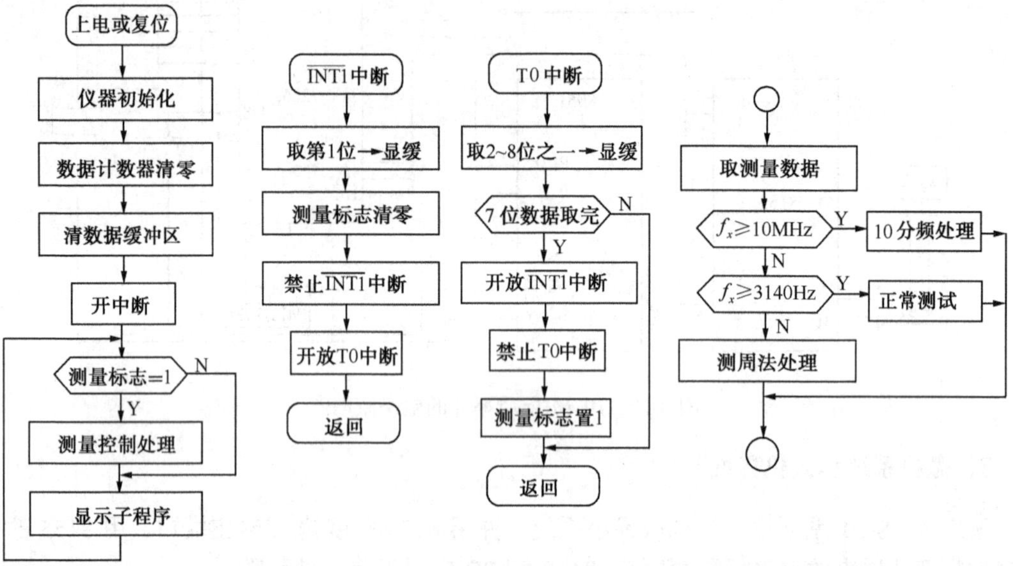

（a）主程序　（b）$\overline{\text{INT1}}$ 中断子程序　（c）T0 中断子程序　（d）测量控制处理

图 8.17　智能计数器流程图

8.5　实例 3　多路电压测控电路仿真

工业测控中很多传感器的输出信号多为标准的电压信号，如果不是标准的电压信号，也可通过接口电路处理转化为标准的电压信号，故多路电压信号测控电路可以应用的范围很广。本例用单片机与 ADC0809 设计一个多路电压测量系统，用来监测多路信号的输入，并结合 DAC0808 设计直流电机调速装置，通过扩展可以对监测的电路进行控制。

8.5.1　多路电压测控电路的硬件设计

在硬件设计时，要考虑所要求的功能和所有模块的控制要求，合理分配单片机的输入/输出端口，估算程序和数据的容量，确定系统的结构，本例中控制系统采用 8951 单片机，因其含有 4KB 的 E^2PROM，本例中测量的数据量不多，所以只需要单片机的最小系统。

1．输入通道设计

输入通道包括两部分，待测信号采用 ADC0809 进行模/数转换，按键部分设计了两个按键，如图 8.18 所示。由前面讨论可知，ADC0809 是含有 8 路模拟输入通道的模/数转换器，输入模拟信号的电压范围为 0～5V，输出为 8 位的二进制数，范围为 0～255（00H～FFH），因此测量的最小分辨率为 0.196V，采用四舍五入方法，测量误差为±0.01V。

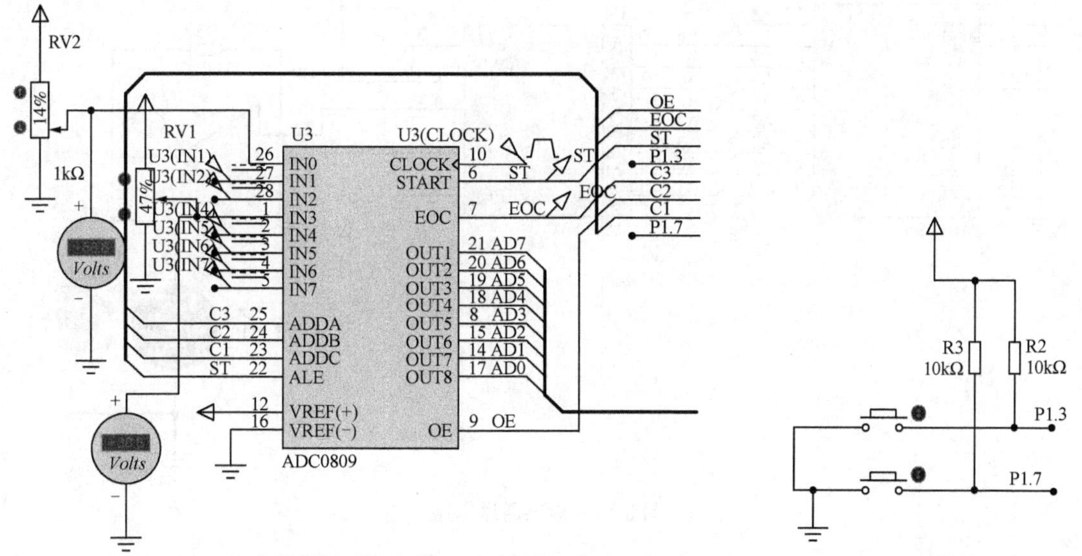

（a）待测信号输入通道　　（b）按键输入

图 8.18　输入通道设计

对输入通道的测量有两种方式，通过输入按键进行选择。系统设计了两个按键，一个为“单通道测量”S1 键，另一个为“循环测量”（或“自动测量”）S2 键，按下 S1 键，对单一通道进行测量，系统启动后按单通道测量方式，并默认选择通道 1 进行测量，此后按一次 S1 键，通道号加 1，可通过按 S1 键选择 1～8 通道中任意一个进行单通道测量。

按下 S2 键，系统进行循环测量方式，自动依次对每一个通道进行测量，到通道 8 后又回到通道 0 开始下一次循环测量。

输入通道的电路接法如图 8.18（a）所示，这里为了仿真对各路输入信号的接收情况，在通道 0 和通道 3 加了电位器构成可调输入信号电压，其他输入端均直接接上大小不等的直流信号电压源，仿真时可以看到对各路信号的测量显示和对输出的控制情况。

输入通道占用了单片机的 P1 口和 P3 口，如果还要增加按键，或者需要扩展外部存储 RAM，或者需要与主机通信，就要另加接口芯片扩展输入/输出接口了。

2. 输出通道设计

输出通道只采用一路，选用了 DAC0808 数/模转换芯片输出控制信号，这里采用输出电压控制直流电机的转速，当输出电压增大时，直流电机的转速加快，可以比较直观地看到输出控制的性能。

输出电压：

$$U_0=U_{REF}\left(\frac{A_1}{2}+\frac{A_2}{4}+\cdots\frac{A_8}{256}\right)\quad (V) \qquad (8.1)$$

DAC0808 数/模转换芯片的典型接法如图 8.19 所示，当参考电压 U_{REF} 为 10V 时，代入式

（8.1）就可以求出输出电压，其电压最小分辨率为0.04V，输出信号误差为±0.02V。

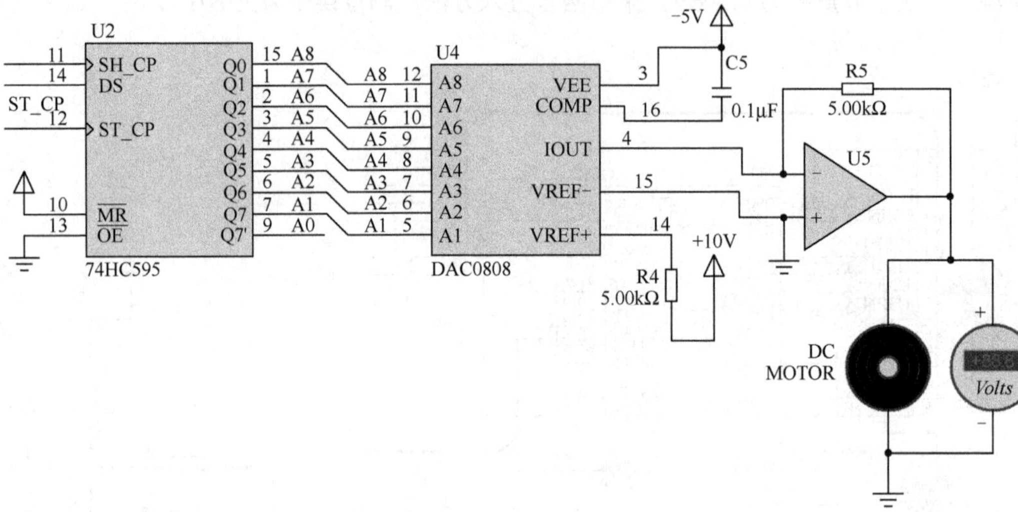

图8.19　输出通道电路

图中，U2为74HC595串行输入/并行或串行输出的集成芯片，这里用它通过串行与8051通信，并锁存输出信号，供DAC0808做数/模转换。

74HC595内部有一个8位移位寄存器和一个存储器，具有三态输出功能。移位寄存器和存储器分别由不同的脉冲信号控制。数据在SH_CP的上升沿输入到移位寄存器中，在ST_CP的上升沿输入到存储寄存器中去。如果两个时钟连在一起，则移位寄存器总是比存储寄存器早一个脉冲。

移位寄存器有一个串行移位输入端（DS）、一个串行输出端（Q7′）和一个异步的低电平复位端（$\overline{MR}$），存储寄存器有一个并行8位的、具备三态的总线输出，当使能端$\overline{OE}$为低电平时，存储寄存器的数据输出到总线。

用8051的P2.3接SH_CP，P2.4接DS，P2.5接ST_CP，就可以用8051控制数据的输出了。

3. 显示设计

选用了LCD1602作为显示，显示方法如图8.20所示，采用双排显示的方法，第一排显示当前输入的测量信息，显示当前测量的通道号和测量的电压值；第二排显示当前输出的信息，设为电动机的转速。LCD采用了在P0口直接输出的方法，因为LCD1602自带锁存器，可以锁存要显示的信息。

图8.20　LCD显示

LCD1602 占用了单片机的 P0 口，并需要用 P2.0～P2.2 三根线作为控制线。

最后得到完整的系统电路，如图 8.21 所示。

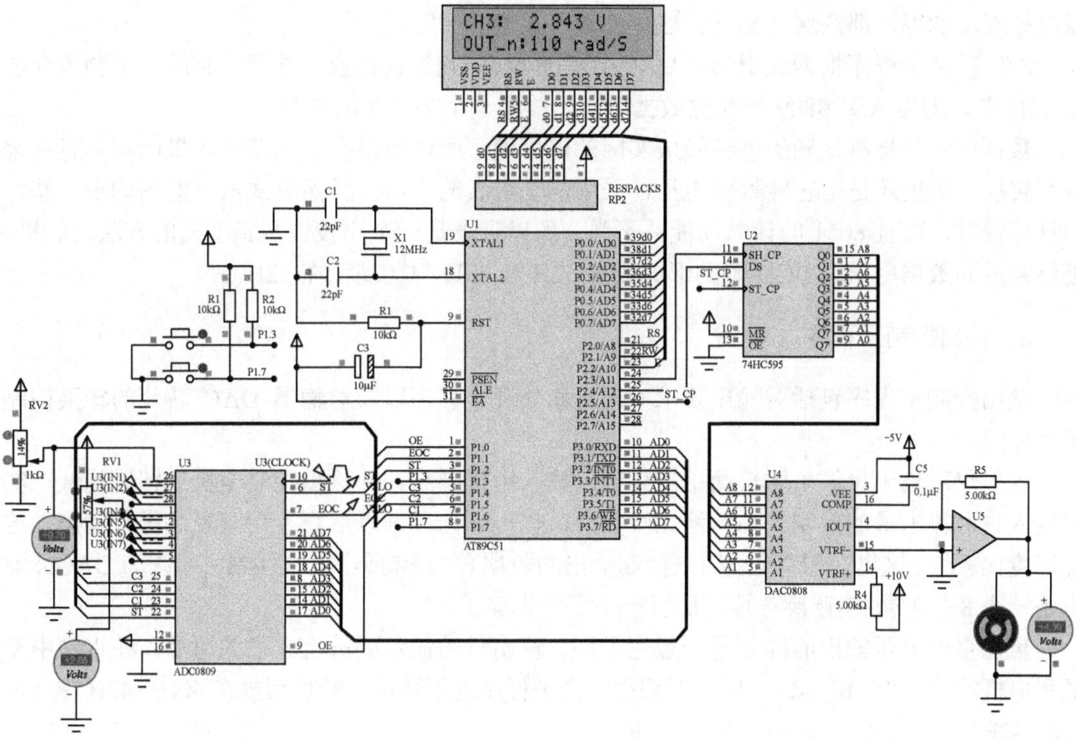

图 8.21　多路电压测控电路

8.5.2　多路电压测控电路的软件设计

软件设计同样采用模块化结构，由主程序、输入测量子程序、读键子程序、输出控制子程序和显示子程序构成。

1. 主程序

主程序包含初始化部分，主程序框架要清楚，另外要分配好各个模块所占用的资源，进行统一考虑，一般采用宏定义先确定硬件引脚的定义和内部 RAM 的分配，这样程序后面的编写和修改都比较容易。

本例中没有用到中断和定时器，采用循环方式完成读键、测输入、调显示和输出控制工作。用标志位 00H 和标志位 01H 表示单通道测量键和循环键输入，在单通道测量时，用内部 RAM 单元 21H 记录单通道键的连续按键次数，用来决定当前是哪个通道被选中，如果按下循环键，则 21H 中的通道号自动加 1，总之，通过读键决定当前要测控的通道号并存在 21H 中。

2．测量输入子程序

测量输入子程序由A/D转换子程序和数据标定子程序等组成，如果要加自校零子功能或误差处理功能等，都在这一部分。这里就做了数据的标定。

A/D转换子程序根据通道号，启动ADC0809进行模/数转换，并把得到的二进制数存放在30H中，因为ADC0809是8位数据输出，故用一个字节30H就够了。

数据标定是把测量到的值转换成实际的电压值，所以要根据传感器输入量的实际意义来进行转换，这里还是把它转换成电压，采用的是查表的方法，虽然公式法可能语句少一些，但计算费时，而且8051的计算功能并不强，所以查表是一个比较快且精度高的方法。这里，把转换后的数据用压缩BCD码的形式放在32H和33H中（高位在32H）。

3．输出控制子程序

输出控制子程序包括对输出要求的理解和处理子程序以及对输出 DAC 芯片的转换控制子程序等。

这里仅对输出量做了比较简单的处理，输入电压越高，则输出控制电机的转速越低，实际输入量对输出量的控制关系可能比较复杂，也可以计算好以后直接用查表法进行输出，这样速度比较快。这里，把转换后用来控制输出的数据（二进制码）放在44H中。因为DAC0808也是一个8位的数/模转换芯片，所以一个字节也够了。

输出量的显示输出的控制量一般也不同，输出量的显示要符合人们的习惯，在本例中要显示电机的转速为110 rad/s。所以要调用一个子程序进行转换，转换后放在40H～42H中（低位在42H）

4．显示子程序

显示子程序是把要显示的数据按照LCD1602的资料说明进行编程。本例中分两行显示，首先对LCD1602进行初始化，然后分别编写第一行的显示子程序FIR_L和第二行的显示子程序SEC_L，因为LCD1602的地址是顺序排列的，所以用50H～5EH放入要显示的内容，最后调用显示子程序进行显示。

8.5.3　多路电压测控电路程序

```
；宏定义：
OE_0809      EQU     P1.0          ；0809的引脚定义
EOC_0809     EQU     P1.1
ST_0809      EQU     P1.2
A_0809       EQU     P1.4
B_0809       EQU     P1.5
C_0809       EQU     P1.6
KEY_1        EQU     00H           ；按键标志位定义
KEY_2        EQU     01H
AUTO         EQU     02H
D_100        EQU     03H           ；读数超过100
```

```
CH          EQU     21H         ；通道号
RS          EQU     P2.0        ；LCD1602 引脚定义
RW          EQU     P2.1
E           EQU     P2.2
SH_CP       EQU     P2.3        ；74HC595 引脚定义
DS_595      EQU     P2.4
ST_CP       EQU     P2.5

；主程序入口
        ORG     0000H
        AJMP    MAIN
；主程序
        ORG     0060H
MAIN:   MOV     CH,#01H
        CLR     AUTO
        LCALL   LCD_INI
M4:     LCALL   R_KEY
        JNB     KEY_1,M1
        INC     CH
        MOV     A,CH
        SUBB    A,#09H
        JC      M3
        MOV     A,#01H
        MOV     CH,A
M3:     CLR     KEY_1
        CLR     AUTO
M1:     JNB     KEY_2,M2
        SETB    AUTO
        CLR     KEY_2
M2:     JNB     AUTO,M5
        INC     CH
        MOV     A,CH
        SUBB    A,#09H
        JC      M5
        MOV     A,#01H
        MOV     CH,A
M5:     LCALL   GET_V
        LCALL   DAC_M
        LCALL   JS_DISP
        LCALL   FIR_L
        MOV     3FH,#80H
        LCALL   LCD_DISP
        LCALL   V_BCD
        LCALL   SEC_L
        MOV     3FH,#0C0H
        LCALL   LCD_DISP
        SJMP    M4
；测量值转换成显示值
```

```
JS_DISP:
        CLR     D_100
        MOV     A,30H
        SUBB    A,#80H
        JNC     JS1
        MOV     DPTR,#TABLE
        MOV     A,30H
        SJMP    JS2
JS1:    MOV     DPTR,#TABLE1
        SETB    D_100
JS2:    RL      A
        MOV     31H,A
        MOVC    A,@A+DPTR
        MOV     32H,A
        INC     31H
        MOV     A,31H
        MOVC    A,@A+DPTR
        MOV     33H,A
        RET
；求出控制量子程序
DAC_M:
        MOV     A,#0FFH
        CLR     C
        SUBB    A,30H
        MOV     44H,A
        LCALL   V_BCD
        LCALL   OUT_595
        RET
；送到 74HC595 去控制 DAC0808 的子程序
OUT_595:
        MOV     A, 44H
        MOV     R2,#08H
        CLR     C
OU1:    RLC     A
        MOV     DS_595,C
        CLR     SH_CP
        NOP
        NOP
        SETB    SH_CP
        NOP
        DJNZ    R2,OU1
        CLR     ST_CP
        NOP
        NOP
        SETB    ST_CP
        RET
；控制量转换成显示量的子程序
V_BCD:
```

```
            MOV     A,44H
            MOV     B,#64H
            DIV     AB
            MOV     40H,A
            MOV     A,B
            MOV     B,#0AH
            DIV     AB
            MOV     41H,A
            MOV     42H,B
            RET

；LCD1602 第一行显示子程序
FIR_L:
            MOV     50H,#43H
            MOV     51H,#48H
            MOV     A,CH
            ADD     A,#30H
            MOV     52H,A
            MOV     53H,#3AH
            MOV     54H,#0A0H
            MOV     55H,#0A0H
            MOV     A,32H
            ANL     A,#0F0H
            SWAP    A
            ADD     A,#30H
            MOV     56H,A
            MOV     57H,#2EH
            MOV     A,32H
            ANL     A,#0FH
            ADD     A,#30H
            MOV     58H,A
            MOV     A,33H
            ANL     A,#0F0H
            SWAP    A
            ADD     A,#30H
            MOV     59H,A
            MOV     A,33H
            ANL     A,#0FH
            ADD     A,#30H
            MOV     5AH,A
            MOV     5BH,#0A0H
            MOV     5CH,#56H
            MOV     5DH,#00H
            MOV     5EH,#00H
            RET
；LCD1602 第二行显示子程序
SEC_L:
            MOV     50H,#4FH
```

```
            MOV     51H,#55H
            MOV     52H,#54H
            MOV     53H,#5FH
            MOV     54H,#6EH
            MOV     55H,#3AH
            MOV     A,40H
            ADD     A,#30H
            MOV     56H,A
            MOV     A,41H
            ADD     A,#30H
            MOV     57H,A
            MOV     A,42H
            ADD     A,#30H
            MOV     58H,A
            MOV     59H,#00H
            MOV     5AH,#72H
            MOV     5BH,#61H
            MOV     5CH,#64H
            MOV     5DH,#2FH
            MOV     5EH,#53H
            RET
；读键子程序
R_KEY:
            JB      P1.3,RE2
            LCALL   YS6MS
            JB      P1.3,RE2
RE1:        JNB     P1.3,RE1
            SETB    KEY_1
RE2:        JB      P1.7,RE4
            LCALL   YS6MS
            JB      P1.7,RE4
RE3:        JNB     P1.7,RE3
            SETB    KEY_2
RE4:        RET
；延时子程序：
YS6MS:      MOV     R7,#0CH
YS5:        MOV     R6,#0FFH
YS4:        DJNZ    R6,YS4
            DJNZ    R7,YS5
            RET
；A/D 转换子程序
GET_V:
            MOV     A,CH
            JNZ     G1
            CLR     A_0809
            CLR     B_0809
            CLR     C_0809
            SJMP    STGET
```

```
G1:     DEC     A
        JNZ     G2
        SETB    A_0809
        CLR     B_0809
        CLR     C_0809
        SJMP    STGET
G2:     DEC     A
        JNZ     G3
        CLR     A_0809
        SETB    B_0809
        CLR     C_0809
        SJMP    STGET
G3:     DEC     A
        JNZ     G4
        SETB    A_0809
        SETB    B_0809
        CLR     C_0809
        SJMP    STGET
G4:     DEC     A
        JNZ     G5
        CLR     A_0809
        CLR     B_0809
        SETB    C_0809
        SJMP    STGET
G5:     DEC     A
        JNZ     G6
        SETB    A_0809
        CLR     B_0809
        SETB    C_0809
        SJMP    STGET
G6:     DEC     A
        JNZ     G7
        CLR     A_0809
        SETB    B_0809
        SETB    C_0809
        SJMP    STGET
G7:     DEC     A
        JNZ     G7
        SETB    A_0809
        SETB    B_0809
        SETB    C_0809
STGET:  SETB    ST_0809
        NOP
        NOP
        CLR     ST_0809
        NOP
        NOP
AA:     JNB     EOC_0809,AA
```

```
            SETB     OE_0809
            MOV      A,P3
            MOV      30H,A
            RET

；LCD1602 初始化子程序
LCD_INI:
            MOV      P0,#01H
            LCALL    LCD_WRITE
            MOV      P0,#38H
            LCALL    LCD_WRITE
            MOV      P0,#0EH
            LCALL    LCD_WRITE
            MOV      P0,#06H
            LCALL    LCD_WRITE
            RET
；LCD 显示子程序（显示 50H～5EH 内容）
LCD_DISP:
            MOV      R0,3FH
            MOV      R1,#50H
            MOV      R2,#10H
LC1:
            MOV      P0,R0
            LCALL    LCD_WRITE
            MOV      P0,@R1
            LCALL    DA_WRITE
            MOV      P0,#10H
            LCALL    LCD_WRITE
            INC      R0
            INC      R1
            DJNZ     R2,LC1
            RET
；命令写入 LCD 子程序
LCD_WRITE:
            CLR      RS
            CLR      RW
            CLR      E
            LCALL    DELAY
            SETB     E
            RET
；数据写入 LCD 子程序
DA_WRITE:
            SETB     RS
            CLR      RW
            CLR      E
            ACALL    DELAY
            SETB     E
            RET
```

```
；等待 LCD 子程序
DELAY:
        MOV     P0,#0FFH
        SETB    RW
        CLR     E
        NOP
        SETB    E
        JB      P0.7,DELAY
        RET
TABLE:
DW 0020H,0039H,0059H,0078H,0098H,0118H,0137H,0157H,0176H,0196H
DW 0216H,0235H,0255H,0275H,0294H,0314H,0333H,0353H,0373H,0392H
DW 0412H,0431H,0451H,0471H,0490H,0510H,0529H,0549H,0569H,0588H
DW 0608H,0627H,0647H,0667H,0686H,0706H,0725H,0745H,0765H,0784H
DW 0804H,0824H,0843H,0863H,0882H,0902H,0922H,0941H,0961H,0980H
DW 1000H,1020H,1039H,1059H,1078H,1098H,1118H,1137H,1157H,1176H
DW 1196H,1216H,1235H,1255H,1275H,1294H,1314H,1333H,1353H,1373H
DW 1392H,1412H,1431H,1451H,1471H,1490H,1510H,1529H,1549H,1569H
DW 1588H,1608H,1627H,1647H,1667H,1686H,1706H,1725H,1745H,1765H
DW 1784H,1804H,1824H,1843H,1863H,1882H,1902H,1922H,1941H,1961H
DW 1980H,2000H,2020H,2039H,2059H,2078H,2098H,2118H,2137H,2157H
DW 2176H,2196H,2216H,2235H,2255H,2275H,2294H,2314H,2333H,2353H
DW 2373H,2392H,2412H,2431H,2451H,2471H,2490H,2510H

TABLE1:
DW 2510H,2529H,2549H
DW 2569H,2588H,2608H,2627H,2647H,2667H,2686H,2706H,2725H,2745H
DW 2765H,2784H,2804H,2824H,2843H,2863H,2882H,2902H,2922H,2941H
DW 2961H,2980H,3000H,3020H,3039H,3059H,3078H,3098H,3118H,3137H
DW 3522H,3176H,3196H,3216H,3235H,3255H,3275H,3294H,3314H,3333H
DW 3353H,3373H,3392H,3412H,3431H,3451H,3471H,3490H,3510H,3529H
DW 3549H,3569H,3588H,3608H,3627H,3647H,3667H,3686H,3706H,3725H
DW 3745H,3765H,3784H,3804H,3824H,3843H,3863H,3882H,3902H,3922H
DW 3941H,3961H,3980H,4000H,4020H,4039H,4059H,4078H,4098H,4118H
DW 4137H,4157H,4176H,4196H,4216H,4235H,4255H,4275H,4294H,4314H
DW 4333H,4353H,4373H,4392H,4412H,4431H,4451H,4471H,4490H,4510H
DW 4529H,4549H,4569H,4588H,4608H,4627H,4647H,4667H,4686H,4706H
DW 4725H,4745H,4765H,4784H,4804H,4824H,4843H,4863H,4882H,4902H
DW 4922H,4941H,4961H,4980H,5000H
    END
```

8.5.4　扩展讨论

本例的硬件结构简单，充分利用了单片机的功能，便于扩展，因为单片机价格比较低，所以系统一般不必做得很大，还可以扩展的方面包括以下几点。

（1）如果有大量的信息要测量，可以采用多个单片机同时工作的方式，这样不仅可以提高速度，而且可以利用单片机的串行通信功能，用一台主机带多台单片机一起测量和控制。

（2）如果需要存储的信息比较多，可以外接数据 RAM。本例中数据测完后没有保存。

（3）MCS-51 系列单片机的计算功能不强，本例中只做了简单的计算，如果需要处理的数学计算比较多，可以选用 DSP 处理器，如果要求处理功能比较强，可以选用 ARM 等单片机，如果实时性要求不高，可以传给 PC 机，进行统一处理。

（4）本例中没有用到外部中断和定时器，读键采用循环的方式，因此响应可能会减慢，一般情况下没有问题，如果要求响应快的话，可以采用中断方式读键。

（5）本例中循环处理没有延时，实际仪器可以采用定时器定时循环采集数据，进行长期实时观测。

小　结

本章通过对智能仪器一般设计过程的讨论，形成对智能仪器的完整说明。

智能仪器的设计是以微处理器为核心的系统的硬件、软件开发过程，智能仪器的设计可以分成五步，即总体设计，软、硬件协调分配，硬件设计与调试，软件设计与调试和联机调试。

系统硬件的设计，主要是根据应用系统的规模大小、控制功能及复杂程度、实时响应速度及检测控制精度等专项指标和性能指标决定。

硬件电路的故障通常包括逻辑错误、元器件失效、可靠性差和电源故障。

硬件电路的测试分线路、器件连接检查，电位检查和输入信号测试三步进行。

软件系统的设计同样可采用模块化设计的方法，要注意各模块子程序的入口参数和出口参数及调用时的现场保留。智能仪器系统的软件一般由主程序、人机界面管理模块、外设中断管理模块及各种功能模块和数据表格模块构成。

自诊断技术是指智能仪器利用软件程序对自身硬件进行检查，及时发现系统中的故障并根据故障程序采取校正、切换、重组或报警等技术措施。

智能仪器一般有开机自诊断、周期性自诊断和键控自诊断三种自诊断方式。

自诊断程序应能对仪器中常用的 CPU 芯片、ROM 芯片、总线、显示器、键盘和输入/输出通道等进行诊断。

最后给出了三个实例供参考。

习　题　8

一、填空题

1．智能仪器的设计步骤包括（　　　　）、（　　　　）、（　　　　）和（　　　　）。

2．智能仪器的自诊断项目包括（　　　　　　　　）、（　　　　　　　　）、（　　　　　　）、（　　　　　　）和（　　　　）。

3．开机自诊断在（　　　　　　　　　　）或（　　　　）之后进行。

4．硬件的逻辑错误包括（　）、（　）、（　）等几种。

5．周期性实时自诊断是指（　　　　　　　　　　　　　　）的自检操作。

6．对 ROM 进行自诊断只需判断（　　　　　　　　　　　　　　）即可。

7．智能化真有效值数字电压表的系统硬件由（　　　　　　　　）、（　　　　　）、（　　　　　　）、（　　　　　　　）和（　　　　　）五部分构成。

8．智能化真有效值数字电压表的监控程序用于（　　　　　　　），又称（　　　）。

9．智能频率计整机硬件主要由（　　　　　　　　）、（　　　　　　　　）、（　　　　　　）和（　　　　　　）四部分构成。

10．若要把智能化真有效值数字电压表扩展成多路测量的智能仪器，则要在输入端口加（　　　　　　　　　　）。

二、选择题

1．智能仪器中常见的硬件故障不包括（　　）。

A．逻辑错误　　B．元器件失效

C．可靠性强　　D．电源故障

2．智能仪器硬件系统设计时不需要考虑的指标是（　　）。

A．模块子程序的入口参数　　B．控制功能及复杂程度

C．应用系统的规模大小　　D．实时响应速度

3．元器件失效的原因不包括（　　）。

A．器件本身损坏　　B．集成电路块安装方向错误

C．虚焊　　D．三极管的极性接错

4．以下不属于软件设计编程工作的是（　　）。

A．自顶向下将设计分层　　B．模块化编程

C．结构化编程　　D．整体化编程

5．智能仪器一般常见的诊断方式不包括（　　）。

A．初次使用自诊断　　B．开机自诊断

C．周期性实时自诊断　　D．键控自诊断

6．硬件电路的调试步骤不包括（　　）。

A．线路、器件连接检查　　B．信号输入测试

C．实时自诊断　　D．电位检查

7．智能仪器的自诊断项目不包括（　　）。

A．存储器的自诊断　　B．数据采集通道的自诊断

C．传感器的自诊断　　D．模拟输出通道的自诊断

8．以下不是造成智能仪器可靠性差原因的是（　　）。

A．虚焊　　B．器件负载过大

C．走线和布局的不合理　　D．集成电路芯片损坏

9．以下说法中不正确的是（　　）。

A．硬件电路检查的第一步是测试各点的电位是否正常

B．电源必须单独调试好以后再加到系统的各个部件中

C．由于组装错误会造成元器件的失效

D．插入集成电路芯片的操作必须在断电的状态下进行

10．以下说法中不正确的是（　　）。

A．主程序中完成仪器的各可编程器件的初始化、自检

B．子程序不能直接调用其他子程序

C．主程序可以调用其他子程序

D．设计时可以利用现成的子程序，提高编程效率

三、简答题

1．简述智能仪器的设计步骤。

2．简述智能仪器的软件设计方法。

3．什么是仪器的自诊断？

4．简述数据采集通道的诊断方法。

附录A

MCS-51系列单片机指令表

MCS-51系列单片机系统所用符号和含义：

addr11——11位地址

addr16——16位地址

bit——位地址

rel——相对偏移量，为8位有符号数（补码形式）

direct——直接地址单元（RAM、SFR、I/O）

#data——立即数

R*n*——工作寄存器R0～R7

A——累加器

R*i*——数据指针R0或R1

X——片内RAM中的直接地址或寄存器

@——间接寻址方式中表示间址寄存器的符号

（X）——在直接寻址方式中，表示直接地址X中的内容；在间接寻址方式中，表示间址寄存器X指出的地址单元中的内容

→——数据传送方向

∧——逻辑与

∨——逻辑或

⊕——逻辑异或

√——对标志位产生影响

×——对标志位不产生影响

十六进制代码	助记符	功能	对标志位的影响				字节数	周期数
			P	OV	AC	CY		
算术运算指令								
28～2F	ADD A，R*n*	A+R*n*→A	√	√	√	√	1	1
25	ADD A，direct	A+（direct）→A	√	√	√	√	2	1
26，27	ADD A，@R*i*	A+（R*i*）→A	√	√	√	√	1	1
24	ADD A，#data	A+data→A	√	√	√	√	2	1

续表

十六进制代码	助记符	功能	对标志位的影响				字节数	周期数
			P	OV	AC	CY		
38～3F	ADDC A，R*n*	A＋R*n*+CY→A	√	√	√	√	1	1
35	ADDC A，direct	A＋（direct）＋CY→A	√	√	√	√	2	1
36，37	ADDC A，@R*i*	A＋（R*i*）＋CY→A	√	√	√	√	1	1
34	ADDC A，#data	A＋data+CY→A	√	√	√	√	2	1
98～9F	SUBB A，R*n*	A-R*n*-CY→A	√	√	√	√	1	1
95	SUBB A，direct	A-（direct）- CY→A	√	√	√	√	2	1
96，97	SUBB A，@R*i*	A-（R*i*）- CY→A	√	√	√	√	1	1
94	SUBB A，#data	A-data - CY→A	√	√	√	√	2	1
04	INC A	A＋1→A	√	×	×	×	1	1
08～0F	INC R*n*	R*n*＋1→R*n*	×	×	×	×	1	1
05	INC direct	（direct）＋1→（direct）	×	×	×	×	2	1
06，07	INC @R*i*	（R*i*）＋1→（R*i*）	×	×	×	×	1	1
A3	INC DPTR	DPTR＋1→DPTR	×	×	×	×	1	2
14	DEC A	A-1→A	√	×	×	×	1	1
18～1F	DEC R*n*	R*n*-1→R*n*	×	×	×	×	1	1
15	DEC direct	（direct）-1→（direct）	×	×	×	×	2	1
16，17	DEC @R*i*	（R*i*）-1→（R*i*）	×	×	×	×	1	1
A4	MUL AB	A×B→AB	√	√	×	0	1	4
84	DIV AB	A/B→AB	√	√	×	0	1	4
D4	DA A	对A进行十进制调整	√	×	√	√	1	1
逻辑运算指令								
58～5F	ANL A，R*n*	A∧ R*n*→A	√	×	×	×	1	1
55	ANL A，direct	A∧（direct）→A	√	×	×	×	2	1
56，57	ANL A，@R*i*	A∧（R*i*）→A	√	×	×	×	1	1
54	ANL A，#data	A∧ data→A	√	×	×	×	2	1
52	ANL direct，A	（direct）∧A →（direct）	×	×	×	×	2	1
53	ANL direct，#data	（direct）∧data→（direct）	×	×	×	×	3	2
48～4F	ORL A，R*n*	A∨ R*n*→A	√	×	×	×	1	1
44	ORL A，direct	A∨（direct）→A	√	×	×	×	2	1
46，47	ORL A，@R*i*	A∨（R*i*）→A	√	×	×	×	1	1
44	ORL A，#data	A∨ data→A	√	×	×	×	2	1
42	ORL direct，A	（direct） ∨A→（direct）	×	×	×	×	2	1

续表

十六进制代码	助 记 符	功 能	对标志位的影响				字节数	周期数
			P	OV	AC	CY		
43	ORL direct，#data	（direct）∨data→（direct）	×	×	×	×	3	2
68～6F	XRL A，R*n*	A⊕R*n*→A	√	×	×	×	1	1
66	XRL A，direct	A⊕（direct）→A	√	×	×	×	2	1
66，67	XRL A，@R*i*	A⊕（R*i*）→A	√	×	×	×	1	1
66	XRL A，#data	A⊕data→A	√	×	×	×	2	1
62	XRL direct，A	（direct）⊕A→（direct）	×	×	×	×	2	1
63	XRL direct，#data	（direct）⊕data→（direct）	×	×	×	×	3	2
E4	CLR A	0→A	√	×	×	×	1	1
F4	CPL A	A 的每一位取反	×	×	×	×	1	1
23	RL A	A 循环左移一位	×	×	×	×	1	1
33	RLC A	A 带进位循环左移一位	√	×	×	√	1	1
03	RR A	A 循环右移一位	×	×	×	×	1	1
13	RRC A	A 带进位循环右移一位	√	×	×	√	1	1
C4	SWAP A	A 半字节交换	×	×	×	×	1	1
数据传送指令								
E8～EF	MOV A，R*n*	R*n*→A	√	×	×	×	1	1
E5	MOV A，direct	（direct）→A	√	×	×	×	2	1
E6，E7	MOV A，@R*i*	（R*i*）→A	√	×	×	×	1	1
74	MOV A，#data	data→A	√	×	×	×	2	1
F8～FF	MOV R*n*，A	A→R*n*	×	×	×	×	1	1
A8～AF	MOV R*n*，direct	（direct）→R*n*	×	×	×	×	2	2
78～7F	MOV R*n*，#data	data→R*n*	×	×	×	×	2	1
F5	MOV direct，A	A→（direct）	×	×	×	×	2	1
88～8F	MOV direct，R*n*	R*n*→（direct）	×	×	×	×	2	2
85	MOV direct1，direct2	（direct2）→（direct1）	×	×	×	×	3	2
86，87	MOV A，@R*i*	（R*i*）→A	×	×	×	×	2	2
75	MOV direct，#data	data→（direct）	×	×	×	×	3	2
F6，F7	MOV @R*i*，A	A→（R*i*）	×	×	×	×	1	1
A6，A7	MOV @R*i*，direct	（direct）→（R*i*）	×	×	×	×	2	2
76，77	MOV @R*i*，#data	data→（R*i*）	×	×	×	×	2	1

续表

十六进制代码	助记符	功能	对标志位的影响				字节数	周期数
			P	OV	AC	CY		
90	MOV DPTR，#data16	data16→DPTR	×	×	×	×	3	2
93	MOVC A，@A+DPTR	（A+DPTR）→A	√	×	×	×	1	2
83	MOVC A，@A+PC	（A+PC）→A，PC+1→PC	√	×	×	×	1	2
E2，E3	MOVX A，@R*i*	外部RAM（R*i*）→A	√	×	×	×	1	2
E0	MOVX A，@DPTR	（DPTR）→A	√	×	×	×	1	2
F2，F3	MOVX @R*i*，A	A→外部RAM（R*i*）	×	×	×	×	1	2
F0	MOVX @DPTR，A	A→（DPTR）	×	×	×	×	1	2
C0	PUSH direct	SP+1→SP，direct→SP	×	×	×	×	2	2
D）	POP direct	SP→direct，SP-1→SP	×	×	×	×	2	2
C8～CF	XCH A，R*n*	R*n*←→A	√	×	×	×	1	1
C5	XCH A，direct	（direct）←→A	√	×	×	×	2	1
C6，C7	XCH A，@R*i*	（R*i*）←→A	√	×	×	×	1	1
D6，D7	XCHD A，@R*i*	（R_i）0～3←→A0～3 低四位交换	√	×	×	×	1	1
位操作指令								
C3	CLR C	0→C	×	×	×	×	1	1
C2	CLR bit	0→bit	×	×	×	√	2	1
D3	SETB C	1→C	×	×	×	×	1	
D2	SETB bit	1→bit	×	×	×	√	2	1
B3	CPL C	C 位取反→C	×	×	×	×	1	
B2	CPL bit	bit 位取反→bit	×	×	×	√	2	1
82	ANL C，bit	C∧bit→C	×	×	×	√	2	2
B0	ANL C，/bit	bit 位取反后∧C→C	×	×	×	√	2	2
72	ORL C，bit	C∨bit→C	×	×	×	√	2	2
A0	ORL C，/bit	bit 位取反后∨C→C	×	×	×	√	2	2
A2	MOV C，bit	bit→C	×	×	×	√	2	1
92	MOV bit，C	C→bit	×	×	×	×	2	2
控制转移指令								
*1	ACALL addr 11	1KB 范围内调用子程序	×	×	×	×	2	2
12	LCALL addr 16	64KB 范围内调用子程序	×	×	×	×	3	2
22	RET	子程序返回	×	×	×	×	1	2
32	RETI	中断子程序返回	×	×	×	×	1	2

续表

十六进制代码	助 记 符	功 能	对标志的影响				字节数	周期数
			P	OV	AC	CY		
*1	AJMP addr 11	1KB 范围内转移	×	×	×	×	2	2
02	LJMP addr 16	64KB 范围内转移	×	×	×	×	3	2
80	SJMP rel	PC＋2＋rel→PC	×	×	×	×	2	2
73	JMP @A＋DPTR	（A＋DPTR）→PC	×	×	×	×	1	2
60	JZ rel	若A＝0，PC＋2＋rel→PC	×	×	×	×	2	2
70	JNZ rel	若A＝1，PC＋2＋rel→PC	×	×	×	×	2	2
40	JC rel	若C＝1，PC＋2＋rel→PC	×	×	×	×	2	2
50	JNC rel	若C＝0，PC＋2＋rel→PC	×	×	×	×	2	2
20	JB bit，rel	若bit＝1，PC＋2＋rel→PC	×	×	×	×	3	2
30	JNB bit，rel	若bit＝0，PC＋2＋rel→PC	×	×	×	×	3	2
10	JBC bit，rel	若bit＝0，PC＋2＋rel→PC	×	×	×	×	3	2
B5	CJNE A，direct，rel	比较不等转移	×	×	×	×	3	2
B4	CJNE A，#data，rel	比较不等转移	×	×	×	×	3	2
B8～BF	CJNE R*n*，#data，rel	比较不等转移	×	×	×	×	3	2
B6，B7	CJNE @R*i*，#data，rel	比较不等转移	×	×	×	×	3	2
D8～DF	DJNZ R*n*，rel	R*n* 内容减1不等于0转移	×	×	×	×	3	2
D5	DJNZ direct，rel	direct 内容减1不等于0转移	×	×	×	×	3	2
00	NOP	空操作	×	×	×	×	1	1

附录B

部分习题参考答案

习 题 1

一、填空题

1．能感受被测量并按照一定的规律转换成可用输出信号的器件或装置，通常由敏感元件和转换元件组成

2．微型计算机或微处理器

3．记录、测量、显示或控制

4．传感器　输入信号处理接口　人机界面接口　微机系统　输出接口电路

5．单机型智能仪器　个人计算机仪器　智能仪器测控系统（又称为网络仪表）

6．只是把外部信息转换为模拟电信号

7．（单片集成）数字信号处理芯片

8．总线的传输速率不够高（最大传输速率为1Mbps），且由于采用分立仪器组建，整个自动测试系统的体积大，有很多部件（如机箱、面板、开关、电源等）都是重复设置

9．基地式气动仪表控制系统　电动单元组合式模拟仪表控制系统　集中式数字仪器、仪表控制系统　集散控制系统（DCS）　现场总线控制系统（FCS）

10．高速度　智能化　集成化　小型化和微型化

二、选择题

BCBDA

三、简答题

1．简述智能仪器的特点。

智能仪器含有微处理机，因此一般有数据处理功能、非线性补偿、自动（定时）循环测量、数据储存与通信、自检功能等特点。

2．简述智能仪器的构成。

智能仪器一般可看成是由传感器、输入信号处理接口、人机界面接口、微机系统、输出接口电路构成的，包含硬件电路与软件程序，其中微机系统是智能仪器的核心。

3．简述智能仪器在自动测试系统的构成方面的发展过程。

早期的智能仪器设计主要把目标定位在用于工作量大的重复测试、用于高可靠性的测试、用于由于种种原因测试人员难以进入的环境及实时进行的一些简单自动测控。

第二代的智能仪器则在设计过程中考虑了与其他仪器的配合，一般都配有符合接口标准的接口电路。组成自动测试系统时，用标准的接口总线把系统中的各台仪器连在一起构成系统。

目前正在应用开发的集成自动测试系统则是基于 VXI、PXI 等仪表总线，主要是由模块化的仪器/设备组成的自动测试系统。

习　题　2

一、填空题

1．所选用的单片机

2．8 位　16 位　32 位

3．256 个　00H～FFH

4．算术运算　逻辑运算　数据传送　控制转移　位操作

5．立即寻址　寄存器寻址　间接寻址　直接寻址　变址寻址　相对寻址　位寻址（任举四种即可）

6．把立即数 40H 还是把内部 RAM 40H 中的数据存入 A 中

7．CHMOS 增强型单片机　可编程的计数器阵列 PCA（Programable Counter Array）

8．无条件转移　条件转移　调用　返回

9．高速 16

10．处理数字信息效率高，功耗低

二、选择题

ADDBC　CABDD

三、简答题

1．MCS-51 单片机由哪几部分组成？

MCS-51 单片机由 CPU、数据存储器、程序存储器、定时器及中断控制系统、串行 I/O、并行 I/O、片内振荡器和时钟产生电路组成。

2．MCS-51 单片机有几个中断？其入口地址分别是多少？

8051 共有 5 个中断源，每个中断分为高级和低级两个优先级。

- 片外中断 2 个。
- 片内定时器/计数器中断 2 个。
- 片内串行中断 1 个。

入口地址分别是 0003H，0013H，000BH，001BH，0023H。

3．简述监视定时器 WDT 的作用。

监视定时器 WDT 的作用是当系统工作不正常时会自动产生一个复位信号，迫使系统恢复，一般用在外界干扰信号较大的场合。

四、编程题（参考例题，略）

习 题 3

一、填空题

1．外部装置或过程　标准的高、低电平，用二进制数的 1 和 0 来表示的
2．测频法和测周法　测频法　测周法
3．传感器　放大器　模/数转换
4．4～20mA（0～10 mA）直流电流信号　1～10V（0～5V）直流电压信号
5．并联
6．低通滤波器，高通滤波器，带通滤波器，带阻滤波器
7．低通
8．为用（程序控制）地址线在多路模拟输入信号中选择其中一路模拟信号输入
9．很高（趋于无穷大）　输出阻阬很小（趋于零）　很大（趋于无穷大）
10．输出电压与输入电压同相位，且输入阻抗很高

二、选择题

DCCAA　ADCCB

三、简答题

1．简要说明测频法的工作原理。

测频法是按照频率的定义对信号的频率进行测量。在与门的两个输入端分别输入待测信号以及持续时间为 t_0 的高电平信号（定时信号）。这样只有在时间 t_0 间隔内，待测的脉冲信号才能通过与门。如果在这段时间内，计数器的计数值为 N，则待测信号的频率可表达为 $f=N/t_0$。

2．简要说明测周法的工作原理。

测周法是用一个标准的高频信号 f_s 作为计数器的读数对象，测量输入信号的一个周期 T，然后根据 $f=1/T$ 而得到信号的频率。

3．简述数据采集过程的主要环节。

数据采集过程的主要环节为：传感器，（隔离电路），（滤波电路）前置放大器，采样/保持电路），模/数转换器。

4．低通滤波器的作用是什么？

滤波器的作用是让一定频率范围内的信号通过，抑制频率范围外的干扰信号（噪声）。低通滤波器的作用是滤去高频噪声。

5．什么是 MUX？什么时候要用 MUX？

多路模拟开关又称多路模拟信号转换器（Multiplexer，简称 MUX），其作用是由地址线控制选择其中一个模拟开关导通，其他开关全断开。其作用为用（程序控制）地址线在多路模拟输入信号中选择其中一路模拟信号输入。

6. 多路模拟开关与数据选择器有什么区别？

多路模拟开关是从多路模拟输入信号中选择一路输入，数据选择器只能从多路数字信号中选择一路输入，其输入端与输出端可能是不直接导通的。

7. 采样/保持电路有什么作用？

用 A/D 转换电路把模拟信号转换成数字信号需要一定的时间。在转换过程中，模拟信号的幅度不能发生变化，所以如果输入信号随时间的变化比较快，不能忽略不计的话，就需要用一个采样/保持电路（Sample Holder Amplifier，简称 SHA）。采样/保持电路的作用是在某个时间段（通常极短）接收模拟电压信号（称为采样），然后断开输入端，并在一定的时间内在输出端维持这个电压值不变（称为保持），直到下次采样为止。

8. 简述 A/D 转换器的主要类型及主要性能指标。

A/D 转换器就是在规定的精度等指标条件下把模拟信号转换成数字信号的集成电路芯片。常见的 A/D 转换器有三类：双积分型 A/D 转换器、逐次比较型（或称逐次逼近型）A/D 转换器、V/F 变换型 A/D 转换器。其主要性能指标有：分辨率、精度、量程、A/D 转换时间、量化误差等。

习　题　4

一、填空题

1. 开关量输出设备
2. 数字信号
3. 将 n 位二进制的数字信号转换为模拟信号
4. 从输入数字量到输出模拟量
5. 常开　常闭
6. 四　两　两
7. 输出脉冲方波的占空比
8. 一路模拟量输出或几路模拟量非同步输出
9. 分辨率　转换精度　转换时间 t_s
10. 内部的数据寄存器　内部 D/A 转换器

二、选择题

DCCCA　ADBCC

三、简答题

1. 什么是开关量？什么时候要加输出接口电路？

把只有高、低电平两种状态的输出信号称为开关量。微机系统中大部分集成电路构成的输出接口的功率驱动能力都低于 100mW，而很多执行机构所需的驱动功率都大于 100mW，当执行机构所需的驱动功率比较大时，一般要增加接口电路才能实现微机对此执行机构的控制。

2．简述固态继电器的工作原理。

固态继电器 SSR 是一种由固态电子元器件组成的新型无触点电子开关器件。在输入端加一控制信号，就可以控制输出端的“通”与“断”，完成“开关”功能。输入、输出之间一般是通过光电耦合器实现电气上的隔离，以防止输出端对输入端的干扰。

3．简述固态继电器的应用领域。

包括微机系统外围接口装置、数控机床、遥控及保护系统、井下防爆电器开关、信号灯、闪烁器、灯光交换控制装置、电动机控制、中间继电器、电磁阀控制等。

4．D/A 转换器数字输入端的数据寄存器有什么作用？

因为数/模转换需要一定的时间，所以输入的数字量需要数据寄存器来储存，另外数字量的输入方式也有串行输入和并行输入的不同，如果是串行输入，则需要一个串行入并行出的寄存器，因为 D/A 转换是并行执行的。

5．DAC 使用时要注意哪几点？

（1）数字量输入方式。（2）模拟量输出方式。（3）外部控制信号的连接方式。

习　题　5

一、填空题

1．独立式　每

2．按键　硬件电路

3．多次按键（因为计算机执行的速度比较快）

4．查询法　中断法

5．发光二极管

6．低电平　高电平

7．液晶显示器　耗电低（mW/cm^2）　驱动电压低（正负几伏）　结构空间　有效显示面

8．字符点阵式

9．集成芯片　微机控制

10．高性能、低功耗的实时时钟　时间、日期和星期

二、选择题

DCBDB CBDAB

三、简答题

1．解释键盘识别的各操作步骤的含义（识键、译键、键义分析、执行）。

识键：判断是否有键输入，若有，则需进一步译键。在这一步中要考虑防抖动和同时按键的问题。

译键：在有键输入的情况下，进一步识别出是哪一个键，以便进一步处理。

键义分析：根据识别的结果，确定相应的键义。如果是数字键，应得出输出的数值；如果是功能键，则得出功能键的代码。

执行：根据输入键的要求，调用相关的程序。

2．简述编码键盘的构成与特点。

当按键数目比较多时，独立输入/输出端口不够用，通常可以用编码键盘，例如用 8—3 编码器，按图 5.3 所示接线，则每按下一键就在 A0、A1、A2 输出相应的按键读数，这种编码器称为静态编码器。编码键盘不需要进行扫描，识键速度快，但要注意编码器往往有优先编码功能。

3．简述矩阵键盘的构成与特点。

矩阵式键盘也是常用的输入键盘，它可以节省按键的引出线，其识键方法有行扫描法和线反转法。其工作过程为：CPU 通过指令使所有的列线（P1.4～P1.7）输出高电平，所有的行线（P1.0～P1.3）输出低电平（称开放所有行），当键盘上有任一键按下时，该行线与列线导通，CPU 可以通过扫描键盘，判断按键的行值和列值以形成键号值或执行相应的功能子程序。

4．简述 LCD 的工作原理。

LCD 通常是一种被动式显示器。它本身并不发光，只是调节光的亮度，目前常用的 LCD 是根据液晶体的扭曲向列效应原理制成的。这是一种电场效应，器件由偏振方向垂直的上、下偏振片，反光片，上、下电极和封于上、下电极之间的液晶材料组成。如图 5.11 所示，夹在两块导电玻璃电极之间的液晶经过一定处理后，其内部的分子呈 90° 的扭曲。这种特殊的液晶具有旋光特性，当线性偏振光通过液晶层时，偏振面会旋转 90°，常态下，外界光线通过上偏振片，形成偏振光。该偏振光通过液晶材料转过 90°，恰可通过下偏振片并反射回来，该点呈现“亮”的透明状态。

当给上、下电极加上一定电压后，在电场的作用下液晶的扭曲结构消失，其旋光作用也随之消失，从上偏振片通过的偏振光就无法通过液晶，因此该点呈现“暗”的黑色。

5．简述字符点阵式 LCD 和图形点阵式 LCD 的异同。

相同点集成了控制驱动电路，只要通过控制线、数据线及逻辑时序和指令表进行接口设计和逻辑编程就可以控制显示。

这种字符点阵式 LCD 是以字形为单位的，一般不能显示图形与汉字。图形点阵式 LCD 显示器的整个显示区域为统一的点阵，用户可以随意地控制每个点的明暗，通过点的组合构成图案或汉字、字符等。

6．简述红外触摸屏的结构及工作原理。

红外触摸屏安装简单，只需在显示器上加上光点距离框，如图 5.21（b）所示，无须在屏幕表面加上涂层或接驳控制器。光点距离框是一个印制电路板，框架的一边含有光源或发光二极管，对面则有光传感器，其作用是在屏幕上形成一个光栅栏，根据是哪两个光传感器没有接收到（红外）光信号，就可以确定屏幕上被触摸的区域（坐标）。

这些红外线发射管及接收管在屏幕表面形成的红外线网格。当任何物体触摸屏幕时，便会挡住经过该位置的横、竖两条红外线，因此红外光被切断，导致光传感器接收的信号中断，计算机便可即时算出触摸点的位置。

习 题 6

一、填空题

1．误差
2．绝对误差
3．系统误差　恒定系统误差　变化系统误差
4．粗大
5．直线方程
6．标度变换
7．校正函数法　查表法　插值法
8．事先计算好或测量出的校正值
9．最大　大于
10．多传感器的信号提取　数据预处理　结果输出

二、选择题

BCDBA　DCBCD

三、简答题

1．误差按性质和产生的原因可以分成哪几类？

按误差的性质和产生的原因可以把误差分为系统误差、随机误差和粗大误差三类。

在一定的条件下，多次重复测量同一变量时其误差的数值保持恒定或遵循某种变化规律，这种因测量仪器、测量原理、测量环境等原因引起的误差称为系统误差。

随机误差是指在相同的条件下对一个不变的量重复测量，其测量结果的误差时大时小，时正时负，大小和符号都是无规律地变化的误差。

粗大误差是指在相同条件下多次重复测量同一量时，明显远离测量结果的误差，即超出规定条件下的预期的误差。

2．什么是标度变换？

将数字量转换成具有不同量纲的相应物理量的值，这一技术被称为标度变换，标度变换可以通过硬件或软件实现。

3．简述智能仪器非线性校正的三种方法。

（1）校正函数法。直接求出校正函数的公式，用软件进行计算处理，使得输出量 Z 与被测量 x 成线性关系。

（2）查表法。将事先计算好或测量出的校正值按一定的顺序存放在内存中，形成一个表，根据其测量输入值 Y 直接查出 Z，通常连标度转换都可以一起完成。

（3）插值法。将函数分段处理，其中线性插值法是将函数分段用不同斜率的直线取代。

4．什么叫做PID控制？

PID控制器是自动化工业中常用的控制器。PID是指根据测量的数据与设定的数据的偏差按比例（P——Proportion）、积分（I——Integrate）和微分（D——Difference）处理方法进行控制。控制理论表明，PID控制能满足相当多工业对象的控制要求。

5．简述多传感器信息融合过程及其关键技术。

多传感器的信息融合过程包括多传感器的信号提取、数据预处理、数据融合中心（特征提取、数据融合计算）和结果输出等环节。多传感器信息融合技术的关键是数据转换、数据相关、态势数据库和融合计算等，其中融合计算是多传感器信息融合系统的核心技术。

习 题 7

一、填空题

1．微机　外部设备

2．串行通信接口　并行通信接口　USB接口　现场总线接口　以太网接口

3．串行数据接口

4．三　信号地、接收数据、发送数据

5．差分传输方式　平衡传输　双绞线

6．通用串行总线（Universal Serial Bus）

7．集散控制系统（Total Distributed Control System）　分散型控制系统

8．现场总线控制系统（Fieldbus Control System）　现场总线

9．低速H1　高速H2

10．可寻址远程传感高速通道

二、选择题

ACBDC　BCBAD

三、简答题

1．简述RS-232的电气特性。

RS-232标准采用负逻辑，即逻辑1电平为－5V～－15V，逻辑0电平为＋5V～＋15V，与一般单片机的TTL电平、CMOS电平不兼容，所以不能直接相连接。在设计智能仪器时，都要通过专门的接口芯片实现电平转换，常用的芯片有MAX232、ICL232等。

2．简述USB接口的电气特性。

USB接口的传输线分别由地线、电源线、D＋、D－四条线构成，D＋和D－是差分输入线，它使用的是3.3V的电压，而电源线和地线可向设备提供5V电压，最大电流为500mA，可以满足一些耗电量较少的设备的需求。智能仪器也可以设计成通过USB口与计算机交换数据信息。USB外设可以用计算机里的电源（5V，500mA）供电，也可以用外接电源供电。

3．简述FCS相对于DCS的特点。

FCS是在DCS的基础上发展起来的，两者相比较，FCS主要有以下特点。

（1）用一对通信线连接多台数字仪器、仪表代替一对信号线只能连接一台模拟仪器、仪表。

（2）用多功能的现场总线智能仪器代替单功能的现场模拟仪器、仪表。

（3）用分散式的虚拟控制站代替集中式的控制站。

4．简述两个单片机相互通信电路的构成。

参见图7.27，说明略。

习　题　8

一、填空题

1．总体设计　软、硬件分配　硬件、软件的设计与调试　联机调试

2．CPU芯片　ROM芯片　总线　显示器　键盘和输入/输出通道等的诊断

3．仪器接通电源　复位之后

4．错线　开路　短路　相位错误

5．在仪器工作过程中定时插入

6．从ROM中读出的数据是否正确

7．输入处理　有效值/直流变换　A/D转换　人机界面　微机系统

8．管理整个仪器工作　管理程序

9．微机系统　输入通道　计数器　人机界面

10．程控多路模拟开关电路

二、选择题

CACDA　CCDAB

三、简答题

1．简述智能仪器的设计步骤。

（1）总体设计。在总体设计中，要确定系统的规模大小，根据待测信号的通道数、精度要求、要求实现的功能等确定微处理器的类型、输入/输出通道数、数据存储方式及存储量、通信方式、模块数等。

（2）软、硬件分配。在确定总体方案后，再进一步进行硬、软件的搭配。

（3）硬件、软件的设计与调试。

（4）联机调试。

2．简述智能仪器的软件设计方法。

（1）由顶向下设计，即把整个设计分成层次，上一层的程序块调用下一层的程序块。

（2）模块化编程，每一模块相对独立，其正确与否不影响其他的模块。

（3）结构化编程，尽量避免使用无条件转移语句，而是采用若干结构良好的转移与控制

语句。

3．什么是仪器的自诊断？

智能仪器利用软件程序对自身硬件进行检查，及时发现系统中的故障并根据故障程序采取校正、切换、重组或报警等技术措施。自诊断程序可减少仪表带病运行的概率，提高系统的可靠性。

4．简述数据采集通道的诊断方法。

系统占用多路模拟开关的一路通道，接一个已知的模拟电压，其等效电压的数值一般为通道的中心值。进行自诊断时，系统对该已知电压进行 A/D 转换，若转换的结果与预定值相符，则认为采集通道正常；若有少许偏差，则说明数据通道发生漂移，可求出校正系数供实际测量时进行补偿；若偏差过大，则判断为故障。

参 考 文 献

[1] 方彦军，孙健．智能仪器技术及其应用．北京：化学工业出版社，2004.

[2] 杨欣荣．智能仪器原理、设计与发展．长沙：中南大学出版社，2003.

[3] 朱欣华，姚天忠，邹丽新．智能仪器原理与设计．北京：中国计量出版社，2002.

[4] 高国富，罗均，谢少荣等．智能传感器及其应用．北京：化学工业出版社，2004.

[5] 吴勤勤．控制仪表及装置．北京：化学工业出版社，2002.

[6] 董小萌．脉冲宽度调制（PWM）器件的测试．世界产品与技术，2002，第3期.

[7] 赵茂泰．智能仪器原理及应用．北京：电子工业出版社，1999.

[8] 滕召胜，罗隆福，童调生．智能检测系统与数据融合．北京：机械工业出版社，1999.

[9] 徐爱均．智能化测量控制仪表原理与设计．北京：北京航空航天大学出版社，1995.

[10] 张是勉，关山．自动检测系统实践．合肥：中国科学技术大学出版社，1990.

[11] 邵贝贝．单片机嵌入式应用的在线开发方法．北京：清华大学出版社，2004.

[12] 张毅，周绍磊，杨秀霞．虚拟仪器技术分析与应用．北京：机械工业出版社，2004.

[13] 程德福，林君．智能仪器．北京：机械工业出版社，2005.

[14] 孔德仁，何云峰，狄长安．仪表总线技术及应用．北京：国防工业出版社，2005.

[15] 谢维成，杨加国，单片机原理与应用及C51程序设计．北京：清华大学出版社，2009.